高密度電路板技術與應用

林定皓　編著

全華圖書股份有限公司

編者序

產品空間壓縮，不再是高密度設計唯一理由，多元智慧與續航力是可攜式產品訴求重點。維持高性能、低耗電、無線寬頻、單價合理、大螢幕操作、隨機分享，都是可攜式產品基本要求。

編輯《高密度電路板技術與應用》，與技術發展初期產業環境不可同日而語。需要涉獵的技術，比當年寬廣不知幾許。無所不在的網路服務及分享，全球幾乎沒有死角，現在連筆者都有一朵小雲，可以與朋友隨時分享影音資料。

複雜高密度技術，源自於構裝性能整合需求，也源自於頻寬需求快速增加。不論電路板或構裝載板，都無法置身於外。市場資訊瞬息萬變，筆者覺得技術書籍沒必要佔用太多篇幅討論短效性資料，因此僅作簡單陳述。全書筆者秉承習慣，以淺顯易讀為重。

本書是假設讀者已經有基本電路板認知，內容多直接採用專有名詞帶過，雖然難免會與筆者其它相關書籍有重疊處，但不希望贅詞太多盡是重複，拖泥帶水有違編輯的初衷。為了讓讀者容易理解，範例解說也偶爾採用非專業比喻說明，若有譬喻失準尚祈見諒。

本書脫胎自筆者前出版品的修正改編，過程必須感謝過去給予指正與友好協助的讀者。希望新書錯誤更少，也感謝大家不吝指教。

景碩科技 林定皓

2018 年春　僅識 于台北

編輯部序

　　「系統編輯」是我們的編輯方針，我們所提供給您的，絕不只是一本書，而是關於這門學問的所有知識，它們由淺入深，循序漸進。

　　本書雖預設讀者已有基本電路板認知，內容多採專有名詞帶過，但為了讓讀者易懂，範例解說會以簡單易懂的比喻說明。本書共有十五個章節，內容涵蓋 HDI 板的基本概念、製程、品管等實務經驗，搭配豐富的圖例及表格可讓讀者更清楚其整體架構。本書適用於電路板相關從業人員使用。

　　同時，本書為電路板系列套書 (共 10 冊) 之一，為了使您能有系統且循序漸進研習相關方面的叢書，我們分為基礎、進階、輔助三大類，以減少您研習此門學問的摸索時間，並能對這門學問有完整的知識。若您在這方面有任何問題，歡迎來函聯繫，我們將竭誠為您服務。

目　錄

CONTENTS

CONTENTS

CONTENTS

CHAPTER 1

高密度電路板概說

1.1 高密度電路板的沿革

　　電路板以承載、連接為目的，因為電子元件的接點高密度化，逐漸受到重視並廣泛使用。增層電路板的觀念自 1967 年以後就存在，但直到 1990 年 IBM 發表 SLC 技術後，微孔技術才逐漸實用化。在此之前業者以全通孔板、多次壓合建構較高配線密度。由於材料進步迅速，感光、熱聚合絕緣材料陸續上市，微孔技術成為高密度電路板必要設計，且出現在多數可攜式電子產品應用。

　　線路層間連接，除了電鍍外也可使用導電膏結構連接。較知名的如：松下發表的 ALIVH 及東芝發表的 B2it，這些技術將電路板應用推向了高密度 (High Density Interconnection- HDI) 時代。

1.2 電子產業的進程

　　電子技術發展僅約 70 年，從傳統真空管轉換到電晶體，一路發展至今成為全球最大產業族群。所有電子元件都必須做組裝與連接，才能構成完整功能單元，而設計、製造基礎元件工作，則被歸類為電子構裝產業。前個世紀中葉電子產業初具規模，半導體細緻度有限，電路板需求與目前市場不可同日而語。本書並不嘗試對過往技術做重述，有興趣瞭解傳統電路板技術的讀者，可閱讀筆者拙著《電路板製造技術彙編 - 總論》。後續內容將著重在先進 HDI 產品設計、製造與製程技術議題陳述。

　　本章內容，以介紹基本產品技術思考為主軸，同時討論採用這類 HDI 技術可能帶來的優勢及潛在挑戰。重點放在佈線設計分析、元件密度等問題，當然還會涉及電路板結構選用、可能成本與性能表現等議題。圖 1.1 所示，為系統設計對 HDI 的意義。

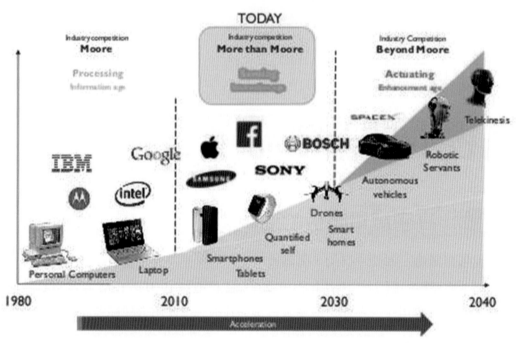

▲ 圖 1.1　系統構裝思考將 HDI 定位為全系統互連技術 (來源： Yole Developpement)

　　半導體元件性能與密度持續提升，對於構裝尺寸也持續緊縮，這些都需要提升電路板互連密度。當業者大量導入球陣列 (BGA)、晶片尺寸 (CSP)、板面晶片 (COB)、系統在構裝內 (SiP)、3D 等構裝，電路板技術必須尋求替代方案提升密度。本書後續內容將陳述簡單高密度電路板定義、相關設計事務、電性表現、材料選用、製程技術、檢驗與測試及相關產品結構等議題。

1.3 何謂高密度電路板 (HDI Board)

　　電路板是以絕緣材料、導體配線形成的結構元件，在製成最終產品前會在表面安裝：集成電路、電晶體、二極體、被動元件 (如：電阻、電容、連接器等)，也會搭配周邊機能元件。藉著導線連通形成電子訊號連結及各種功能性，電路板是元件連結平台，用來承接、聯繫元件的基地。

由於電路板不是終端產品，因此在名稱定義上略為混亂，例如：個人電腦用的母板，稱為主機板而不能直接稱為電路板，雖然主機板中有電路板做為構成元素但並不相同，因此產業評估兩者雖有關連卻不能說相同。再譬如：有 IC 元件裝載在電路板上，媒體就稱它為 IC 板，但實質上它也不等同於電路板。

電子產品趨於小型、多功，IC 元件接點距離縮小、信號傳遞速度提高、接線量提高、配線長度局部縮短，這些都需要搭配高密度線路配置及微孔技術達成目標。一般配線、跨接可以靠雙面板完成，但要處理複雜訊號及調整電性穩定度有困難，因而電路板會走向多層化。又由於訊號線不斷增加，必須加入更多電源、接地層，這些都促使多層電路板 (Multilayer Printed Circuit Board) 普及。

有高頻需求的產品，電路板必須提供：特性阻抗控制、高頻傳輸、低幅射 (EMI) 干擾等性能。要採用帶線 (Stripline)、微帶線 (Microstrip line) 等結構，此時多層化就是必要設計。為了提升訊號傳送品質，高階產品會採用低介電質係數 (Dk)、低衰減率 (Df) 絕緣材料，為配合電子元件構裝小型化、陣列化，電路板也不斷提高接點、繞線密度因應需求。BGA (Ball Grid Array)、CSP (Chip Scale Package)、DCA(Direct Chip Attachment) 等元件發展，促使電路板推向前所未有的高密度。

凡直徑小於 150μm 以下的孔，就被業者稱為微孔 (Micro via)，利用微孔結構做出的電路板，可提高組裝、空間利用等效益，對於電子產品小型化也有必要性。這類電路板產品，業者曾有多個不同稱謂，例如：歐美依據製作採用序列式建構，而稱產品為 SBU(Sequence Build Up Process)，一般翻譯為「序列式增層法」。至於日本業者，因為這產品製作孔比以往小，因此稱產品為 MVP(Micro Via Process)，一般翻譯為「微孔製程」。也有人因為傳統多層板稱為 MLB(Multilayer Board)，而稱這類電路板為 BUM(Build Up Multilayer Board)，一般翻譯為「增層式多層板」。

美國 IPC 電路板協會基於避免混淆，且許多系統業者也將各類高密度構裝技術稱為 HDI(High Density Intrerconnection) 技術，因此就統稱這種產品技術為 HDI，直接翻譯就成了「高密度互連技術」。文獻將這類產品稱為 HDI 板或是全中文翻譯「高密度互連技術」，而為了口語順暢也要像個產品，就將這種技術製作的電路板稱為「高密度電路板」。本書後續內容，中文會以「高密度電路板」稱之，至於英文則採用大家常用的 HDI 板。

1.4 為何需要高密度電路板

　　傳統電路板常被分為單、雙、多層板，而多層板又分為單次壓合與多次壓合結構。這種設計當然涉及電氣性質及連結密度問題，但因為電子產品技術精進快速，這些幾何結構都無法滿足元件安裝密度及電氣需求。為了提高元件連結密度，從幾何觀點看只有壓縮線路與連結點空間，才能在小空間內容納更多接點提高連結密度。當然也可將多元件堆疊在同一位置，以提昇構裝密度。因此高密度電路板不單純是一種電路板技術，同時也是電子構裝與組裝的議題。

　　業者所謂電子構裝 (封裝)，是指 IC 晶片與載板間的連結，而電子組裝則是 IC 構裝完成後的元件，再次安裝在另一塊功能電路板的過程。SMT 元件端連接點，一般稱為 OLB(Outer Lead Bond)，是指元件外引腳連結部分。這部分的連結與電子元件表面接點密度有直接關係。當電子產品功能整合性高，就有高密度化設計需求。

　　若採用高密度電路板設計概念，電子產品可獲得以下好處：

— 相同產品設計，可降低載板層數，提高密度降低成本
— 增加佈線密度，以微孔細線提升單位面積內線路容納量，可應付高密度接點元件組裝需求，有利使用先進構裝
— 利用微孔互連，可縮短接點距離、減少訊號反射、線路間串音，元件可擁有更好電性及訊號正確性
— 結構採用較薄介電質厚度，潛在電感較低
— 微孔有低縱橫比，訊號傳遞可靠度比一般通孔高
— 微孔技術可讓載板設計縮短接地、訊號層間距離，因而改善射頻 / 電磁波 / 靜電釋放 (RFI/EMI/ESD) 干擾。並可增加接地線數目，防止元件因靜電聚集造成瞬間放電損傷
— 微孔可讓線路配置彈性提高，使線路設計更簡便

　　現代流行的電子產品，不但要有行動化、省電特質，還要穿戴無負擔、外觀漂亮好看，當然最重要的是價格可負擔且能隨流行更換。圖 1.2 所示，是代表性的行動與可穿戴電子產品範例。

▲ 圖 1.2　行動與可穿戴電子產品

1.5　HDI 板發展與應用 – 產品密度造就電路板變革

電路板是建構功能區塊的基本元素，因為二戰後的電路板技術與電子元件發展，讓電子、電氣產品生產可一次回流焊完成大量線路串接，可低成本量產、達到高信賴度，因此成為電子、電氣產品的標準製造方法。當可攜式電子產品需要輕、薄、短、小、廉價，這些訴求就成為選擇產品製造技術的主要因素。

傳統概念中，電路板主要功能是承載與串接電子、電氣、機構、功能元件。不過這些年來加入的電路板結構，若還採傳統電路板名稱不足以呈現實際精神，因此業界逐漸出現各種新電路板架構稱謂。其實在電路板家族中，可依據不同架構、應用、材質、設計來理解，其間確實有多樣變化。新一代產品重要技術特性，則是因應高密度組裝結構而生。電路板本體，仍以絕緣材料搭載導體建構的平面為主。

這種高密度趨勢，迫使電路板設計與製造發展出各種連接法，建構各類更小電路板近接結構。較常見的是以微孔穿透板體，利用有限空間做細緻線路配置。尤其當產業導入球陣列構裝 (BGA-Ball Grid Array) 後，這類電路板結構需求就逐步提高。而其特性尺寸也從傳統板的 mil 為單位，逐步進入以半導體業者常用的微米為單位。

表面上看它似乎還是電路板產品，採用的生產設備也近似，但深究細節卻有相當大差異。因為製程技術有不少項目必須調整，完全用傳統設備、概念難以應對這種規格，業者也認定這是密度提升的技術革命。典型技術挑戰，用傳統機械鑽孔製作大量微孔必然有困難，隨之必須調整的線路設計、材料系統調整、影像轉移、金屬化、測試、組裝、檢查等技術，也都需要做大幅轉換。

寬頻、可攜電子產品，電性參數必須得到充分支援，這些需求讓技術有了多樣性發展，整體技術複雜度也不斷擴大加深。以往單一電路板廠可應對的多樣性產品生產模式，目前 HDI 產品生產廠至少都會以分廠、分線生產，不會如以往嘗試採用高度混合生產模式製造。

某些市場研究者，認為這些年的電路板技術變動沒有新意。雖然 HDI 板技術發展確實不如初期那麼快速，而變動也多數偏向枝微末節，但可確定的是演進仍在持續。不過筆者不得不說，技術書籍編寫總是趕不上實際變化。IC 構裝結構密度提升，仍將驅使電路板朝向更小、更密發展，以因應快速增加的接點密度。當新產品推出速度加快，HDI 技術需求在質與量都持續提升，如何面對 HDI 技術的變動趨勢，讓讀者能有較清楚的輪廓，是本書想嘗試達成的目標。

1.6 ⋮⋮ 互連的趨勢

本書討論的電路板互連技術範疇，以高階電路板設計採用的 HDI 或增層多層板為主，主要受到 IC 技術發展驅動，而其中又以 IC 構裝需求衝擊最大。它會直接影響 IC 構裝與微孔互連的設計，當然也會影響後續電子組裝用的 HDI 板技術。手機用類載板 (SLP-SubstratelikePCB)，這個名詞，將載板與一般電路板的界線，拉得更近了。圖 1.3 所示，是類載板級電路板的應用範例。

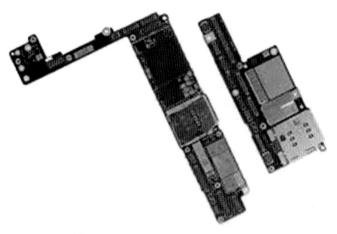

▲ 圖 1.3　智慧手機的主基板範例 (https://www.kocpc.com.tw)

1.6.1　電子構裝與互連的搭配

電路板技術支援高階電子構裝與互連應用，必須導入新技術製作 IC 構裝載板與 HDI 板，典型 IC 構裝與一般電路板特徵比較如下所示。

IC 構裝	電路板
IC 構裝有四種主要的型式： • 周邊引腳的構裝 • 塑膠與陶瓷球陣列構裝 • 覆晶 BGA 構裝 • 打線與覆晶晶片級構裝	電路板有四種主要型式： • 單雙面板 • 多層板 • 軟板與軟硬板 • 增層多層板

1.6.2　IC 技術的發展趨勢

IC 技術一直是電子產業的動力，自 60 年代以來的共同趨勢是：

— 縮小閘極尺寸 – 目前先進量產技術已經達到 10nm 以下

— 晶片尺寸縮小 – 掌握各種「晶片縮小」的機會

— 降低電壓 – 需要控制耗能狀況

— 較高的閘極整合 – 目前單晶片可整合到高於數十億個電晶體

— 較快的訊號升起時間 (rise time) – 較高的頻率與短時脈

　　這些**趨勢**影響構裝與電路板其它變化，其中最受到注意的是複雜 BGA 構裝發展，它的特性變化對結構影響關係整理如後：

● 較快升起時間	較小構裝→較小間隔 (pitch)
● 較高閘極整合	較高 I/O →較小的間隔
● 較高閘極整合	較高電流→更多電源 / 接地引腳→較小間隔
● 較快升起時間、低電壓	較窄雜訊空間→較小構裝→較小間隔
● 較訊號快升起時間	對電感、電容敏感 – 薄構裝→低 Dk →較短訊號通道→較小構裝
● 較低成本	較小構裝
● 對電容、電感較敏感	排除引腳與球體→採用小間隔的 LGA
● 較快訊號升起時間	更多接地引腳→更多 I/O →較小的間隔
● 較高 I/O 與較小間隔	陣列構裝

1.6.3　IC 構裝的結構變化

　　因為 IC 技術的發展趨勢，構裝從低周邊引腳導線架結構朝陣列式高 I/O 結構轉變，這方面的變化可參考圖 1.4。

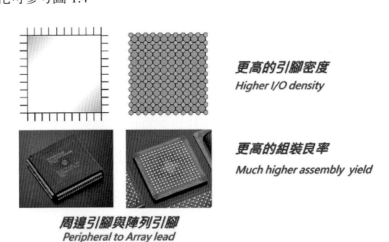

更高的引腳密度
Higher I/O density

更高的組裝良率
Much higher assembly yield

周邊引腳與陣列引腳
Peripheral to Array lead

▲ 圖 1.4　周邊引腳結構轉向陣列配置，重新配置載板線路連接達成結構設計

　　IC 晶片特性尺寸與鍵結襯墊 (Pad) 尺寸都持續縮小，結果構裝接點間隔 (Pitch) 由 1.0、0.8、0.65mm 朝下延伸到 0.4 ～ 0.5 mm 間隔。其中許多構裝目前已經轉變爲覆晶陣列結構，不再使用周邊引腳與打線鍵結的結構。其變動趨勢，如圖 1.5 所示。

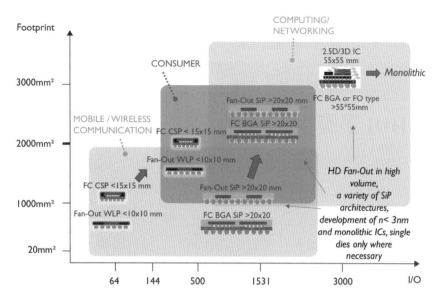

▲ 圖 1.5　IC 特性尺寸降低，晶片、鍵結襯墊尺寸縮小，塑膠構裝可有高 I/O 並讓
接點間隔下降到 0.4mm 或者更小 (資料來源：www.yole.fr)

1.6.4　電路板與中介板 (Interposer) 繞線技術地圖

當各種構裝接點間隔從 1.27 發展到 0.08 mm，已經超越將元件安裝到一般電路板的設計準則。用在球陣列構裝的最大接點間隔是 0.8 mm，之後 0.65 ～ 0.25 mm 都是晶片級構裝 (CSP)，低於 0.25 mm 屬於晶片直接貼附 (DCA) 範疇。

傳統多層板發展已近 60 年，雖然設計準則有差異但變化不大。若觀察 70 年代 HP 桌上型電腦用的 16 層板，看到的還是 0.15mm 線寬 / 間距的設計。當時記憶體 IC 晶片閘極相當少，需要的構裝技術與電路板結構當然簡單，與今日可攜式電子產品規格不可同日而語。

傳統多層板設計不理想，開始轉用 HDI 技術有以下諸多原因：

— 過去數十年間電路板技術沒有明顯變化

— 傳統設計仍然保持單純訊號、電源、接地結構設計

— 線路、間距、孔的尺寸變小，但是變化仍然有限

— FR-4 仍然是主要的介電質材料

— 過去 IC 對通孔電容、電感敏感度不高，但未來會加重

— 高性能、大量、成本敏感度高的市場 (消費性產品、通信產品、汽車產品) 開始拋棄
多層結構轉向 HDI 可支援技術

— 亞太地區廠商有近二十年生產經驗可支援 HDI 需求

— 電子元件商新產品已經開始依賴 HDI

— 與 HDI 比傳統技術會降低產品功能性與增加整體成本

1.7 HDI 多層板的舞台

　　HDI 是龐大且成長快速的電路板應用領域，它至少建構了四個不同領域的技術舞台：(1) 載板與中介板 (Interposer)(2) 模組 (3) 可攜式產品 (4) 高性能需求產品。

　　載板與中介板技術被用在覆晶或打線的應用，微孔設計可讓非常高密度的覆晶區域建構出陣列配置的接點與繞線。介電質是高性能的工程材料膜，典型應用範例如圖 1.6 所示。

▲ 圖 1.6　覆晶載板構裝 (資料來源：http://www.statschippac.com)

　　功能模組是小載板，可讓 IC 在上面做打線鍵結、覆晶構裝或 TAB 連結，又或者也可用來製作細緻的 CSP。一般典型散裝元件非常小，如：0201、0101、01005 等還有機會可做埋入配置。這類產品的設計準則，一般規格都比 IC 載板要寬鬆些。可攜式與小型化消費性產品，使用的 HDI 技術是屬於較先進的一群。它們的細密設計可讓產品製作成較小外形，且有相當細緻特性尺寸，這當然包括可製作高密度覆晶結構產品。典型產品如圖 1.7 所示，爲典型手機模組範例。

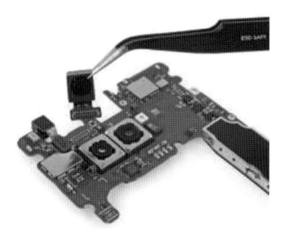

▲ 圖 1.7 Note-8 主機板模組化設計 (來源：http://tech.fanpiece.com)

高性能技術被用在高層數、高 I/O、小間隔元件製作，但並非所有產品都必須用埋孔板。微孔被用來搭配製作需配置高密度導線或串出線 (escape line) 的 HDI 板，特別是高密度元件具有高 I/O 結構載板，如：micro BGA。採用的介電質有樹脂塗裝銅皮 (Resin-coated foil)、強化材料膠片與核心板、高性能基材等。

另一個 HDI 技術可發揮的舞台，應該就是內埋元件技術，這方面不論採用平面線路技術或散裝植入技術都可以。圖 1.8 所示，是利用 HDI 技術搭配內埋元件的樣本範例。

▲ 圖 1.8 典型搭配 HDI 技術的內埋元件 (來源：Casio)

1.8 HDI 的機會與驅動力

當設計新產品，HDI 可發揮高密度優勢，同時帶來良好電性。系統採用 HDI 最佳化處理，可平衡採用各種技術間的得失，也可符合嚴謹開發時程，達到設定性能，成本控制也能讓產品快速成功。導入 HDI 技術有五種重要技術貢獻：線路配置、元件安排、材料選用、產品設計與製造程序，這些是許多專家評估產品是否優異的重要指標。

1.8.1　性能表現的改善

　　當電路板性能需改善，HDI 是重要輔助技術。除了讓電路板做得更小、輕、薄，還能讓產品具有優異電性，可改善典型性能如後：

— 呈現較低導通孔寄生電氣雜訊 (parasitic noise)
— 讓連結孔與線路分枝結構最小化
— 有穩定電壓通路
— 可去除不必要去耦合 (decoupling) 電容
— 較低的交談式與一般雜訊
— RFI/EMI 干擾低許多
— 較近的接地平面，較近的電容量分布
— 表面接地平面搭配孔在墊內 (Via-in-pad) 結構，可阻絕放射作用

　　由於 IC 用更小閘極結構讓訊號速度增加，使技術不僅可面對高頻應用，也壓縮了訊號升起時間 (rise times)。伴隨而來的則是，需要較高的熱散失與操作電源電壓降低。所有特性改變，都增加了線路對各種型式雜訊、訊號損失強度的敏感度。較新的高性能材料，有較高耐熱性 (可承受無鉛焊接)，可應對這類問題，同時能改善微孔製程與高頻性能。

　　在材料與結構用於產品前，利用 HDI 測試樣本 (Test Vehicle) 來驗證與達成工程目標，是有效的理想手法，可用它來測試電性、訊號整合、結構堆疊等表現。

　　微孔相較於傳統通孔寄生雜訊，幾乎只有十分之一。這種微孔結構適用於低電感設計，當搭配低電感去耦合電容、孔在墊內 (Via-in-pad) 設計，可達到優異低雜訊效果，適應高速、低電壓設計。業者對這類結構相關研究相當多，已經證明適當使用 HDI 結構效益相當高，業者常用 AnSoft 軟體做產品模擬。這類探討不是本書著力重點，有意瞭解的讀者可進一步研究該軟體各研究範例。

1.8.2　導入先進元件

　　IC 產業是電子技術的先行者，採用較小電晶體閘極與更大量元件整合，讓更多功能聚集並運轉更快。以較大尺寸晶圓生產可讓晶片單價持續下滑，使得整體電子產業規模不斷成長。

　　當 IC 構裝開始採用 1.0mm 間隔的陣列構裝後，逐漸看到 HDI 板技術的好處與必要性，而開始使用 0.8mm 間隔元件後，HDI 優勢更加明顯。盲孔節省了內層與孔襯墊空間，同時也能做孔在墊內設計。如今這類元件成熟度已相當高，各種高低引腳構裝紛紛出籠，

傳統 ASIC 大廠也都採用相關設計。Actel、Infineon、Xilinx、Altera 等公司的高接點數構裝，陸續採用這類技術衍生構裝。典型應用範例，如圖 1.9 所示。

▲ 圖 1.9　HDI 技術製作的 FPGA 高引腳產品，通孔技術可能需要 20 層以上結構，但採用 HDI 只需要 60% 左右層數 (資料來源：http://en.wikipedia.org; http://eandt.theiet.org)

1.8.3　產品進入市場的時間加快

採用盲孔、孔在墊內結構，方便電子元件配置，也讓產品進入市場時間縮短。又因為佔用空間小，產品設計空間效率增加，讓 BGA 元件應用性提升並加大繞線彈性，使得設計軟體自動繞線功能較容易發揮。

系統設計因為採用盲、埋孔設計而讓電性提升，可大幅縮短系統設計調整時間。因為訊號整合與雜訊縮減工作大幅降低，可減少重新設計的機會。

1.8.4　信賴度的改善

IPC-ITRI 在 90 年代後期對微孔結構信賴度做測試，同時有相關機構研究發表小盲孔優於通孔的報告。其實道理簡單，與傳統通孔比盲孔縱橫比多數小於 1：1，傳統通孔動不動就 4：1 到 20：1，差距相當大。

引用薄結構低 Z- 軸膨脹材料，是 HDI 技術特色。HDI 材料相當多樣，因此 IPC 規範嘗試做整理與律定，IPC-4104A 有部分規定可參考。若正確鑽出盲孔並電鍍，與傳統通孔相比可高出數倍壽命。薄 HDI 材料熱傳導能力也較好，這在 IPC 的 HDI 設計準則 IPC-2226 中也有提到。

1.8.5　比較低的成本

正確執行產品計畫，HDI 多層結構會比傳統通孔成本低。一般電路板業者較著眼於產品單位面積製作成本，但對於系統業者，降低電路板設計層數、提升系統速度、調整阻抗表現、縮小元件面積都是加分，這種觀點不是一般電路板單位面積製作成本可表達的。

1.9 　HDI 執行的障礙

要利用 HDI 技術有幾個可能困境，讓使用這種技術面對風險。典型困境如後。

1.9.1　可預測性

客戶需要知道 HDI 堆疊狀況、鑽孔數量與價位，這在開始做專案設計時就必須概略知道。製造商常必須在產品結構設計完成後才能做報價，前段工作時幾乎沒有相關數據可參考，這讓設計與使用客戶都如同瞎子摸象。若對 HDI 板微孔概念認知不清，就無法做出正確設計導致浪費。這些問題正在逐漸改進中，當經驗累積夠多就可做某種程度推估。

1.9.2　設計模型

若有精準繞線模型，將基本元件數據、幾何關係與電路板尺寸導入，產生堆疊結構與設計準則分析，就可概略知道產品表現。目前只有少數較有規模的製造商，具有這類模擬最終產品的技術能力。

由於 HDI 板已逐漸普遍，可用電腦輔助工具逐漸成熟，因此若能多瞭解 HDI 板特質，有機會可做出不錯的設計。新產品設計必須規劃堆疊結構、繞線通道與大區域佈線準則，小區域佈局或許會較簡單，但對複雜產品規劃就不能靠簡單電腦輔助工具弄清楚。

1.9.3　訊號整合

要使用 HDI 結構，就必須理解它能帶來的電性改善，否則對慣用傳統電路板的設計者，恐怕仍然會較喜好採用通孔設計。

1.9.4　大量生產

多數大量生產 HDI 板的製造商，會較專注於行動電話與消費性產品。不過要更廣泛介入新產品，製造商也要留意小量需求 HDI 產品。

1.9.5　新材料

HDI 導入不少新材料，有些以往使用者並不熟悉，如：樹脂塗裝銅皮、真空壓合介電質層等。基材特性對電性表現愈來愈重要，低損失基材與低介電質常數都是關鍵。高耐熱能力是無鉛製程必要條件，新基材需要有較高材料分解溫度 (T_d)。就是材料可承受損失重

量低於 5% 的作業溫度，可用熱重量分析儀 (TGA-Thermal gravimetric Analyze) 測量，是 ASTM D3850 規範的測試方法。其實就算材料僅出現 2 ～ 3% 的重量損失，特別是面對多次熱循環，還是可能出現嚴重信賴度衰減。

其它重要基材特性，還包括：均勻玻璃纖維強化有利於雷射加工，薄玻璃纖維有利於電氣特性，薄而高介電質係數材料可配置較多電容量在電源 / 接地平面間，增加額外基材可製作內埋被動元件層等。

1.9.6　組裝的問題

許多組裝人員不習慣孔在墊上 (VIP) 結構，且認為這種結構分攤掉接點焊錫量，其實薄板、小孔佔用錫膏量可能只有 1 ～ 3%。強迫電路板設計全填孔有時沒有必要，這可能會增加電路板製作成本超過一成以上。若將狗骨頭 (dogbone) 佈局用在 HDI 板，則會佔用不少面積，且會增加線路電感 (每英吋 25 nH)。這些結構的選用，會直接影響組裝順暢性與產品成本、表現。圖 1.10 所示，為未填與全填孔的斷面結構，平緩微凹應該也可接受。

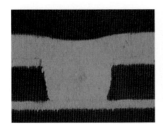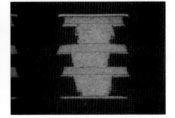

▲ 圖 1.10　填孔電鍍產生平整孔以利組裝與孔堆疊。

1.9.7　組裝測試

使用孔在墊上、盲孔，電路板背面就沒有通孔測試點可用，密度高幾乎沒有空間容納大小 50mil 測試襯墊。縮小測試點尺寸近接 (Access) 能力是 HDI 重要工作，有不少高密度測試工具、方法可用，但實務上需要搭配產品有困難。搭配測試設計 (DFT-Design For Testing)，可讓測試工程師與設計者共同規劃。可預測可能故障狀況，規劃測試策略、了解故障範疇，並在電路板佈局 / 繞線設計前權衡測試近接的規劃。

這對於大量生產相當重要，因為涉及大筆測試費用。某些軟體可預期每個接點、元件、板面訊號可能故障類型，這樣就可規劃覆蓋性最佳的測試模式。列出必要測試襯墊，可提供最佳測試涵蓋率與順序，設計者可在有限板面近接點有效決定測試方法。

1.9.8 設計與成本的推估能力需要模型

要有效以 HDI 技術設計電路板，必須關注諸多堆疊結構變化、孔結構與設計準則。目前業者以其經驗發展出預估方法，讓設計可依據計畫選擇最佳堆疊與架構。設計採用的最小孔徑、孔圈、線路寬度等，對產出良率影響明顯，材料厚度、疊構、總孔數、孔密度等還會對成本產生影響。其它成本因素，如：最終金屬表面處理、填孔、允許公差等也都會影響成本。

1.9.9 設計工具 - CAD

HDI 板設計的電子設計自動化 (EDA) 工具發展雖然較慢，但目前已有不少成熟產品，且功能也隨需求進步，不過價格昂貴較困擾小型設計公司。與傳統通孔自動化設計工具比，重要差異與功能增加整理如後：

— 有盲微孔的交錯 (鄰接) 結構、堆疊 (正對) 與嵌入結構
— 全堆疊層 (Any Layer) 與對稱層堆疊結構
— 盲 / 埋孔間隙問題
— 有孔在墊內 (Via-in-pad) 結構可讓元件配置在其上
— 繞線轉角角度多元
— BGA 扇出配置自動化
— 動態孔位與元件線路配置
— 孔出現推擠與移位
— 應對盲 / 埋孔需要，有自動化繞線最佳化功能
— 與電氣、熱與 FPGA 模擬工具連結
— 具有 HDI 結構的設計準則檢查系統
— 在元件配置區有局部區域的準則

HDI 的典型設計，BGA 串出 (Escape) 佈局複雜度與之後進入佈線通道的狀態改善，是這類議題較受到注意的部分。

1.9.10 電氣性能與訊號整合性

緊鄰訊號、電源整合、HDI 佈局工具，可支援進一步 HDI 設計，讓產出結構具有優異電性。面對需要更快升起時間 (rise-times) 的先進 IC，以往被忽視的載板寄生雜訊都需列入考慮。這些寄生雜訊包括：電源 / 接地平面電容、電感，構裝電容、電感，電路板的

影響等。連接器的電容電感、背板或電纜的電容電感、電路板間銜接的電容電感、電源 /
接地平面的電容電感也都要列入考慮。

　　孔在高速網絡的電性影響也不能忽視，通孔具有較高電容、電感等寄生雜訊，可能會
成爲明顯訊號性能表現干擾。通孔周邊牽絆的結構，幾乎都有微孔寄生雜訊量的十倍以
上。

1.10　HDI 的工作程序

　　HDI 系統是電子構裝技術發展成長最快的部分，整體狀況並不是用簡單語彙可說清
楚。需要搭配工程研究執行，還必須考量 HDI 可給產品帶來的價值，這方面有業者把它
稱爲 HDI 工作程序，概念包括六個部份：

— 系統切割
— 型式設計
— 電路板設計
— 電路板製造
— 電路板組裝
— 組立測試

　　這些技術必須明確有序呈現，是成功利用 HDI 技術必須瞭解的範疇。成功整合 HDI
技術，可改善產品性能，讓價格更有競爭力，也可讓新產品有革命性改變。

1.10.1 系統分割

　　當新產品開發要啓動時，首先該將整個產品分解成爲元件等級，或者應該分割成可做
設計的模塊，才能做設計、製造、銷售與支援維護。這個工作相當重要，發生錯誤會導致
產品沒有恰當結構型式、成本過高、上市太慢等。一般系統分割法多變，但不外乎尺寸、
重量、體積、功能等。當然也會包括標準的主、被動元件分配或慣用 ASIC、元件構裝、
電路板數量與尺寸、類型等，延伸議題還包括如何做模塊連結。

　　HDI 板技術要在非常初期就全面考慮，較能取得多數優勢。愈晚考慮設計優勢會變
低，還可能因牽絆無法發揮優勢。結構型式、元件、風險控管、可製作性都必須衡量，以
確實掌握產品成功性。

1.10.2 型式 / 產品設計

巨觀產品建構與設計，包括：邏輯設計、線路模擬、元件選用、慣用 IC、機械設計等，HDI 板可提供電氣與熱管理優勢。其關鍵價值是有能力模擬改善產品電氣與熱特性，這些是傳統通孔結構無法達到的。

1.10.3 電路板設計 / 佈局

HDI 設計會面對許多挑戰，瞭解佈線相當重要，這樣才能選擇正確設計準則與結構。有盲、埋孔 HDI 結構，比傳統板變化多且複雜，瞭解哪些設計對製造產生影響，是設計者基本功課。特殊設計準必須與 HDI 結構一併考慮，特殊製程要考慮定出極限。設計工具、襯墊堆疊、自動繞線等，會用在不同設計，固定設計模式到目前仍不是 HDI 板設計常態。較新的 CAD 軟體有專家系統，會提供較多元件資訊幫助設計。監控可製作性的軟體，在佈局過程中會檢查各種設計問題，避免過程出現錯誤。

1.10.4 電路板製造

整個工作程序，製程對成果影響貢獻最大。目前全球有百家以上廠商，使用多種不同製程製作類似 HDI 板。因為這些年雷射、感光介電質相關技術有明顯進步，製作微孔似乎相對簡單。而較具有挑戰性的工作，仍是基本的：對位、細線路影像技術、金屬化處理、電鍍等，在 HDI 應用上，這些技能都必須達到一定水準。不過這些評斷標準隨產品而變，廠商所有相關技術養成都有利於製造能力提升。

在 HDI 製造方面，電氣測試技術落後較為明顯，多數公司都可有效製作出更細緻線路，但要有效測試卻必須付出相當昂貴代價。

1.10.5 電路板組裝

HDI 板元件配置更接近，會影響回流焊操作曲線與需要的修補技術。當電路板上板面填滿元件，另一面也可納入不少主被動元件，這讓組裝程序與回流焊曲線都需要調整。面對較新、小、密的平面陣列元件如：晶片級構裝或覆晶元件，單位面積內的接點會出現驚人成長。這些小外觀新型元件，搭配底部填充材料或非常高表面連結密度，可能會因為與較薄 HDI 板搭配而影響產品信賴度。較薄的結構在熱循環中會較軟，這可能引起不同故障機構與風險，這些問題需要徹底評估與測試。

1.10.6 組裝測試

HDI 技術最終步驟是組裝測試，這方面在導入小而高密度平面陣列元件後也會出現問題。若使用孔在墊內結構，當搭配平面陣列元件組裝後就沒有串接孔可測試端子連接，這時提早介入系統設計並搭配「為測試而設計」就相當有價值。這類測試可以靠周邊、介面掃瞄，或依賴植入自我測試結構設計來做。

多數高密度元件測試襯墊，不是太小就是沒空間可讓測試探針佈建。而在電路板設計完成後，再增加測試襯墊到板面會增加複雜度與成本，且會帶來不必要寄生雜訊。較新的組裝驗證法，要能發展出不需傳統針盤測試、治具的測試模式，而業者會更期待快速且非接觸式的測試技術。

1.11 HDI 的技術基礎

1.11.1 互連密度

當做 HDI 設計規劃時，有三個 HDI 性能表現評估指標應該要檢視：

● 組裝複雜度

有兩個指標可評估表面貼裝元件困難度，元件密度 (Cd) 可用每單位面積元件數表達，而組裝密度 (Ad) 可用每單位面積內接點數表達。兩者數值愈高，表示複雜度愈高。

● IC 構裝

元件複雜度 (Cc-Component Complexity) 是另一個指標，可用單元件平均引腳數 (I/O) 觀察，且共同指標是引腳間隔 (lead pitch) 大小。

● 電路板密度

一般表達 HDI 板複雜度的指標，可用單位面積線路長度表示，以往較常見的是以平均每平方英吋配置線路長度表達，這包括所有訊號層。

另一種指標，可用單位長度內所配置線路條數表達，如：每一英吋或每一厘米配置線路數。襯墊、連接孔、線路都必須要配置在有限區域內，若繼續採用傳統通孔結構設計電路板必然會出現障礙。

1.11.2 構裝技術地圖

圖 1.11 所示，為 2017 年由 ITRI 發表在技術資料中的構裝技術地圖。依據產品分類，經過分析構裝技術的變動，就可推演出電路板的技術地圖，而這些技術地圖當然會有其潛在技術意義。系統商製作這類技術地圖後，載板業者要注意圖面的右半，這是多數瀏覽者特別注意的部分，因為它會呈現未來技術領先部分。將這些結構需搭配的 HDI 板結構找出來，可用來對照目前技術欠缺的內容。

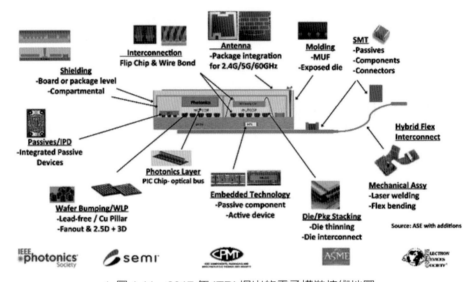

▲ 圖 1.11　2017 年 ITRI 提出的電子構裝技術地圖

1.11.3 HDI 板的佈局

常被列入考慮的三個佈局評量因子：

— 佈局效率 – 評估層內最大可配置線路量與實際配置量百分比
— 預估可繞線能力 – 判定在可用空間下配置線路難易程度 (依據既定設計準則)
— 繞線密度 – 層內單位面積內的線路長度
　依據上述考量資訊，就可掌握產品應用 HDI 技術的優劣與可行性。

1.12 開始使用 HDI 技術

考慮使用 HDI 技術做設計，為幫助讀者啟動想法，建議從四方面做：

● HDI 技術訓練
● 測試樣本評估
● 重新設計現有通孔板
● 新產品投入

首先開始熟悉 HDI 板相關技術並確認合作製造商，他們的製程能力是關鍵因素。建議可參考 IPC 基礎資料，該協會有標準化資料可應對 2 ～ 24 層設計，同時有較完整電氣測試計畫與考慮 (包括熱循環)。雖然目前許多業者早超越這些規範，但它可當進入 HDI 技術領域的敲門磚。若對設計準則、電性表現或信賴度有質疑，應該考慮製作簡單測試樣本。要建立 HDI 設計準則與方法，可先練習將現有通孔產品重新設計。之後以這些背景與經驗為基礎，較容易適當採用 HDI 設計。

HDI 技術訓練

要實際應用 HDI 技術，相當多技術細節要了解，本書也期待能提供協助。電路板製造商必須投入，並定義自己的 HDI 板製程能力，準備接受客戶設計委託。為了讓產品順利生產，製造商提供的有利生產訊息，會對 HDI 設計或堆疊規劃有幫助。

測試板評估

電路板供應商可能不熟悉設計選用材料，因此需要做部分新材料測試，尤其需要用較高溫或高性能材料時更是如此。這是測試高頻、訊號整合的好時機，信賴度可依廠商選用堆疊與材料結構測試。

重新設計現有通孔板

可選擇較可行既有產品，以高密度板概念重新設計，可能的話還要做組裝、性能表現驗證、線路內測試、其它項目驗證。當然也可用模擬工具不必做實物，但若元件沒有太大變動，樣本製作、組裝測試會讓理解程度更深。HDI 結構，最大價值就是能發揮第二面元件安裝優勢，尤其是 BGA 佈局的扇出 (Fanout) 與繞線空間、堆疊變動等項目值得做評估。要獲得額外空間、繞線優勢，可在過程中調整設計並觀察性能效果。

新產品投入

一旦 HDI 設計問題被解決,設計工具也完整規劃並搭配供應商認證,HDI 技術養成應該就有了基礎,此時廠商可嘗試實際產品設計與應用。

CHAPTER 2

微孔與高密度應用

2.1 前言

　　80、90 年代之交，電子市場明顯變化。半導體技術進步引起數位革命，個人化計算工具讓使用者有更高功能整合度，產品設計逐漸走向手持、可攜。傳統機械如：相機，也加入許多電子功能。可攜、彈性、遙控相當吸引人，不過高產品自由度要先考慮的是重量與尺寸。設計者尋找降低設備重量的方法，並將外形設計成可攜、美觀的產品，未來對更小、薄、輕的需求必然持續加深。

　　70 年代後期表面貼裝技術 (SMT) 導入，插孔元件被快速取代。SMT 沒有大通孔插件需求，降低了元件貼裝面積。不過 SMT 應用擴張讓電路板設計面對挑戰，較小通孔互連增加了鑽孔成本與電鍍問題。儘管較小元件讓設計提高了組裝密度，但也造成電路板繞線挑戰，迫使某些電路板設計層數必須提高。

　　業者導入平面陣列 (Area Array) 構裝讓設計複雜度提高，BGA 方便更大量的小間距接點設計，因此可應對高腳數元件構裝。CSP 提供了最小構裝外形，同時可增加板面焊點密度，也迫使電路板設計必須走向高密度互連。

　　當電路板層數提高、孔徑縮小，成本也跟著提高。工程師一面想與趨勢對抗，卻同時必須找出提供更小、輕的電路板方案。理論上可採取方案有：增加互連密度、降低設計層數與厚度，同時儘可能降低鑽孔負擔，這些因素都需導入微孔技術解決。

2.2 電路板結構形式的改變

電路板以金屬建構獨立線路層，層間縱向連接不可或缺。為了產生層間連接，必須建構層間通路。鑽孔形成通路是電路板製作最普遍的方法，鑽孔後做層間孔金屬化處理，才能完成電力、訊號連結。自從通孔電鍍技術提出，幾乎所有多層板都以此法生產，當然也有利用導電膏填充等不同方法建構導通的技術，這類作法在本書後續內容會做說明。

通孔電鍍用於多層電路板已有數十年，除了用於製作插接元件孔及固定工具孔，其它孔都歸類為導通孔。中文名稱對孔區分較不明顯，但英文將插件、工具用孔稱為 "Hole"，有較明確孔的味道。純導通用孔則以 "Via" 稱之，其意義有經過某處到另一處的味道，因此純為通路之意。

高密度電路板是採用增層製作模式，以機械、雷射或光感應在介電材上形成小孔，再以電鍍導通作出電與訊號通路。微孔結構只佔用部分金屬層位置，其它層間仍然可發揮導通功能，這不但提升了電性表現，也明顯提升連結密度。當電路板密度提高，可想見 Via 會愈來愈多，Hole 會愈來愈少。安裝 SMD 會愈來愈多，DIP 元件會愈來愈少。這樣線路就可愈緊密，接點密度也可提昇，相同功能元件佔用面積更小。

日本先進電子廠商為手持式產品做了指標性定義，就是「收納必須可放在前胸口袋而不感覺負擔」。針對這種標準做大略推估，總厚度應該以不超過 5mm 為理想。以目前多數電子產品都要具有聲光、通信、連網等需求，產品還要搭配大型顯示器及周邊功能。這不但讓電路板可用空間壓縮，也迫使所有元件厚度控制必須小心。目前許多電子產品不但用 HDI 板作連結母體，電子構裝也朝向堆疊發展，以節約厚度與空間佔用率，使得電路板發展不再能獨立於電子構裝之外，各種不同構裝模組也都靠高密度構裝載板搭配實現。

當電路板走向高密度，從幾何看會有幾個基本特性變化。其一是孔堆疊會發生變化，孔立體結構會從最傳統純通孔，變成序列式壓合結構，再變成微孔高密度電路板或混合結構，更新的作法則是將部分元件埋入電路板成為立體結構，其發展趨勢如圖 2.1 所示。

從幾何結構很容易了解，傳統電路板若在某座標製作通孔結構，即便只連結兩層線路，實質上孔已經佔用一個位置，不但浪費空間也無法在該位置做 SMT 組裝。但採用序列式壓合，同一個位置就可作出兩個以上連通，空間利用有明顯改善。但這種做法必須面對薄板製程考驗，實務應用上仍不理想。

至於使用 HDI 板技術，因為有盲孔結構搭配有效微孔成孔技術，可提高連結密度又不必面對薄板製程困擾。組裝也因為可直接做盲孔接腳焊接，省下相當多的幾何空間，這

些優勢使 HDI 板在電子產品設計有較大的發揮空間。由於電性及設計彈性，多數手持產品已經採用全堆疊盲孔設計，又為了縮小尺寸提升頻寬，開始導入內埋元件技術，HDI 板正式進入立體時代。

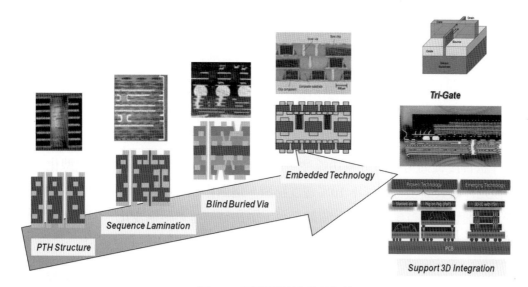

▲ 圖 2.1　電路板結構發展趨勢

2.3　微孔技術的濫觴

　　有需求就會有人想，1991 年 IBM 的 Yasu 廠提出微孔板技術，用在 ThinkPadTM 膝上型電腦製作。其後六年間，主要膝上型電腦公司都嘗試以微孔設計追趕這類產品設計。其他公司如：Fujitsu 生產的 FMV-BIBLO NPV 16D 小型筆電，也使用多晶片模組構裝產品，且使用範圍不僅止於母板。經過多年，多數新電子產品設計也都使用這類微孔結構。

　　微孔技術逐漸在各應用發展，尤其在日本領先發展。這種高密度需求產品，在數位相機與攝相機製作有大優勢。Sony 在 1996 年發表一款攝相機，混用微孔與 CSP 技術，JVC與 Matsushita/Panasonic 也緊跟在後。Sharp 導入微孔技術製作微型數位相機，PCMCIA 卡及 PDA 也都用這類技術製作。而微孔技術也在導航系統、汽車元件、大型儲存系統發展初期被應用。

　　幾乎先進電子產品都採用這種技術，製造商也認同這種結構的製作能力，目前有豐富經驗的廠商已為數不少。這些年設計工具逐漸發展完備，多數設計都可在大型 OEM 廠生產，且在專有系統運作。不過這類產品訴求重點仍是成本，早期業者相信微孔可讓產品製作成本變低，但這種期待總要逐步達成。

　　HDI 板材料比傳統板貴，早期雷射鑽孔機不夠普及且昂貴，現在普及率已經相當高，成為標準生產設備之一。此外 HDI 板需要序列式製程，加長流程使良率降低。不過若設計者可縮小尺寸或層數，其單位成本仍可實質降低，面積縮小也有可讓良率提升。新技術都要量產來降低成本，有誘因讓廠商建構必要設施，這規則對微孔技術也適用。行動電話誕生，讓這類技術找到發揮的舞台，而可攜式產品更讓這類技術發揚光大。

　　90 年代大家競相嘗試降低手機重量，1992 年典型行動電話重量約在 220 ～ 250 公克間，1998 年重量已經降低到約 70 公克。持續降低重量與增加功能需求，所有元件都必須壓縮。要滿足重量降低訴求，當然電路板必須用更薄與小微孔技術製作，應對較高的 IC 整合。圖 2.2 所示，為 Motorola 車用行動電話與手機的強烈對比。

　　晶片整合度提高可提供更多功能性，而導入 CSP 與微孔技術可達成微型化。研究顯示，類似元件貼裝面積會以每年 10% 速度縮減，這個假設並不包含每年增加的互連密度。由於需求快速變動，行動電話成為關鍵平台，驅動整個產業結構變化，促使新材料快速發展並持續改善良率。

▲ 圖 2.2　行動電話尺寸比一比

　　微孔技術提升，讓晶片構裝載板應用可行性提升。這類載板從陶瓷材料轉成壓合基板，不少電路板商開始生產這類產品。因為基材有較低介電質常數與訊號延遲，提供了較好的電性表現。現成的電路板產能，順理成章被用到晶片構裝載板生產。半導體遵循摩爾定律發展，每 18 個月至兩年單位面積內增加一倍晶體。覆晶技術提供高引腳元件可行方案，可用平面陣列 (Area Array) 做接點設計。基材搭配 HDI 或微孔結構，可讓設計者發揮有機載板優勢。

　　工作站、網路、通信系統使用 ASIC 設計，需要搭配數千個小間距接點構裝。Fujitsu、IBM、LSILogic、Mitsubishi、NEC 與 Toshiba，都是率先用塑膠微孔載板製作高引腳產品的公司。早期設計範圍，球接點數約為 500 ～ 1,700 左右，載板結構單邊建構

1～3層增層結構。這類載板早期以25～50μm線寬間距設計準則生產，目前較先進產品已經推進到10μm以下線寬間距水準。

　　高階ASIC構裝促使業者採用HDI載板，這類應用以細線路與多層微孔結構避開擁擠區域繞線問題。不過這種應用市場只佔整體載板總量一小部分，微處理器與其它晶片構裝產品，才是這類載板市場主力。Intel於1998年以前就已經開始採用塑膠載板構裝，就是大家俗稱的黑金剛。98年是個分水嶺，Intel開始推出PentiumII覆晶構裝版本，此後微處理器製作開始以塑膠覆晶載板為主流。圖2.3為黑金剛與PentiumII的構裝版本。Intel的覆晶載板，初期採用感光成孔的技術製作，之後也轉向雷射鑽孔技術發展。

▲ 圖 2.3　Intel 微處理器

　　Intel微處理器與行動電話需求，提供了強烈誘因讓電路板製造商、材料商、設備商都做製程、設計、產出、良率改進，讓微孔與HDI技術成為主要解決方案，這造就了技術導入的初期景況。

　　HDI板與晶片構裝載板都已有二十年發展歷史，這個期間對微孔技術有兩種主要不同看法。一種是由IPC提出，認定只要用微孔結構互連並使用盲孔直徑150μm或更小結構做電路板，就稱為HDI板，成孔技術包括：電漿、感光、機械或雷射製程，有業者則認為低於250μm孔徑就該列入。以IPC規範為基準，整體微孔市場從初期低於百萬美元規模，已經發展到現在超過兩百億美元。而目前有能力製作相關產品的廠商，也從初期發展以手工製作到目前已經有百家公司有此能力。

　　以微孔結構提升電路板在行動電話與IC構裝的表現，目前幾乎所有相關產品都已經使用這類技術。日本在這方面投入的技術與投資仍然最多，且目前全球構裝載板生產仍以該國為重鎮。不過話雖如此，台、韓、東南亞、內地表現也逐年翻新步步進逼。目前除了基材、光阻還較依賴日本廠商，產業規模已經逐漸拉近。

2.4 HDI 板應用概述

微孔技術發展初期，不過是作為提升電路板連結密度的工具。率先投入者不僅學會設計，也確認了它的結構信賴度。自此有不少技術進展，業者開始增加盲孔與增層製程應用，產業大量使用傳統埋孔、填孔、堆疊孔等疊構，增加垂直方向互連密度。技術需求因設計變化而不同，不同應用市場必然會看到差異性設計。擴大原始微孔概念，可讓高密度互連有更多表現，並可依據應用規格做調整。基於這個觀點，使用高密度互連技術的市場持續延伸。

行動電話與高階載板應用，仍是 HDI 技術主要成長舞台。在西元 2000 年約只有 4 億支手機銷售出去，而到了 2010 年總銷售量已經接近 15 億支，目前統計數字已經不知是否可信了，但是年產出超過 16 億支以上是報告常提到的量。圖 2.4 所示，為傳統通話用手機板。

▲ 圖 2.4　一般傳統通話用手機的主機板

儘管手機用電路板尺寸已大幅壓縮，但新世代智慧型手機設計複雜度明顯提高，增加了 HDI 複雜度，並降低其外觀結構特性尺寸。目前可看到許多智慧型手機新設計，明顯增加了微型 BGA 構裝數量與複雜度。且為了因應更多元產品需求，模組、堆疊構裝及腳距也都明顯壓縮變小，而構裝 I/O 更是快速成長。圖 2.5 所示，為 i-phoneX 的分解解析。

當可攜式智慧電子產品設計逐漸一致化，領導廠商採用的元件設計與大結構都趨於一致，表面功能性其實差異性不大。雖然可理解產品精緻度有差異，但僅靠粗略觀看不易呈現。而智慧型可攜式產品關鍵零組件，供應商有集中化趨勢，知名廠商供應元件會出現在各家重要手機產品上。這種集中化趨勢，讓領導廠商設計，成為整體產業遵循規則。

如 <0.5mm 以下腳距的 BGA 構裝、POP 模組構裝等，這些都加速了設計複雜度。因此電路板襯墊密度必須提高，以往普遍設計密度僅高於 200 pad/in^2 的狀態早已是歷史，現在超過 1000 pad/in^2 以上的構裝比比皆是。大量應用盲、埋孔已是可攜式電子產品的關鍵，

蘋果公司領導超薄設計，也不斷有廠商嘗試超越，現在產品競爭計較那一點點厚度。圖 2.6 所示為典型的智慧型手機廣告畫面，眼尖的人可看出品牌差異，但好像拉近或超越對手的輕薄度、屏幕大小就是超越技術的差異一樣。這種訴求，當然對電路板與構裝產業，都形成更大的高密度與厚度壓力。

▲ 圖 2.5　i-phoneX 的分解解析 (來源：https://qooah.com)

▲ 圖 2.6　小小厚度比較代表的技術壓力

　　終端應用與晶片構裝市場持續成長的動力，有諸多晶片構裝技術障礙必須克服。HDI 板被用在平面陣列構裝技術上，製作處理器、晶片組、ASIC、FPGA 與高階 DSP，這類應用的凸塊間隔持續壓縮。極端小型化技術逐步成熟，智慧型手機市場的成長，讓載板技術不斷面對挑戰。

　　過去，構裝載板市場幾乎都關注在微處理器構裝上，不過相較於可攜式、穿戴式產品，相對厚度與尺寸要求還是較寬鬆，並不需要嚴重壓縮厚度與尺寸。圖 2.7 所示，為過去多個世代的 CPU，留下的足跡。

▲ 圖 2.7　陶瓷構裝處理器轉換為塑膠構裝 (來源：uwaterloo.ca)

　　雖然有人說已經進入了後 PC 時代，但筆者理解並非如此，目前它的成長趨緩而弱勢，但整體 PC 類需求仍有一定規模。當平板電腦搭配網路應用而普及，熱點轉移勢所難免。從市場角度看，這些覆晶構裝先行者，仍佔有整體構裝市場一定地位。不過，因為可攜式產品高度成長，業者將注意標的移向可攜式產品而已。許多厚載板設備，難以轉換到薄板應用，且周邊搭配技術也讓廠商地位消長。主攻薄板、模組類技術的業者，在這場戰役中佔據了較好位置。

　　構裝密度的成長，載板類型由打線轉向覆晶結構。當覆晶市場需求增加，過去存在的諸多技術與設備障礙都逐次解除。可攜式電子產品的應用，因 HDI 板技術能力持續提升而受惠，它可提供高階功能性，並能支援各種機構建構。可攜式產品並不僅是智慧型手機而已，不過大家都把目光聚焦在它身上。而 HDI 技術重點在輔助製作零組件，因此從技術角度看，只要高密度連接需求成長，無可避免會對 HDI 技術更加依賴。

　　對微處理器、ASIC 與其它高階元件，都持續增加複雜度且有較高引腳數，構裝引腳間隔 (pitch) 也持續縮小。這些趨勢使元件繞線設計難度提高，也迫使系統電路板設計層數必須提升，而設計者也要尋求改善訊號整合與電源管理方法。圖 2.8 所示，為大系統用增層板範例。

　　這片電路板厚度 6.4mm，36 層結構單面有一層增層。線寬間距的設計準則採用 150/130μm，0.6mm 通孔 150μm 盲孔。因為單面有盲孔設計，讓出相當多空間做訊號層線路設計。

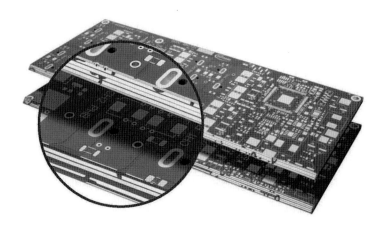

▲ 圖 2.8　用於大型系統的 HDI 板 (來源：Schwizer)

2.5 HDI 板市場概述

用 HDI 技術可節約產品製作成本改善性能，這些技術優勢正在導入高階數據通信、軍事防衛、航太科技、醫療器材市場。近來系統構裝 (SiP) 被用作系統晶片 (SOC) 替代方案，並希望能做內埋主、被動元件設計，作為穿戴式支援技術。HDI 技術，也可製作更小外型微電子構裝元件。

許多 SiP、PoP 構裝以打線連接，但更多新構裝是利用覆晶技術搭配 HDI 製作。HDI 技術已可支援可靠互連，搭配主、被動元件內埋。不論方案是採用直接製作或埋入元件，連接都還是靠微孔鍵結。典型範例可觀察日本廠商如：Casio、CMK 等公司製作的內埋晶片載板產品就可理解。這類晶片等級構裝，配置在載體上做封膠處理，如圖 2.9 所示。

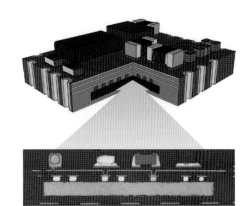

▲ 圖 2.9　內埋主動元件範例
(來源：www.microsemi.com)

以雷鑽將孔鑽在銅凸塊上，之後在兩側各成長一層線路層。額外的 SMT 元件可搭接在表面，包括晶片級元件在內。有日本廠商利用這些技術，製作更新、更小、更薄的 PoP 結構。

　　HDI 技術擴散，提供業者多元技術方案。各種結構，設計者可彈性選擇符合成本技術。技術模式是動態的，業者難以準確掌握實際市場規模。不過市場研究者，已經建立基礎評估資料，可作爲參考。目前消費性電子產品都集中在亞洲生產，因此 HDI 板產能自然落在亞洲。高階、高密度板目前最大生產者仍是日本，是技術層次、發展歷史因素，他們不但是 HDI 板材料設備重要供應國，在特殊技術發展也佔最高比例。

　　IC 構裝載板技術水準與單價高，是日本國內板廠發展重點。至於傳統電路板，價格滑落及台、韓、內地廠大量產能設置，壓縮了日歐美的競爭空間。亞洲其它地區，因日商投資，在越南、菲律賓等國也有高階載板產能，不過可攜式產品 HDI 板供應仍以台、韓比例高。這些年內地與全球代工需求，HDI 板產能逐年開出，沿海地區有大量外資投入。內資投入 HDI 板生產，也讓市場產生變化，又因環保、缺工等因素，板廠部分朝長江上游城市移動。

　　目前全球 HDI 板生產，成孔仍以雷射爲主，因此評估產能潛力也以此爲參考。雷射鑽孔機數量分布，兩岸三地總和應該與日本數量相當，以持續擴張看，內地擴張速度會最高。綜觀全球市場，HDI 板供需隨可攜式電子產品起落呈現動態。智慧型手機與平板電腦、超薄筆電等逐步成長，未來幾年雖仍會與全球經濟榮枯同步變化，不過大趨勢看漲。

　　從 HDI 板平均單價看，滑落速度相當驚人。2000 年前後到目前，相同結構 HDI 板單價幾乎掉到十分一以下水準。單價降低，源自於物料降價、雷射能力提升、技術成熟度提高、供應商競爭加劇等。降價是電子產業的天命，業者如何在大趨勢中生存獲利，仍有賴於技術良率提升及穩定稼動率。

CHAPTER 3

HDI 板規範與設計參考資料

3.1 簡述

當開始做 HDI 設計，會先參考既有可用規範參考資料，而 IPC 相關資料與規範是讀者可作為領域入門資料之一。IPC 有四份與 HDI 設計相關性高的規範：

— IPC/JPCA-2315 - 高密度互連結構與微孔設計指南
— IPC-2226 - 高密度互連 (HDI) 印刷電路板設計準則之部
— IPC/JPCA-4104 - 高密度互連 (HDI) 結構之介電質材料驗證與性能表現規範
— IPC-6016 - 高密度互連 (HDI) 結構的驗證與性能表現規範

使用 HDI 技術的讀者，可參考這些規範做技術規劃，並作為 HDI 設計法的參考。IPC-2226 是一份教育業者如何選用成孔技術、線路密度、設計準則、互連結構、材料特性規範，它嘗試提供電路板設計使用微孔技術的標準。

3.2 設計先進的 HDI 板

IPC-4104 是一份嘗試定義高密度互連結構使用材料的規範，這份規範內容包含用在 HDI 製作的薄膜材料特性，這是高性能電路板首先需要注意的材料特徵。在 HDI 設計過程，最重要的步驟就是選材料，它決定了產品性能表現與製造技術選擇。當做 HDI 設計，有大量可用材料列入，且這些材料不同於傳統多層板材料。其中片狀材料特性被區分為三種主要類型：介電質絕緣材、導體與導體加絕緣材。

這些絕緣材料可歸類為四大類：

— 樹脂塗裝銅皮 (RCC、PI 基材等)

— 基材 (強化的環氧樹脂、Cyanate Ester 等)

— 液態材料 (環氧樹脂、感光材料、BCB 等)

— 薄膜 (未強化環氧樹脂、液晶材料高分子等)

從機械特性看，材料可概分為強化、無強化基材及膠片。強化材料尺寸安定性較好，膨脹係數 (CTE) 也較低，對熱斷裂問題較不敏感。不過無強化材料常具有較低介電質常數 (Dk)，也較薄且可能具有感光性。

不同的強化與無強化材料，可支援高信賴度產品市場高尺寸穩定度需求，當然對消費性電子產品也有用。玻璃纖維強化基材與樹脂塗裝銅皮 (RCC)，是最普遍提到的 HDI 增層材料。不過因為價格與強度特性等因素，當雷射加工技術改善時，業者選用的搭配性材料仍然以有纖維強化材料為大宗。

這些材料的可接受度，依據需求定義為：目視特性、尺寸需求、機械需求、化學特性需求、電氣特性需求、環境需求等。一系列規格，都是針對特定材料規範，每種材料提出的工程與性能數據，都是搭配製作高密度互連結構而設，這些材料包括介電質、導體與介電質 / 導體混合體等。單張材料會搭配字母與號碼定義其目的，要開始安排製程，讀者可參考 IPC-4104 文件並搭配個別材料數據資料規劃。

IPC-6016 主要內容，是針對還沒有被其它 IPC 規範律定的高密度載板做規範。類似於 IPC-6011，包含一般性電路板認證及性能表現規格。這些 HDI 允收特性，分別被歸入不同產品類型：

— 晶片載體

— 手持裝置

— 高性能產品

— 嚴苛環境產品

— 可攜式產品

其他允收需求則另外歸入個別規範。

3.3　HDI 板基本結構與設計規範

為有效連結高引腳數陣列構裝，需發展出新方法。儘管名詞如：序列式多層板、加成多層板 (BUM) 等在過去曾用來描述這類技術，不過 HDI 的好處還是源自於非常小的孔設計，業者將它稱為微孔 (Micro Via)。

　　而 IPC 技術委員會對 HDI 板設計，定義任何孔若設計成小於等於 150μm，就認定為微孔，這大約相當於千分之六英吋 (6 mil)。為了與半導體業結合，目前 HDI 技術已經較少用英制單位描述技術或產品。電路板概略區分有兩種基本 HDI 板結構，它們依據增層 (buildup) 法區分，各是「序列式增層 (Sequence buildup)」結構與所謂的「隨機層間連結 (Any-layer)」結構，其斷面可參考圖 3.1。

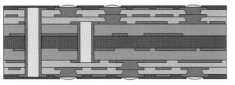

Sequence buildup　　　　　　　　　　　　Any- layer

▲ 圖 3.1　兩種主要的 HDI 板斷面結構

3.3.1　IPC/JPCA-2315 HDI 設計指南

　　如前所述 IPC-2315 包含不錯的 HDI 板設計指引，經過簡略 HDI 結構與微孔研究，巨觀設計文件被整理出來，提供給較不熟悉 HDI 設計的業者參考。第一個關鍵文件是 2315 流程圖，可參考圖 3.2 提供的梗概，作為後續作業指引。

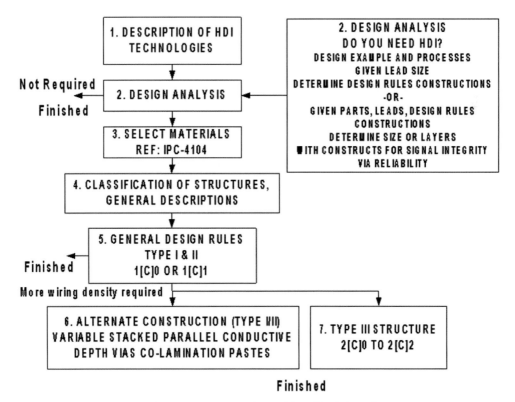

▲ 圖 3.2　IPC-2315 的設計規則指引流程圖

3.3.2　HDI 佈線需求與準則

　　電路板設計與佈局，是需要高度紀律與嚴謹程序的工作，當然這也有利於產出與創意管控。IPC 規範提供部分需要遵守的規則資訊，不過都僅止於基本原則性建議。這些是到目前為止，較具體可遵循的方式，且應該會持續做修正。

● IPC-2226 HDI 設計規範

　　主要是做高密度互連結構分類，依據典型堆疊模式 IPC 將這類電路板大分為六種結構。不過當導入不同材料時，應該還會出現結構變化。圖 3.3 所示，為幾種代表性結構堆疊斷面。

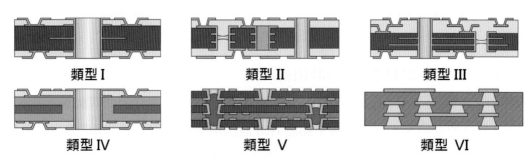

類型 I　　　　　類型 II　　　　　類型 III

類型 IV　　　　　類型 V　　　　　類型 VI

▲ 圖 3.3　IPC-2226 六種 HDI 板結構

　　這些資料是 IPC 當初為了方便瞭解做的分類，實務上因為材料、設備、應用等變化，會有更複雜的堆疊結構出現。如：智慧型手機用板，都用全堆疊結構發展，斷面有點類似類型 VI，但多數廠商採用填孔電鍍製作。因此從實用角度看，筆者並不重視這些分類細節，僅建議讀者把它們當作入門參考就可以了。

● 設計準則規劃

　　設計者應該瞭解，並非所有製造商都具有相同製程能力，在小間隔 (Fine Pitch) 影像轉移、蝕刻、層間對位、成孔、電鍍各方面都會有能力差異。基於這個理由，針對 HDI 設計標準，IPC 將其歸類為 A、B、C 三類，A 類被認定是較容易生產等級，而 C 類則是最困難類型。這種分類原則，與全球各大電路板協會訂定技術地圖分類原則相同。

　　選用特殊設計準則，會限制可用廠商範圍，也會影響生產良率。以 A 類設計準則生產線路，較容易有高良率，可用較低成本製作。因為允許公差較寬，廠商有機會沿用多數既有設備生產，且可有較好良率，因此較容易找到恰當廠商。B 類設計準則是傳統 HDI 板製程，一般狀況有 60% 以上供應商可符合這種設計需求。C 類準則需要較小板面積與略高製作技術才能生產，這種等級一般都只有電子構裝、晶片載板 (COB) 或 SiP 應用有需求。這類產品目前良率相對較低且單價高，推估少於一成製造商可達到這種水準，因此產

能相對較有限。

典型 HDI 設計準則，可參考 IPC-2226 的 HDI 與微孔設計規範、I-VI 典型 HDI 結構、建議設計準則及 A、B、C 三個等級資料。IPC-2226 還包含更複雜的 HDI 結構，因為只是一般性建議，使用時還要搭配廠商技術能力調整，且技術變動常是規範無法跟上的，筆者建議還是直接找板廠討論會比純參考文件實際。

● 電氣特性

IPC-2226 的 Section 6 討論有關電氣特性，涉及特性阻抗、單端點的微帶線 (microstrips) 阻抗、帶線 (strip-lines)、共平面 (coplanar)、微分訊號 (differential signals) 等，這些特性都受使用材料的介電質常數、厚度、堆疊與設計準則影響。訊號衰減是介電質損失係數、設計準則、線路長度的函數。各種類型雜訊 (接地反彈、切換雜訊、電源供應突波等) 和交談式雜訊，都是電源供應搭配整片電路板堆疊、接地層、設計準則、材料特性等結構的函數。

● 熱管理

IPC-2226 的 Section 7 涵蓋有關熱的議題，較薄的介電質搭配微孔有利於散熱。新式乾膜與液態介電質也提供較好的熱特性，比起傳統基材要好得多。

● 元件與組裝問題

Section 8 討論有關元件組裝問題，這方面遵循 IPC-2221 規範。覆晶襯墊、單位面積接點容量、凸塊選擇等都納入討論。各種其它構裝襯墊選擇，如：襯墊形狀設計與大小等都有個別討論。

● 孔與互連

Section 9 內容定義了有關最小孔徑、孔圈、襯墊的規則，討論中搭配各種微孔形成技術應用及可能產生的斷面狀態。這部分涵蓋階梯、堆疊微孔，同時也包含微孔深度變化。Section 10 再度討論有關繞線的因素，但避開計算部分。

3.4 HDI 板設計的一般程序

做 HDI 板設計的建議流程如圖 3.4 所示，當以 HDI 技術做設計，第一步驟是做設計規劃，這是重要步驟。HDI 繞線效率與堆疊關係、孔結構、元件配置、BGA 接線扇出 (fan-out) 與設計準則都有關。不過整體 HDI 帶來的價值必須列入考量，包括製造良率、組裝考慮、線上測試等。

● HDI 產品系統分割

　OEM 廠商設計產品會先面對 HDI 板，他們會負責管理與完成系統分割，這是作業前段步驟。HDI 板是持續變動的互連技術，會面對諸多生產挑戰。業者已經逐漸累積足夠的盲、埋孔發展經驗，若能夠將產品分割，將特質轉換到系統需求與規格，就更容易發揮HDI 的好處。

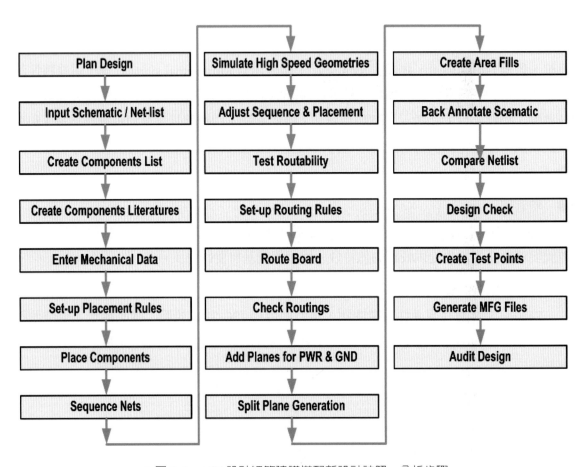

▲ 圖 3.4　HDI 設計細節建議搭配新設計註解、分析步驟

　廠商最好善用虛擬原型 (virtual prototyping) 輔助工具或系統，利用程序分析、技術選擇、最佳化、結構選擇等手段，讓這種較複雜的技術順利導入。流程要執行到詰問優劣平衡，因為這類設計有相當多可替代設計。表 3.1 所示，為設計軟體公司建議的檢討分析事項。

▼ 表 3.1　HDI 板設計功能分割建議檢討事項

分析	
• 製造成本模擬 • 性能表現評估 • 連線 / 繞線分析	• 可製作性評估 • 測試預估 • 製造後的行為
技術選擇	
• 元件 • 載板 • 材料	• 構裝 • 連接器 • 製造流程
最佳化	
• 目標功能 • 配置與預算 • 優先順序	• 限制與需求 • 公用資源的功能性
結構	
• 外觀與剖面 • 分割狀態 • 配置	• 分解 • 再利用

利用推估工程手法評估，HDI 板結構較能提供優異產品性能、尺寸與成本優勢。

● HDI 板設計

工作第三部分是電路板設計與佈局，若參考圖 3.5 可看到電子產品擴展到實際程序，電路板設計包含設計平衡分析、實際電腦輔助設計、搭配 FPGA 混合設計平衡分析、線路模擬、可製造性監控等。

設計 HDI 板對 OEM 廠的挑戰，它大量利用襯墊內微孔結構節約空間並降低寄生雜訊。這意味設計資料庫必須有這些孔，這方面目前新的 CAD 系統問題不大。HDI 也可能出現複雜孔結構，在同一類堆疊中搭配不同孔襯墊直徑。而孔結構也必須符合製造能力，因此孔會配置成堆疊、偏離、階梯等關係，這些功都必須在自動繞線功能中提供。若選用大量微孔製造技術 (如：感光)，孔數、直徑就不是成本關鍵。自動佈線系統，必須能將孔數設定到需要最大範圍，自動佈線軟體會儘量降低孔數。

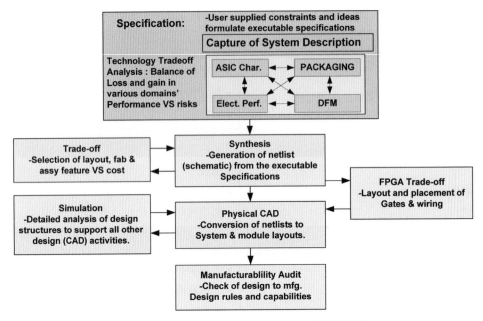

▲ 圖 3.5　電路板佈局與設計的產品認知模組

● 平衡性分析

　　產品經過區隔，設計外觀並選用元件。架構設計應該著眼維持低生產成本，同時符合規劃性能與操作介面條件，這些考慮對 HDI 設計特別重要。這些年傳統電路板設計沒有太大改變，細緻外觀、更多層次、表面貼裝都有增加，但基本製程維持不變。微孔與 HDI 結構帶來許多改變，需要新設計準則與層次結構，過去經驗在此幫助不大。尤其要留意的是，佈局有無限多層次結構組合可能性，這還包括許多可用材料。

　　有這麼多選擇，而 HDI 又是相對較新概念，要慎選輔助評估工具做設計準則與特性外形最佳化，讓 HDI 板設計快速可行，且具有經濟、可生產、符合期待功能、低生產成本等特性。因為實際設計還沒完成，這些工具需要有推估模型才能評估成本與性能。市場上有些軟體可輔助評估，也有公司自行開發適合工具。

● 平衡密度

　　電路板設計與佈局過程，對電子產品表現影響深遠。由於業者需要在組裝中配置更多元件，應對更輕薄可攜、快速高功能趨勢等，讓設計過程充滿挑戰。這時必須考慮功能性平衡，將相互矛盾的臨界狀態考慮進去，如：電氣與熱管理性能表現。

● 元件連線需求長度

所謂佈線需求，就是連結所有元件所需線路總長。當設計者定義了組裝尺寸外觀，會產出佈線密度 (單位面積線路長度，如 cm/cm^2)。在設計規劃前建立模型，可推算出需要佈線長度。有三個主要因素，對佈線需求產生最大影響：

1. 從一個元件 (如：覆晶或晶片級構裝) 貫穿，向外扇出導通
2. 兩個或以上元件緊密連接產生佈線需求，典型如：CPU、快閃記憶體、DSP 與其輸出入接點控制
3. 所有 IC 與被動元件間佈線需求

   有些軟體模型可用來計算這三種元件佈線需求，因爲對特定設計不容易知道何者是影響關鍵因子，須針對三者做推估，掌控影響需求最大因子，才能夠順利控制佈局。

● HDI 板佈線能力

HDI 板佈線能力，指的是可連接所有元件所需線路長度，它包含三個主要影響因子：

1. 設計準則 – 線寬間距、孔與襯墊、保留空間 (keep-outs) 等，設計必須依據這些原則構成各層線路圖形
2. 結構 – 訊號層數量與通、盲、埋孔搭配，遵循既定規則才能做層間互連，而 HDI 的堆疊結構、深度變化較複雜
3. 佈局效率 – 設計準則保留的可用區域與在設計中使用的百分比

   這三個基本因子主導了 HDI 板可佈線量，設計時必須判定這種安排是否符合期待需求。

● 佈線需求對板面容量

佈線需求與板面容量間可能存在四種狀態：

1. 佈線需求 > 載板可佈線容量

   若板面佈線容量小於設計需求，不論是孔、線路空間不足都無法完成設計。要調整這種問題，不是將板面變大就是移掉元件
2. 佈線需求 = 板面可佈線容量

   達到最佳化程度，沒有空間可做變動，要完成設計需要無法接受的長時間。這是理想狀態，但並不建議做到
3. 佈線需求 < 板面可佈線容量

   這是較會採用的方式，規劃需要有足夠額外空間及時完成設計，但還是要將過度設計的規格與成本影響壓到最低

4. 佈線需求 << 板面可佈線容量

這是最普遍現象，電路板佈局時間緊迫，多數會選擇較嚴謹圖形規劃或額外層次縮短佈局時間。做法主要影響是增加約 15 ～ 50% 製造成本

要達成產品開發的關鍵是保持製造成本在可控制範圍，這需要管控佈局與性能表現平衡來判定。儘量瞭解設計最佳狀態，持續追蹤設計可能偏差，嘗試平衡設計並做反覆關鍵因素詰問。

3.5 實體 CAD 作業

較新的電路板 CAD 系統都能處理盲、埋孔，HDI 板設計可以靠手工搭配系統做。設計軟體資料庫豐富性會影響輔助設計成果，多數高性能 CAD 系統都足以幫助板設計，如：自動佈線功能可輔助大量 HDI 孔配置。

在 BGA 扇出 (fanout) 處理方面，自動佈線是相當需要的功能，設計 HDI 板的 CAD 系統，自動佈線需求關鍵功能包括：

— 自動佈線可處理混合孔設計的最佳化
— 階梯孔控制 (曲軸式、拉鍊式等)
— 自動佈線功能應該具有大量配置孔與成本預算功能
— 具有孔在墊內設計功能
— 埋 / 盲孔層間控制功能 (可依據不同層管控盲孔、堆疊孔深度)
— 貫穿線路管控 (或說是穿越線路)
— 孔襯墊堆疊控制 (包括無孔圈孔在內)
— 逐步進入電源 (平面)，讓通孔最少化
— 通孔、盲孔 / 線路在手動佈線調整時有推移的功能
— 自動測試點產出功能，包括邊界掃瞄、襯墊、孔、面次、格點、線寬間距等
— 襯墊在襯墊內 (盲孔襯墊在通孔襯墊上)
— 內埋元件 (印刷 / 片狀材料、甜甜圈電阻等) 功能
— 導電膏孔 / 共同疊合孔
— 任何角度的佈線
— EMI 控制 (表面接地平面)、孔在墊內設計
— 製程準則的管控資料庫

● 線路模擬

電腦輔助設計環境提供了不少模擬工具，可用來評估與確認設計選擇恰當性。電氣模擬可評估訊號整合、電源整合、時脈表現、EMI/RFI 等，這些評估多數都有工具可用。熱模擬可提供升溫、熱流動、冷卻效果等資訊，震盪、信賴度、可製作性模擬也應考慮，且模擬作業可在設計階段就做。

● 監控設計的可製作性

有些新式可製造性監控軟體，可讓電路板設計在送到製造商前就做檢查。這可找出導致浪費的錯誤，如：電源線搭接到接地，或小銅墊沒去除導致短路。這些可能的小錯誤，都可透過篩檢調整並快速送給製造商。採用監控軟體，可節省不少時間成本，因此根據 OEM 廠商經驗可看到快速回收。

目前部分廠商還是用人工或部分簡易軟體檢查設計結果，所謂設計準則檢查 (DRC-Design Rule Check) 就是這種工作。新軟體設計，可修正電路板設計關鍵錯誤，業者當然希望採用的 CAD 系統可找出所有設計錯誤，可惜目前電路板設計都相當複雜無法如願。

HDI 板搭配大量表面貼裝、訊號整合、熱管理問題，簡單錯誤會嚴重影響製造時間、成本偏離。這些問題無法用簡單判斷搞定，嚴重時還會延遲電路板製造與組裝。使用可製作性監控軟體，這類錯誤多數可被找出，並做及時修正。這類軟體的部分功能特性清單，簡單整理如表 3.2。

▼ 表 3.2　典型可製作性監控的檢查清單

CAD 基礎數據與 Gerber 連線比較	元件到元件的間距 / 自動化
孔圈錯誤	品質良好的元件資料庫
襯墊堆疊檢查清單	孔的監控 / 引腳直徑
導體平面間隙錯誤	表面貼裝元件密度
可製作性分析與設計準則檢查 (DRC)	SMT 的高度間隙
熱引腳偏離	組裝設備需要的空間檢查
線路檢查清單	元件到元件的間距
未完成終端處理的線	鑽孔通路最佳化
止焊漆分割狀態	自動綠漆圖樣的產出
銅襯墊	裸板測試點分析與增加
綠漆檢查清單	線路內測試點分析

▼ 表 3.2　典型可製作性監控的檢查清單 (續)

CAD 基礎數據與 Gerber 連線比較	元件到元件的間距 / 自動化
違反焊接短路問題的檢查	線路內測試的檢查清單
綠漆覆蓋狀況	邊緣掃瞄的監控
底片倒孔的關係檢查	測試點管控
錫膏檢查	設計的流程
絲網印刷的恰當性	對位機構的產生
襯墊淚滴形狀的補償	空區 (Keep-out) 監控

電路板設計流程，是產品發展財務評估最重要部分。這個程序的規格與設計，會明顯控制與決定製造成本，多數也會直接影響到最終產品品質，不過在新產品發展過程，卻是最欠缺理解與研究投入的部分。

3.6 ❝ HDI 板製造、組裝與測試資料產出

瞭解 HDI 產出過程變化，可評估預測電路板製作、組裝、測試成本。利用輔助法與評估繞線密度效益，可產品規劃前段對各種選擇平衡性考慮，業者稱這種過程為「製造組裝而設計 (Desing for Manufacturing & Assembly)」。某些專家還設計出評估工具，可精準推估設計可能產生的成本。個人電腦用試算表已相當普及，配置 HDI 假設條件，也可規劃有用評估工具。這種方法，可幫助設計與發展產品的人做設計最佳化。

● 製造資料卡

製造資料卡是由電路板製造商提供的選擇清單，它是關於各種電路板設計選用的建議清單。這些列入項目，是依據製造商提供的製作能力與參考成本基礎，一般會影響電路板製造成本的因素有：

— 電路板尺寸及一片生產板可填入成品板數量

— 最小鑽孔直徑

— 總層數

— 綠漆與元件記號

— 材料結構

— 最終金屬處理的類型
— 線寬間距
— 端子鍍金
— 整體鑽孔數量
— 設計規格與特殊形式等

　　一旦產品製造商蒐集了這些影響價格因子，會針對成本因素與圖面做成本評估，就算非常小的關鍵成本也會常態列入。

● 預估可生產性

　　簡單的電路板評估原則，對多晶片模組、混成線路也都是影響設計的重要因子。如前所述，這些項目會對製造良率產生累加性影響，也會影響可生產性。選擇規格，可考慮較不會產生良率負面影響的項目，但小問題累加起來還是可能降低良率。較簡單的方式，是將因子集中成清單，指標性因子就算較複雜還是可透過交叉比對找出來。

● 組裝資料卡

　　這是有關組裝法選擇的相關因子資訊，包括：元件選擇、測試到組裝的價位成本等，良率與重工也會列入這張清單，會推估組裝與測試的可能成本。這份資料是由組裝廠提供，它是關於各種組裝程序與測試選擇的基本資料，組裝廠會依據各種元件尺寸、方向、複雜度、已知品質水準等估算成本，供設計者作為選擇參考。典型影響組裝成本因子有：

— 通過回流焊次數
— 連接器的配置
— 波焊製程
— 測試程序
— 手動或自動元件配置
— 測試的應對能力
— 特殊形式的元件
— 組裝應力測試
— 元件的品質等級
— 修補設備相容性

當蒐集了所有與組裝、測試、修補成本相關的資訊，就可標準化這些必要製程成本並編成相關資料表。本章所述相關規範與設計參考資料，都可幫助業者理解 HDI 板重要規格狀況，但規範是硬梆梆的無法保證可符合實際應用，如何彈性應對實際案例還需要讀者自行進入練習。

CHAPTER 4

理解 HDI 板的結構特性

4.1 典型 HDI 板結構趨勢

電路板是電子元件載體，元件發展趨勢當然會影響電路板設計及幾何狀態。電子構裝因為 IC 發展快速而蓬勃成長，最明顯的差異就是引腳大幅增加。為了能在相同面積下有更多連結，構裝密度逐步提高且從傳統導線架轉變為 TAB 與陣列式引腳，又因為晶片密度及訊號速度需求轉為覆晶構裝，部分高頻通信產品則與光電元件搭配。這些構裝演進，如圖 4.1 所示。

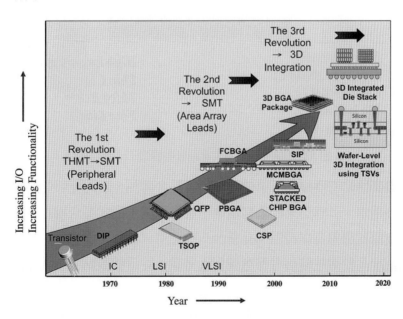

▲ 圖 4.1　電子構裝的演進變化 (來源：https://www.electronics-cooling.com)

對電路板設計，連結密度提高直接的衝擊，要探討立體空間利用議題，它會以三維空間為基礎，就是平面加上 Z 軸。用電路板語彙說，就是同層內線路圖形變化與層間孔變化。一般人討論的線路多半仍集中在平面線路變化，因為它直接影響構裝密度能力。

用幾何觀點切入，其實 HDI 板變化可十分簡單的分割成為兩個群組探討，就是「線路密度變化」及「轉接點密度變化」。轉接點密度變化，直接描述可用「單位面積容納下更多轉接點」來呈現，這包含連結元件的襯墊 (Attach pad) 與層間轉折襯墊 (Via pad) 連結點。線路變化，簡單的描述可用「單位面積內繞線長度更長」表達，只要能做出更細線路就可增加繞線長度。就襯墊密度而言，可用「單位面積內配置的襯墊數量提升」表達。當然相同面積下提供較多線路層次，也可提昇連結密度，不過這不是 HDI 板獨有特色。圖 4.2 所示，是較簡略的 HDI 板與線路圖形幾何關係。目的是要將一般用在電子構裝的表達，轉換成電路板製作語言。

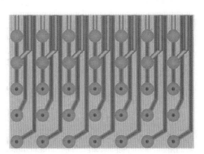

Increase pad density
- More pad per area
- Merge pad and via

Increase routing density
- More layer per panel
- More line per channel

HDI structure:
Sequence Build Up
Via on PTH
Via in Pad
Stack Via

High Layer Count
Thin Core
Thick Board
Fine Line

▲ 圖 4.2　簡略的高密度電路板與線路形式幾何關係

由圖面可看到接點密度提高，單位面積內接點會增加，若將孔與焊接點作適當結合，更可提昇空間利用率。引導出來的幾何現象，就是採用序列式壓合增加堆疊密度，以盲、埋孔堆疊提昇空間利用率及焊接點、孔墊合一等應用。從幾何眼光看，凡是能提高連結密度使產品接點密度高於傳統結構者都應該列入考慮。從這種觀點看，增加電路板的電路層數也是一種高密度做法。

由於網路、雲端應用增加，不論主機、侍服器、基地台等產品，都為了組裝設計及信賴度而採用較高層數電路板設計。面對這種產品，幾何結構最明顯的變化是採用較薄介電

質材料，同時增加電路層數擴大繞線彈性，如此電路板整體厚度仍會增加。同時為了緩和層數增加幅度，會以細線增加繞線密度。兩種幾何結構混用，必須集合不同電路板製作技術，在後續製作技術介紹中會有較細解說。

電子產品構裝技術朝多腳數發展，可明顯看出採用接點陣列化設計的必要性。陣列式構裝可善用平面組裝空間，自然比傳統構裝有更多連結位置，同時也可採用較疏鬆接點間距做出與周邊接點一樣數量的連結，這也是它的優點。

但這種幾何結構不可避免的問題，是線路密度必然會大幅提高。在電子組裝一對一關係下，孔、焊墊、線路會相互爭地，成為電路板線路佈局一大考驗。傳統設計主要組裝通孔元件，就是業者所稱的 DIP。這種作法因為要考慮插件問題，孔直徑要設計較大，多數大於 0.5mm 以上，以符合插件腳尺寸。隨著 SMD 元件普及，孔所佔空間被大量壓縮，目前除大型端子及電容外多數元件都有 SMD 設計。這種結構使得小孔比例提高，電路板廠逐年成長的鑽孔機數量，部分原因源自於此。

傳統通孔佔用空間，序列壓合必須面對大量薄板製程問題已如前述。微孔結構可解決這類問題，且可滿足陣列構裝線路需求。早期電子元件都以接腳間的空區「通道 (Channel)」佈線，業者常用術語來描述密度高低，叫做「N-line per Channel」，指的是單一通道通過線路數。

傳統電子元件早期以 0.1 英吋為一對接腳間隔 (Pitch)，加上通孔所佔空間相大，因此要作出多條線路十分困難。就算當時有不錯的細線能力，也不容易作出期待線路結構。隨著小孔細線能力提昇及盲孔可直接組裝元件的特性，線路設計有了可拓展空間。圖 4.3 所示，為一般電路板的佈線密度走勢與焊接點配置的發展。

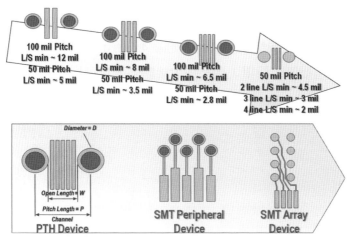

▲ 圖 4.3　電路板線路密度走勢與焊接點發展狀況，紅框區就是串出線路區

　　由於導入盲孔，不但線路得以爭取到較多線路配置空間，面對多圈接點環繞也可透過下層線路導通做跳接設計，搭配填孔電鍍還可直接在孔上做焊接，這在傳統孔是無法做到的結構。圖 4.4 所示，為典型線路跨層連結設計模式。

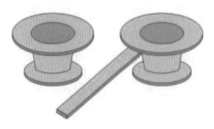

▲ 圖 4.4　典型線路跨層連結設計

　　盲孔上下銅墊直徑可略有不同，當影像對位能力足夠，底部直徑可略小，這可替襯墊間線路找到空間。當製程能力可達此水準，構裝載板製作就可有彈性。若將線路設計在表層線路，上下襯墊直徑又設計相同，則可用空間大致相同，但必須面對止焊漆對位考驗，如圖 4.5 所示。

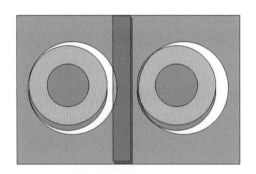

▲ 圖 4.5　止焊漆對位偏移可能導致焊接短路

　　對於特殊應用如：覆晶載板的凸塊襯墊結構，若止焊漆必須覆蓋在銅面上，則將線路設計在內部線路區可將表面襯墊尺寸放大，如圖 4.6 所示。這有利於製程、品質控制，不但止焊漆影像轉移對位變得較簡單，襯墊加大接點強度也可提高。

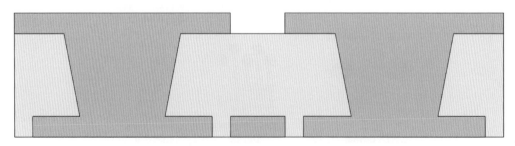

▲ 圖 4.6　表面襯墊放大有利於襯墊強度提升與止焊漆對位

　　HDI 板結構可改變焊接設計，傳統電路板因為採用插件組裝，不少電路板還保留大通孔。但隨著 SMD 元件普及組裝密度大幅提高，小孔細線就發揮了必要效果。它們不但縮小佈線面積、強化電氣表現，同時將傳統孔無法直接安裝元件的問題去除。

　　傳統通孔有所謂吞錫 (Solder Swallowing) 現象，就是焊錫會流入孔中無法控制接點錫量，這使得傳統焊接必須將焊墊與孔分離。但高密度電路板因為用盲孔，不但孔徑小且可採用填孔將孔面填平，避開了吞錫問題而可大幅提高組裝密度。圖 4.7 所示，為焊墊與孔幾何關係變化。

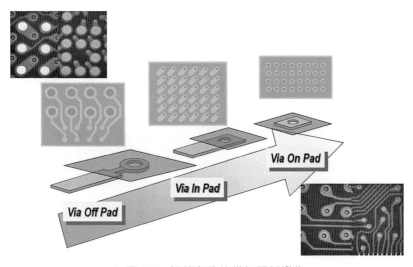

▲ 圖 4.7　焊墊與孔的幾何關係變化

　　面對電子產品高密度化需求，雖然採用盲、埋孔與細線製作單位面積成本上有增加，但整體產品效益及產品成本卻可相對下降。尤其是電性表現提升，是無可取代的。

4.2　高密度電路板的立體連接

　　HDI 板，與傳統板最大不同處是立體連結。傳統機械鑽孔以製作通孔為主，儘管也有部分早期業者嘗試用深度控制做盲孔，但不論在精度、尺寸、金屬化能力都受到限制，且無法經濟量產，也讓這種結構技術難以實現。圖 4.8 所示，為典型傳統機械鑽孔製作的盲孔範例。

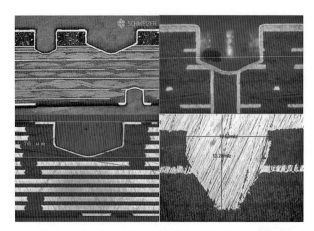

▲ 圖 4.8　典型的傳統機械鑽孔製作的盲孔

　　其實所謂盲孔連結，在半導體結構早就使用多年，圖 4.9 所示為集成電路斷面圖。自從 IBM 開始採用感光式成孔技術，將這種結構導入電路板領域，其應用與概念遂逐漸成熟擴展。

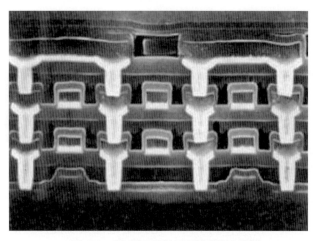

▲ 圖 4.9　集成電路的金屬層連結結構

　　集成電路與電路板製作間最大不同，在於半導體使用的是薄膜技術，製作材料也多使用矽晶片，因此可用製程技術與輔助材料就相當不同。雖然兩種產品在影像轉移及許多增減製程有類似概念，但實質功能性與細緻度都有很大差異。其中尤其是電路板採用塑膠材料，製造方面有較大彈性空間且造價較低。但受限於材料特性，不論尺寸穩定度及耐候性，都使得電路板規格非常不同於集成電路。

　　電路板金屬層採用銅導體，近年來集成電路特性尺寸快速縮小，也開始用銅導體製作晶片線路降低電阻。雖然兩者似乎走上相同製作道路，但從尺寸精度看，厚膜技術仍然與薄膜技術有相當大差距。相關業者對兩種技術尺寸等級做了典型時間與技術狀態比較，如圖 4.10 所示。可看到兩者間尺寸差異，多年來大約都存在 10^3 差距。

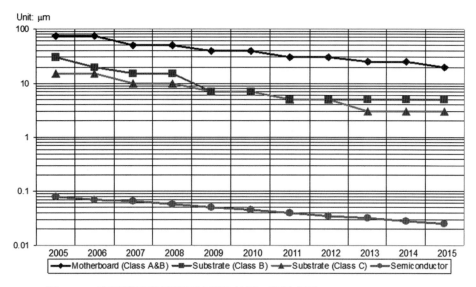

▲ 圖 4.10　半導體技術與載板技術的差異 (資料來源：Jisso Roadmap 2005)

　　目前集成電路層間連結多採用氮化矽介電質層，之後利用影像轉移與電漿蝕刻做層間導通孔，再以物理或化學薄膜蒸鍍金屬化晶片。但電路板尺寸穩定性並不如矽晶片佳，同時漲縮係數及耐溫性也不如無機材料好，因此線路強度及孔金屬處理要求厚度都較高，以維持應有信賴度。也因爲這種先天特性，使電路板細線路製作能力受限，似乎與集成電路製作能力總是保持著一定差距。

　　曾有部分集成電路業者嘗試以半導體製程模組化電路板製作，但因爲成本因素及實用化問題，沒有在多數產品上使用。這類製程目前仍然以模組化產品較適合使用，而所謂的 MCM-D(Multi Chip Module – Deposition Type) 指的就是這類產品。

　　人類想像力不受技術限制，在材料、技術未成熟時，許多研究就已經轉用其它技術的幾何結構做圖面研討，只待技術成熟來實現。HDI 板狀況也類似，在六〇到七〇年代間，許多盲孔技術已在半導體製程實現，但實際用於電路板卻到九〇年代末期才逐漸成熟。因爲幾何觀點與製程概念，業者對 HDI 板稱謂曾經有不同，但經過一段時間發展，目前的共識已經相對提高。圖 4.11 所示爲典型 HDI 板結構範例。

　　此範例，一般業者稱呼爲 2+4+2 的八層 HDI 板，或者有人直接稱 242-HDI 板。如此稱呼的原因，是電路板核心以傳統製程作的四層板，上下兩面各有增層線路結構，一邊製作兩層而如此稱呼。

　　某些通信產品，爲了防止電磁輻射而採用序列壓合製作核心板，因此而有不同結構稱謂，如：所謂 2+2+2+2 或 2222 結構，這描述的就是結構爲雙面板的兩張電路板經過線路、通孔製作後做壓合，再做表面增層線路製作結構。因爲內部核心板已經有通孔，之後再做高密度線路製程，因此產生了四個號碼結構描述。

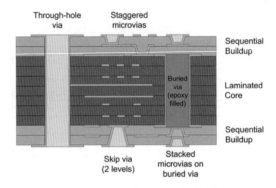

▲ 圖 4.11　典型 HDI 板結構

　　核心板結構會因為設計需求而有差異，所以為了方便分類業者又提出不同描述。多數做法將核心部分直接稱為 N 或 N+N，之後外部另加號碼，此時可能會有如：2N2；3N3 或 2NN2 等結構。

　　電路板製作原則，都會採對稱設計，以保持電路板平整度同時可降低應力反應。但目前因為特殊設計需求，尤其是高密度構裝載板設計，而採用非對稱設計結構，此時偶爾也會有兩個號碼的稱呼。例如：過去某家載板公司 X-Lam，就採用厚傳統基板為基礎，做單面高密度線路製作，因此有所謂 4+2 結構出現。

　　若不是特殊需求，多數 HDI 板需求，幾乎用單邊兩個增層結構就可滿足。因此若純粹以這種結構排列，針對是否有疊、通、盲孔導通結構搭配，可製作出來的高密度電路板結構約有 32 種之多。圖 4.12 所示，為典型斷面幾何結構整理。

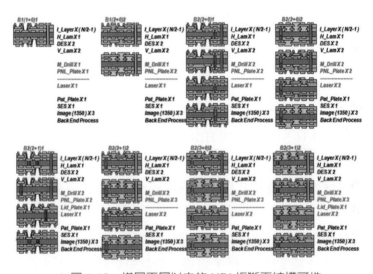

▲ 圖 4.12　增層兩層以內的 HDI 板斷面結構可性

　　這種結構分類，將 1N1 與 2N2 結構區分為十一個群，每個群採用的製程大致屬於類似製程，有興趣者可自行研究做法。因為不同業者會有不同技術規劃，筆者在此不多作細部陳述。

　　這種分類不是沒有缺點，業界提出的做法未必都採用電鍍技術，無法涵蓋在此分類內，如：日本常用的銀膠填孔製程 (Paste Via Process)，就不包含在技術分類內。從幾何層次看，要簡化 HDI 板結構分類，也可從孔堆疊結構下手。圖 4.13 所示，為一般孔堆疊結構關係圖。

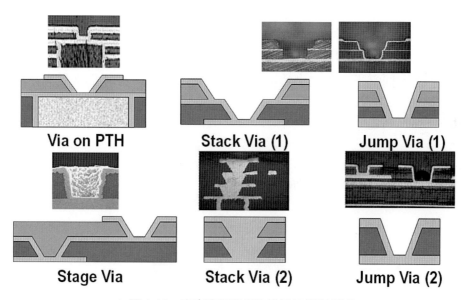

| Via on PTH | Stack Via (1) | Jump Via (1) |
| Stage Via | Stack Via (2) | Jump Via (2) |

▲ 圖 4.13　高密度電路板孔堆疊結構關係圖

　　電路板採用何種結構堆疊較好，沒有絕對標準可遵循。多數選擇標準以信賴度高、製程簡單、價位適當、可製作者多為主要考量。但簡單的規則，卻會因為製作商不同而有不同評價標準。尤其各個不同電路板廠具有的製程及價格優勢都不同，要有放諸四海皆準的原則有困難。

　　除非是製作十分高密度的產品，否則孔對孔直接堆疊並非必要設計，而為了節省一次電鍍成本，跳層孔結構是不錯的選擇。雖然這種設計並不完全符合高密度要求，但省掉不少製程費用。對設計空間尚有餘裕的產品，大孔套小孔堆疊可增加製程寬容度，有利於良率提昇降低成本。但對某些結構，若孔深度提高電鍍就較難，這又是良率殺手不得不注意。

　　為了壓縮電路板厚度並提升電性，系統業者強烈要求所謂「無核心板技術 (Coreless Tehcnology)」或有另一名稱「隨機疊孔 (Any Layer Via)」結構。這種結構若用圖面表達不

困難，但實際生產會面對的問題相當大。它的電性表現已如前述，但業者如何應對筆者會在後續內容說明。

4.3 電路板組裝與 HDI 板的關係

電子設備設計之初基本功能決定後，會將非標準元件設計交給晶圓廠製作，其它標準元件由市場取得。這些訂製元件完成後，經構裝作成適合元件。之後組裝焊接安裝在介面卡或母板上，這程序就是一般電子設備的製作程序。

晶圓製作被定義為零階構裝，將晶片作成適合組裝狀態叫一階構裝，一階構裝元件焊接到介面卡稱為二階構裝，介面卡裝上母板稱為三階構裝，這是電子產業對電子產品工作階層的分類。對不同電子產品，大致可用這種觀點了解。圖 4.14 為常見文獻表達的電子設備構裝關係。

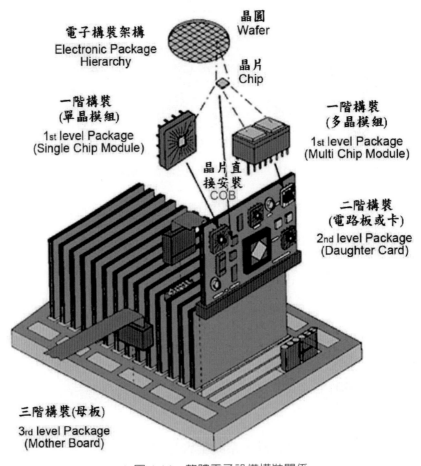

▲ 圖 4.14　整體電子設備構裝關係

　　電子設備以主、被動元件為最小單位，元件隨技術進步逐年朝高密度、小型、多功能化發展。雖然系統晶片 (SOC-System On Chip) 是一個理想，但實務世界對較複雜系統仍窒礙難行，因此電路板仍必須扮演穿針引線角色。從半導體裸晶做成封裝顆粒或直接裝載到板面 (COB-Chip On Board)，複雜封裝顆粒仍將安裝在電路板上，而介面卡也與主機板 (Mother Board) 做組合，雖然不是所有電子設備都遵循相同模式，但大致結構相似。

　　當電子設備功能趨於複雜，半導體構裝也走向高腳位化，傳統導線架 (Lead Frame) 不能滿足半導體構裝。多晶粒模組 MCM(Multi-Chip-Module)、裸晶粒 (Bare Chip)、轉接板 (Interposer-Board)、直接晶片裝載 DCA(Direct Chip Attachment)、晶片尺寸構裝 CSP(Chip Scale Package)、晶片級構裝 WLP(Wafer Level Package)、針陣列構裝 PGA(Pin Grid Array)、球狀陣列構裝 BGA(Ball Grid Array)、柱狀陣列構裝 CGA(Collume Grid Array) 等在不同領域出現，它們與 HDI 板連接就呈現了多樣變化。電路板角色不再是元件承載平台而已，多數電子構裝的高階載板已經以 HDI 板製作。圖 4.15 所示，為塑膠構裝載板範例。

▲ 圖 4.15　塑膠構裝載板範例

　　依據摩爾定律推估，2015 年後大型構裝需要外接點 (Outer Lead) 會突破每一平方英吋 2900 點，至於內接點 (Inner Lead) 則需要約每一平方英吋 1600 〜 9000 點，其間距與密度要如何達成，是必須努力的課題。圖 4.16 所示為陣列式引腳佈線變化的範例。

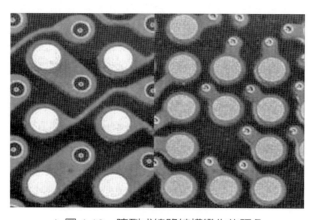

▲ 圖 4.16　陣列式線路結構變化的現象

　　許多新型手持電子產品，不但以 HDI 板作為載體，同時應用立體構裝技術做系統整合，創造了非常不同的電子構裝結構。圖 4.17 所示，為用於系統整合的立體構裝模組。

▲ 圖 4.17　系統整合的立體構裝模組

　　面對快速變異的電子世界，構裝手法翻新會比其它技術更快，需要有更好的 HDI 板應變能力支援。電路板是電子產品組裝最關鍵的零組件之一，產業勢必要針對組裝變革同步前進，這種產業生態沒有看到任何改變，後續章節筆者將嘗試對 HDI 板相關製造與支援技術逐項解說。

CHAPTER 5

HDI 板用的材料

5.1 簡述

本章將討論用於製造 HDI 板的材料，有些不錯的材料來源可參考電路板技術手冊或產品目錄來理解，目前可用製作 HDI 板的材料仍然在持續增加，筆者僅就所知儘量加以整理介紹。

多數 HDI 板涵蓋的層，仍以類似於傳統電路板描述呈現，為了方便瞭解還是遷就既有語彙。依據推估，目前全球 HDI 類產品月產出面積約 500 萬平方米，主要的材料仍以雷射加工類為重。諸多材料在不同公司應用，筆者僅將較常聽到的材料列示如後：

• 可雷射加工膠片	• BT
• RCC/PCF	• Aramid
• 傳統膠片	• Polyimide
• ABF 膜	• 感光膜
• 環氧樹脂	• 液態光阻
• 其它	

電路板主要的材料元素是：高分子樹脂 (介電質)、填充材料、強化材料、金屬銅皮等。要形成一片電路板，交替的介電質層、搭配或不搭配強化結構的材料，被堆疊在兩片金屬銅皮層間。典型的電路板基材結構如圖 5.1 所示。

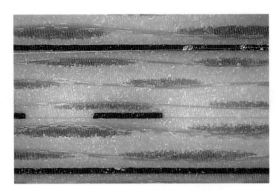

▲ 圖 5.1　典型電路板基材

　　現有 HDI 板材料中，主要的樹脂類型還是環氧樹脂，但部分 BT、PPE、Cyanate ester、改良型壓克力樹脂還是會有特定應用。目前業者關心的，仍是可雷射鑽孔加工的各式膠片，此外用於製作超細線路的 SAP 專用膜也是重要議題。

5.2 樹脂

　　這些年來不少先進樹脂用在 HDI 板製造，其中主體還是以環氧樹脂最重要，究其原因是它具有相對低價、優異黏著性 (可黏貼金屬銅皮與自我接合)、良好耐熱性與機械強度，並具有適當電性。為應對更好電性表現與承受無鉛組裝溫度、綠色環境考驗，業者也嘗試調整配方讓產品有相關特性，現在材料變動性很難用傳統觀點說明。

　　環氧樹脂是熱聚合樹脂，使用硬化劑與觸媒啟動交鍊反應，經過這種反應產出最終聚合產物，圖 5.2 是典型含溴基材配方。

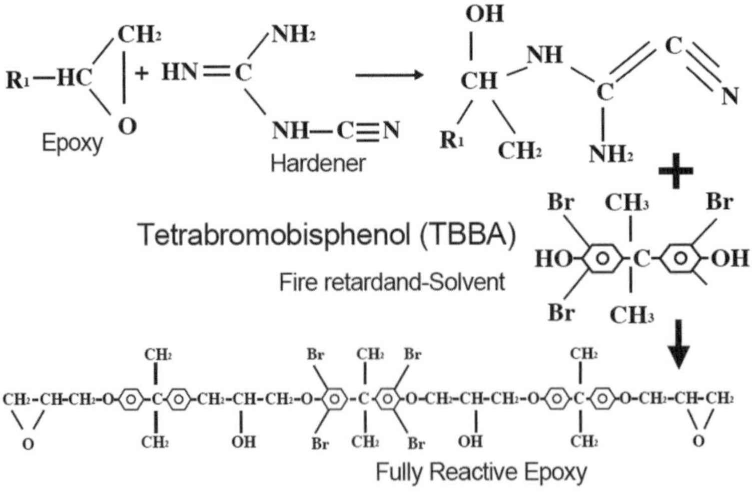

▲ 圖 5.2　樹脂組成與含溴抗燃燒劑是普遍基材配方

　　環氧樹脂先天可燃，需要加入耐燃劑大幅降低可燃性。過去這些年，樹脂系統已經變更聚合化學配方，讓樹脂能在無鉛製程高溫下，仍然能具有穩定表現。傳統聚合硬化添加劑是 Dicy，現在耐高溫材料使用的是各種酚醛聚合物 (phenolic compounds)。傳統用含溴化合物 (如：TBBA) 耐燃劑，已被其它化合物 (如：含磷化合物) 取代，因為怕廢棄電路板一旦燃燒進入環境會有戴奧辛污染風險。雖不能說所有電路板材料都已經摒除了鹵素，但這幾年無鹵材料普及率已相當高，這應該是綠色材料與製程訴求必然趨勢。圖 5.3 所示，為典型無鹵樹脂配方。

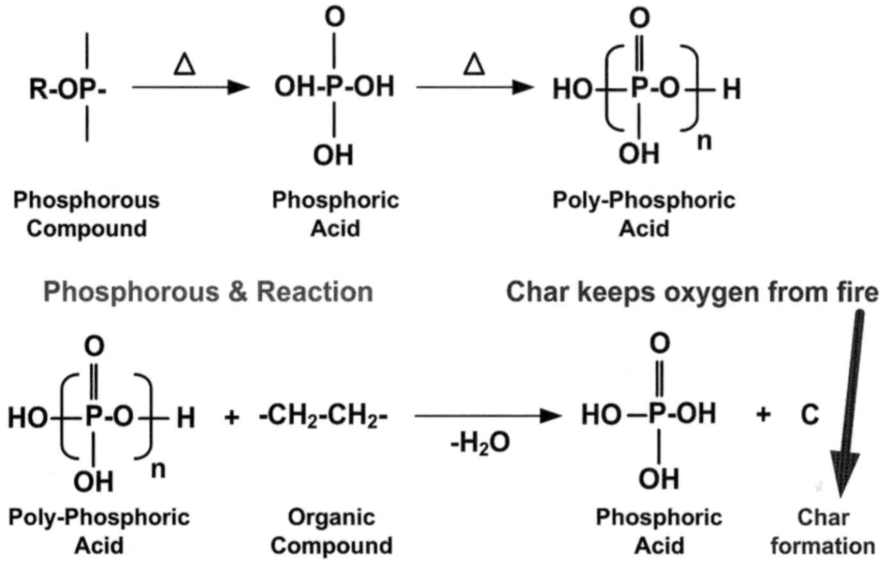

▲ 圖 5.3　無鹵抗燃配方如：磷酸鹽類，是耐燃貢獻者

　　其它常使用樹脂，都是為了應對環氧樹脂弱點而發展。BT- 環氧樹脂就是普遍用於有機構裝載板的材料，這源自於它具有熱穩定性高的特性，而 PI 與 Cyanate ester 樹脂則因為有較好電氣特性 (較低 Dk 與 Df)，又改善了熱穩定性而被採用。這些樹脂都比環氧樹脂貴，只會用在必須的地方。有時候會與環氧樹脂混用，可適度降低成本又改善機械特性。

　　除熱固型樹脂，業者偶爾也會用熱塑型樹脂，包括 PTFE(polyimide & polytetrafluoroethylene) 在內。不同於熱固型樹脂偏脆，熱塑型樹脂是軟性且以薄膜形式供應。這些材料一般用於生產軟板，有時候也混搭製作軟硬板。

　　PI 膜有幾種製作方法，一般都製作成完全聚合基材，單面或雙面搭配銅皮製作成基材產品，它比環氧樹脂貴得多，只在必要時候才使用。圖 5.4 所示，為常用 HDI 介面質材料電氣特性係數。

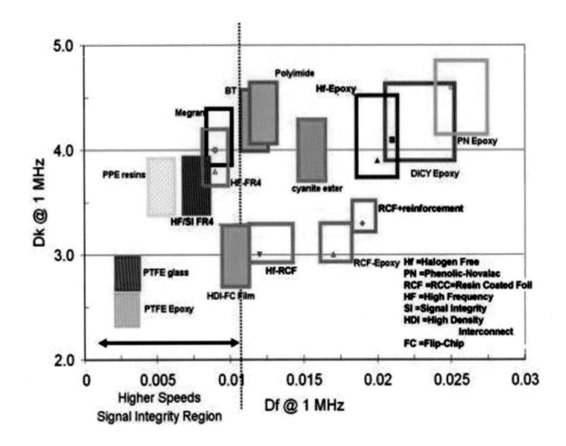

▲ 圖 5.4　常用 HDI 板介電質材料電氣特性係數

　　PTFE 的價值在其優異電氣特性與較低吸水性，一般會添加特定填充物來改變介電質常數應對特殊應用。用於微波應用的電路板，在非常高頻率下必須有低衰減特性。PTFE是最昂貴材料之一，但當頻率持續提升與無線應用成長，用到它們的機會就增加了。

5.3 強化材料、可雷射加工材料與傳統玻璃纖維

　　多數電路板介電質材料，會在樹脂中加入強化材，業者最常用的強化材料是玻璃纖維布。編織玻璃纖維，是以個別紗用織布機編織在一起。使用不同粗細紗與不同編織形式，可產出不同類型玻璃布。玻璃纖維布，依據玻璃紗粗細、纖維直徑、基重、是否開纖、配方含矽量等等，區別為多種不同類型玻璃布。仔細研究規格，連單位長度內紗要扭結幾下都有規定。圖 5.5 所示，為典型可用於雷射加工玻璃纖維布材料。

　　纖維玻璃提供介電質機械與耐熱能力，但當使用在 HDI 類產品時會出現問題。當使用雷射成孔，會因為加工參數、纖維布種類、是否在編織交叉點上、周邊樹脂形式與分布

而影響孔品質。一般雷射加工參數設定，都會以較困難加工的位置作標準，圖 5.6 所示為雷射加工孔品質比較，這些問題若能夠搭配可雷射加工膠片應該可改善。

▲ 圖 5.5　所示，為典型可用於雷射加工的玻璃纖維布材料

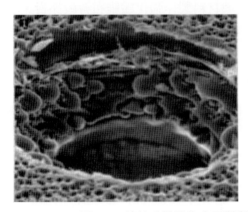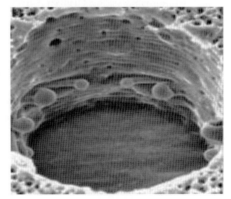

▲ 圖 5.6　傳統玻纖強化介電質與新型可雷射加工膠片雷射孔比較

　　基材商努力降低雷射加工問題，生產所謂「可雷射加工膠片」，在編織兩個方向讓纖維分布儘量均勻，這樣可降低無纖維與交叉點差距，讓材料加工性變得較均勻。據筆者研讀廠商資料，發現不同玻璃纖維布可用相同纖維粗細紗做編織，不過纖維紗纖維數量不同基重也不同而已。

　　另外對相同纖維布形號，但來自不同供應商，筆者也做了比較。卻發現兩者內部纖維直徑分布有明顯差異，若以截面積比較差異近一倍。由此可見，不同供應商提供的相同形號材料，雷射加工品質應該也有相當大差異。圖 5.7 所示，為相同型號不同供應商基材切片比較。

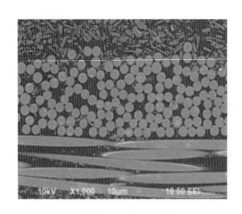

4.8-6.0μm 直徑　　　　　　　6.2-9.2μm 直徑

▲ 圖 5.7　不同供應商提供的可雷射加工基材切片比較

　　另一個編織纖維布特徵，是製作纖維紗的玻璃種類。各種玻璃配方的氧化物添加量會影響產出特性，產業常用標準玻璃稱爲 E 型玻璃，具有相當好機械與電氣特性。不過當電子在較高速下運作，業者就會在乎更高電氣特性 (低 Dk、Df)。D 型玻璃與 SI 玻璃開始在基材中出現，可讓高速訊號順利運轉。這種玻璃材料製作強化纖維布會較昂貴，一般只會用在必要產品。這類材料也會與高性能樹脂搭配，讓最終介電質表現更好，但相對成本也較高，表 5.1 是這些玻璃特性比較。

▼ 表 5.1　E- 玻璃、T- 玻璃、S- 玻璃、D- 玻璃、SI- 玻璃的比較

特性	單位	SI Glass	E Glass
熱膨脹係數	Ppm/℃	3.4	5.5
導熱係數	Kcal/Mh℃	0.86	0.89
比熱	Cal/g℃	0.206	0.197
介電質係數	1 MHz	4.4	606
衰減因子	1 MHz	0.0006	0.0012

元素	單位	E-Glass	D-Glass	T-Glass	S-Glass	Si-Glass
SiO_2	Wt%	52-56	72-76	62-65	64-66	52-56
CaO	Wt%	16-25	0	0	0	0-10
Al_2O_3	Wt%	12-16	0-5	20-25	24-26	10-15
B_2O_3	Wt%	5-10	20-25	0	0	15-20
MgO	Wt%	0-5	0	10-15	9-11	0-5
Na_2O,K_2O	Wt%	0-1	3-5	0-1	0	0-1
TiO_2	Wt%	0	0	0	0	0.5-5

5.4 其它強化處理

　　過去有多種強化材料用於電路板，相當知名的 Aramid 纖維紙已經不再使用，這種材料由杜邦公司製作且具有不錯特性。是一種熱塑型材料，在雷射加工時行為較像樹脂，且因為結構像紙張而不會有玻璃纖維布交叉點強度問題。它也具有好的介電質係數，對於高速線路是一種優勢，不過這種材料的問題之一是吸水性高，且成本也高。在 2006 年，杜邦決定不再生產這種材料。不過日本的 Shin-Kobe Electric 仍然製作三種不同類型的 Aramid 基材與膠片，並在發展替代這類材料的類似產品。圖 5.8 所示，為 Aramid 纖維基材的雷射加工情況。

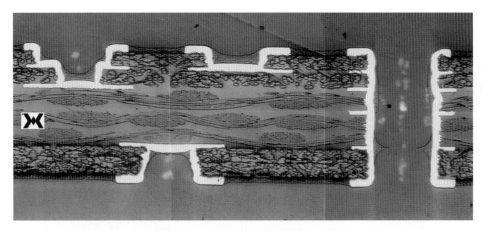

▲ 圖 5.8　不織布材料雷射加工範例

　　除 Aramid 外，也有業者採用其它非編織型強化材料，包括切成短纖的玻璃纖維紙與膨脹擴張的 PTFE 交鍊結構 (matrix) 材料。PTFE 的交鍊材料已經搭配高性能樹脂成為商品，其商品名稱為 GorePly。雖然它有相當優異的電氣特性，但昂貴本質讓用途總是無法突破。

5.5 無強化材料

● 樹脂塗裝銅皮 (RCC)

　　有限纖維強化介電質，讓業者期待能找到其它的介電質替代品，這對雷射鑽孔加工問題 (低品質孔與長鑽孔時間) 會有較正面幫助，且纖維材料基本厚度限制了介電層輕薄化能力，這也是業者想要找到無纖維替代方案的原因。為了克服這些問題，業者以銅皮作介電質載體製作壓合材料，可有效融入電路板加工。電路板製作用的 RCC 銅皮，是以捲對捲製作如圖 5.9 所示。

▲ 圖 5.9　RCC 的塗裝

　　銅皮通過塗裝頭，調配樹脂被塗裝在經過處理的銅皮上。塗裝過樹脂的銅皮經過乾燥爐，做局部聚合達到 B 階段聚合，可在後續壓合製程再度流動，並填充內部線路產生貼合力。樹脂系統常需要做修正，以調整流動侷限性，避免壓合過程因為受擠壓產生邊緣過度擠出膠材的問題。多數 RCC 銅皮是以這種方式製作，但還是有廠商採用不同方式製作，其中一種就是兩階段塗裝產品，如圖 5.10 所示。

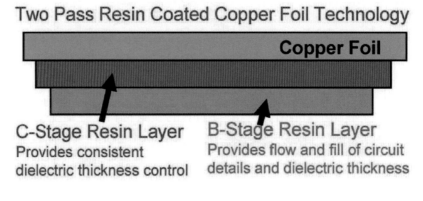

▲ 圖 5.10　兩段塗裝的 RCC

　　這類產品經過第一次樹脂層塗裝，會重新進入塗裝機做第二次塗裝。在做第二次塗裝時，第一次塗裝樹脂已經完全聚合，而第二層塗裝則維持在半聚合的 B 階段。這種結構的好處是，第一段塗裝結構作為硬質阻擋層，可保證在壓合過程的最小介電質厚度。而這種材料的缺點是，產品會比單次塗裝產品昂貴且填充性也略差。

討論過 RCC 銅皮的優點，但它使用上還是有一點顧忌，就是缺少強化結構不利於尺寸穩定度與厚度控制。有另一種新材料發展，可降低這種顧忌，三井金屬所生產的 MHCG 是一種搭配超薄玻璃纖維 (1015 或 1027) 與樹脂塗裝的材料。其玻璃纖維非常薄，無法直接用傳統玻璃纖維布塗裝設備製作成膠片。這種玻璃纖維不會明顯衝擊雷射鑽孔能力，但可提供尺寸穩定度，甚至可比標準膠片表現更好。目前可得介電質層厚度最薄為 25 μm，可製作非常薄的多層板產品。

RCC 銅皮成本是另一種顧忌，它的成本總是高於與其相當的膠片 / 銅皮搭配結構，不過 RCC 銅皮使用若加入雷射加工考慮有可能會讓實際製作成本降低。當單位面積內孔數量增加，雷射加工性改善可能平衡 RCC 銅皮帶來的成本增加。

這幾年為了應對傳統膠片無法用於 SAP 製程的困境，也有材料商發展另外一種類似 RCC 材料，但商品名變成了 PCF (Plymer Coated Foil)。這種材料主要用途是搭配傳統膠片，在壓板完成後可保證玻璃纖維表面有一定厚度樹脂。而這種樹脂設計可符合 SAP 需求，當壓合完畢後板面銅皮會完全清除，經過粗化、清潔處理後會產生適當表面粗度，可做化學銅成長。這樣就可讓一般膠片用於 SAP 製程，有利細線路製作。

● 味之素 (Ajinomoto) 增層膜

ABF(Ajinomoto Buildup Film) 是一種非常薄的膜狀介電質材料，以環氧樹脂 / 酚 (phenol) 類硬化劑、Cyanate ester/ 環氧樹脂與 Cyanate ester/ 熱聚合樹脂搭配製作成各種不同版本的膜，其環氧樹脂類型也提供無鹵材料。薄膜 (15 ～ 100μm 厚度) 依靠 38μm 的 PET 膜載體支撐，膜面以 16μm OPP 保護膜覆蓋。此材料以真空壓膜加工，以特殊水平傳動設備處理，典型製程採用五步驟操作：

— 核心板及銅面做表面前處理
— 核心板做乾燥 (130℃ -30 分鐘)
— ABF 自動切割、移除表面保護膜並定位
— 做 ABF 真空壓膜及金屬熱壓
— 移除 PET 膜並做後段聚合 (170 ～ 190℃ -30 分鐘)

味之素介電質膜如同液態介電質與乾膜，需要做半加成金屬化處理。關鍵步驟是除膠渣、溶劑膨潤、金屬化前的膜侵蝕、後聚合。這類材料各家廠商使用狀況不同，不同配方與版本也有差異，處理條件與步驟直接影響最終銅皮拉力。圖 5.11 所示，為典型 ABF 真空壓膜流程示意。

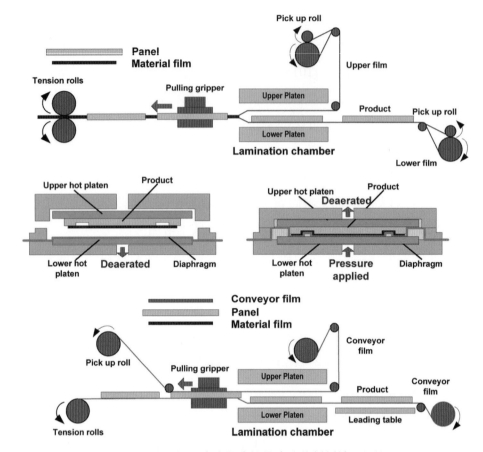

▲ 圖 5.11　經過真空壓合機壓合後的材料輸送細節

● 液態環氧樹脂

最佳化液態環氧樹脂介電質，可讓任何 HDI 產品成本降到最低。它也可輕易做薄層塗裝，讓細線製作更簡單。這種材料可用絲網印刷、垂直或水平滾筒塗裝、擠壓塗裝、簾幕式塗裝等方法製作。太陽油墨、東京應化、田村化學、旭電化學材料等公司，都曾經有這類產品銷售。

● 其它介電質

Cyanate Ester：

Tg>200℃，一般會以接近 100% cyanate ester 樹脂搭配最小量環氧樹脂 (搭配交互鍊結) 設計產出類似具有 PI 耐熱的特性，同時可提升其電氣性表現，如：介電質常數。

Polyphenyl Ethers/Polyphenylene Oxide：

是一種源自於 Polyphenyl Ethers (PPE) 或 Polyphenylene Oxide(PPO) 的熱塑型塑膠，熔點 >288℃，以高於 288-316℃熔點的 PPO/ 調合 Tg > 180℃的環氧樹脂，達到較高的分解

溫度。其結合產品具有優異電性，這源自於它具有比一般熱固型環氧樹脂低的介電質常數與衰減係數 (loss tangent)，也比 BT 樹脂吸水性低。它的高熔點與耐化學性，使除膠渣變成了關鍵製程。

Bismaleimide/Triazine(BT) 與 BT/ 環氧樹脂：

　　BT 樹脂的 Tg > 180℃，調合各種比例標準雙功能官能基的環氧樹脂，被設計成具有良好耐熱表現、高分解溫度、耐化學、良好介電質表現的樹脂系統。BT/ 環氧樹脂可用在需要持續高溫操作的環境。

Polyimide：

　　這是一種 Tg > 220℃，調合 PI 樹脂與環氧樹脂或 100%PI 系統設計的材料，可產出最佳信賴度高密度板。PI 一般可用在相對較差的環境條件下，如：極端溫度變化差異的狀態，PI 系統也較容易做元件重工。

● 　感光乾膜與油墨

　　感光乾膜介電質，一度曾被認為是良好的 HDI 板絕緣材料，因為不需要額外設備生產微孔。經過驗證已知不是這麼回事，尤其若面對的是負型感光材料。負型感光材料是靠 UV 光能量聚合，成為永久性介電質，不受光的乾膜區都會被顯影掉。問題會出現在塗裝與曝光過程清潔度上，若出現任何灰塵、顆粒、乾膜保護層殘渣，都可能影響材料聚合而導致空泡、剝退。這種要求可能需要半導體 100 級無塵室，這對多數電路板商，光是維護費用就太昂貴。目前全球只有相當少公司，仍然在小量使用這類材料做 HDI 板產品。感光油墨介電質材料也有相同命運，它們的優勢是廢材料略少且有厚度控制能力。它們的缺點是需要嚴謹的塗裝設備，同時也需要相當高級的無塵室環境。

　　不過這些幾因為 HDI 產品孔數增加速度極快，又面對構裝載板需要縮小盲孔設計。不論從成本、製作能力來看，似乎感光成孔介電質又重新受到關注，是否可順利回到 HDI 技術行列則有待觀察。圖 5.12 所示，為感光材料製作直徑 10μm 微孔範例。

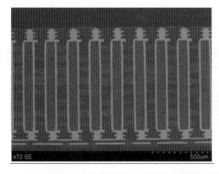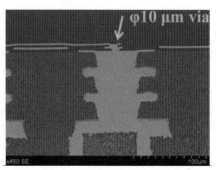

▲ 圖 5.12　感光微孔範例 (資料來源：Shinko-2014 i-NEMI Workshop)

5.6 銅皮

電路板銅金屬是唯一提供電流導通的通路，以往傳統各類金屬銅皮的重量、厚度等特性，都整理在 IPC-4101A / B、IPC-CF-148、IPC-4562、IPC-CF-152 等規範上，是相當實用的金屬薄膜規範。有三類一般銅皮用在電路板生產。圖 5.13 所示，為典型的銅皮特性結構。

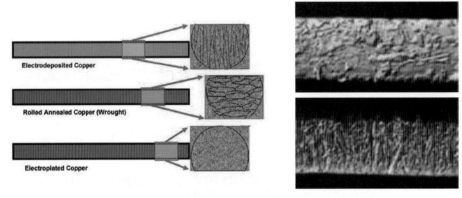

Electrodeposited Copper

Rolled Annealed Copper (Wrought)

Electroplated Copper

▲ 圖 5.13　幾種要用於電路板製作的銅皮晶粒結構

● HDI 可用的銅材料

— 電鍍銅皮

— 壓延迴火銅皮 (rolled annealed)

— 金屬電鍍

表 5.2 所述為軟板專用銅皮，由於 HDI 板需要較薄的銅皮製作細線路，而軟板銅材具有強韌性，有助於在較薄狀態下保持堅挺容易操作，因此有業者嘗試用這種銅皮製作 HDI 板。

▼ 表 5.2　典型銅皮撓曲持久性測試結果

銅皮	IPC 等級	極端抗張強度 kpsi	伸長率 %	達到故障循環數，軸心直徑 0.078-in
壓延銅皮				
壓延完畢	5	60	2	200
RA	7	25	30	275
LTA	8	18	35	300
電鍍銅皮				
ED, JTCS	3	60	17	115
迴火 JTCS		32	30	300
迴火 ED JTC AM		52	34	469
Nelflex		43	24	298

● 電析鍍

最普遍用於電路板製作的是電鍍銅皮 (ED- 銅皮)，是透過高純度硫酸銅與硫酸混合溶液生產。將銅金屬均勻電鍍到以鈦合金製作的滾桶形鼓 (drum) 上，滾動速度與電流密度決定了最終銅皮厚度。業者最常用的電鍍銅皮，類型是 THE 類銅皮中的 E 級。這種銅皮被調整成可在高溫下具有較好延伸性，可應對無鉛組裝製程。

● 壓延銅

壓延銅皮是銅金屬經過軋壓、捲延的片狀銅皮材料，最終晶粒結構較渾圓耐延展，可用在需要柔性彎折應用，比電鍍銅皮柔韌性好得多。

● 電鍍

電鍍銅主要工作是析鍍銅到孔內，因此其配方較偏重在平整能力 (throwing power)，電鍍銅有三種主要特性：

1. 組成 - 99.8% (最低 99.5%，ASTM-E-53)
2. 延伸率 - 10 ～ 25% (最低 6% min，ASTM-E-8 或 ASTM-E-345)
3. 伸張強度 - 40 ～ 50 kpsi(最低 36 kpsi，ASTM-E-8 或 ASTM-E-345)

● 稜線 (Profile)

採用薄銅皮製作電路板，可應對細線路需求。稜線大幅降低，可改善影像轉移能力及提升高頻訊號表現，因為高頻訊號是沿著金屬表面傳送 (肌膚效應)。圖 5.14 所示，為幾種 HDI 專用的銅皮稜線比較。

● 銅皮的表面處理

銅皮可用表面處理調整特性，結合性或瘤化 (Nodularization) 處理可增加銅皮表面積，這些特質可用電鍍銅或氧化銅瘤化物製作在銅皮表面。耐熱處理 (Thermal Barrier)，如：表面析鍍鋅、鎳或黃銅，這些金屬一般都處理在瘤化物表面。這層物質可避免熱或化學品，在製程中對銅皮、樹脂間鍵結力破壞，可防止基板在製程中壓合、組裝等處理產生的結合力衰減。

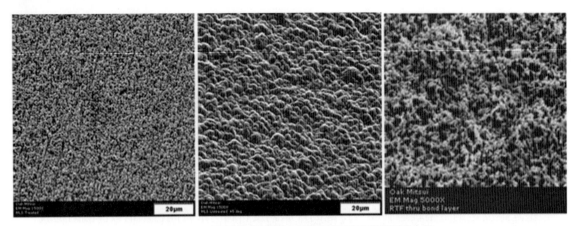

▲ 圖 5.14 不同供應商與不同厚度銅皮牙根稜線比較

鈍化 (Passivation) 與抗氧化 (Antioxidation) 處理，是常見銅皮最表層處理，會在兩面都施行。耦合劑 (Coupling Agents) 是以矽烷 (silane) 為主，類似用在提升玻纖與樹脂結合力的作用，也可用在銅皮上。鼓面處理 (Drum-side treated) 銅皮或反向處理銅皮 (RTF) 都是電鍍銅皮，但後電鍍處理的面次是在平滑鼓面而不是傳統粗糙面。銅皮經過特殊調整表面極平整，是頻率高達 GHz 時降低訊號損失所需要特性。圖 5.15 所示，為銅皮微型處理粗面放大照片。

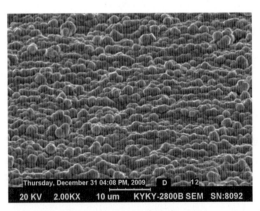

▲ 圖 5.15 低稜線表面可改善介電質結合力並應對高頻需求

● 塗裝結合劑 (樹脂) 銅皮

對超低稜線與超薄銅皮，需要做特殊鉚接與化學處理，且需針對特殊功能性樹脂做調整，改善其剝離強度與膠片鍵結力。

● 載體銅皮

要製作細緻線寬間距，業者也發展載體超薄銅皮產品來因應。圖 5.16 所示，為細線路製作專用的載體銅皮，典型厚度有 5、2、1.5 μm 等規格，這些材料都需要一層載體銅幫助操作。這類銅皮，主要企圖是提供超薄半加成製程 (SAP) 種子層，後續內容筆者會進一步說明。

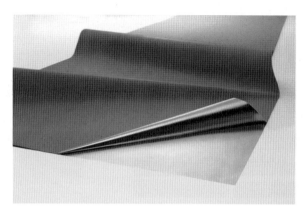

▲ 圖 5.16　可取得的 1.5、2.0、5μm 超薄銅皮搭配載體

● 「減銅 (Etch Down)」製程達成薄銅

另一種取得超薄銅的方法，是利用減銅法在基材面做蝕刻減銅。業者較常選用 17μm 銅皮做這類處理，因為本身成本較低，也不會有針孔問題。以特殊控制蝕刻劑與設備，可順利做減銅，硫酸雙氧水系統是常見蝕刻劑。蝕刻殘銅量可降到 12 ～ 9μm，若嘗試控制到 5μm 或更薄，這種方法風險性較高，有可能出現裸露玻璃纖維或基材的機會。

採用以上這些薄銅皮，都是為了能製造細緻線路。如三井金屬的案例圖 5.17 所示，在其超薄銅皮上做線路電鍍，若電路厚度在 10μm 下，可利用快速蝕刻 (flash etch) 製作出 8μm 線寬間距。

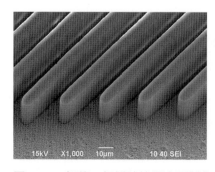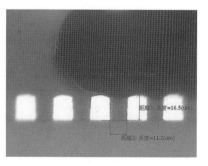

▲ 圖 5.17　超薄、超低稜線銅皮可製作非常細緻的線寬間距 (來源：三井金屬)

● 電氣性能的表現

　　當操作頻率增加，電氣訊號傳送更趨於表面化，這種肌膚效應的深度隨頻率提高而加劇。圖 5.18 所示為訊號傳輸頻率與衰減損失 dB/m 間的函數。如圖所示，超過 5 GHz 肌膚效應的影響差異接近 3 dB/m，這主要肇因來自半盎司銅皮與低稜線銅皮間的平均粗度所致。在這種高頻率下，訊號因為導體損失產生衰減 (與銅皮粗度有關)，成為重要因素。

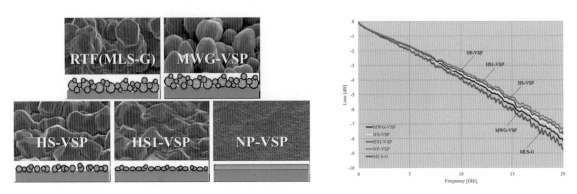

▲ 圖 5.18 在 1 GHz 以上頻率，樹枝狀銅皮表面會增加直流電的電阻，低稜線銅皮
比傳統銅皮粗度低而有較低的損失率 (資料來源：Oak-Mitsui)

5.7　介電質特性

　　HDI 介電質重要特性考慮是耐熱、機械強度、電氣性能、信賴性。IPC-4104A 規範用在律定製作 HDI 板材料，包括介電質、金屬導體、介電質表面導體等，IPC-4101B 規範則涵蓋標準基材與膠片建議。

● 耐熱性

　　耐熱特性方面較重要的事項如後：

—　最大的操作溫度與分解溫度 (Tg 與 Td)

—　承受回流焊能力，包括重工 (T260、T288、T300 如圖 5.19 所示)

—　288℃漂錫或浸錫時間持續 10 秒

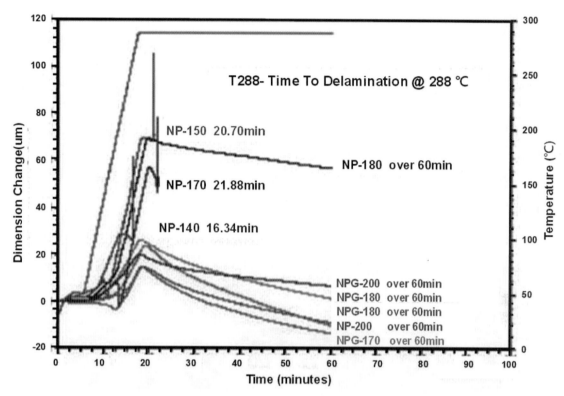

▲ 圖 5.19　各種 FR-4 基材 T288 脫層時間 - 耐熱特性，從低 Tg、Td 基材的 16 分
　　　　　鐘到可承受超過 60 分鐘的改良 FR-4 基材 (來源：南亞塑膠)

● 機械強度

　　基材機械性重點是伸張強度與三維 (X-Y–Z 軸) 尺寸穩定性 (CTE)。

● 電氣性能

　　基材重要電氣性能有介電質常數 (Dk)、衰減因子 (loss tangent-Df)。典型 FR-4 基材在
不同頻率與溫度下呈現的 Dk 與 Df 函數關係與頻率相關，也隨相對濕度變化。

● 信賴度

　　信賴度是以測量承受玻璃紗漏電 (CAF) 測試的小時數為基準。

5.8　分配電容的材料

　　電路板電性表現，較重要的概念是如何安排電源分配網絡 (PDN-Power distribution
network)，可應對高頻訊號升起時間 (rise-time) 性能。其一是降低電源與接地平面間距離，

讓電源網絡阻抗可維持在最低水準。另一個關鍵則是讓個別元件迴路電感降到最低，這也可讓電源分配網絡最佳化。典型電路板電源分配網絡元件，包括電源供應切換、巨觀去耦合電容、高頻去耦合電容、內層電源與接地平面等。

使用超薄高介電質常數 (Dk) 介電質，可大幅提升電源分配網絡效益。標準 FR-4 材料多數限制在 2-mil 厚度，其 Dk 值水準多數接近 4.0，而電容量密度只有 49 ～ 68 pF/cm^2。更薄的 (<25μm) 介電質材料，特別是特殊填充高介電質陶瓷顆粒材料，如：鋇鈦酸鹽被用在電源分配應用，做高頻產品設計。要使用這類薄介電質核心板做去耦合設計，可能會涉及 Sanmina-SCI 專利而需要取得授權。

有些超薄內埋電容基材，其介電質厚度範圍已經達到 8 ～ 14μm，且 Dk 可達 40，就整體而言這些特性可讓材料高電容密度達到 0.3 ～ 3.6 nF/cm2 水準。部分電容分配材料清單，如圖 5.20 所示。

Supplier Trademark	MGC CRS-760	Sanmina EmCap	Rohm Haas Insite*	DuPont HiK	DuPont Interra EP310
Dielectric Material	BaTiO$_3$/ BT resin	BaTiO$_3$/ epoxy resin	BaTiO$_3$ Ceramic	BaTiO$_3$ /Polyimide	BaTiO$_3$ Ceramic
Thickness, um	50	100	5	25	16-20
Dk @1GHz	40	36	500	11	2000
Df @1GHz	0.031	0.06	0.02	0.01	0.025
Capacitance Density, nF/in^2	10	2.1	60	1.5	600

▲ 圖 5.20　典型高電容介電質材料

個別材料用於高速數位電子應用去耦合處理時，可獲致不少好處：

— 降低電源分配網絡的阻抗
— 阻斷電路板的共振
— 降低電源平面上的雜訊
— 降低輻射干擾
— 有可能取代大量的散裝電容
— 有可能取代散裝 SMT 過濾電容

較低操作頻率下，表面去耦合可有效讓傳輸阻抗維持在低水準，但較高頻率下，薄材料可讓電感較低而有更好運作性能。當頻率增加並通過共振點，薄介電質有較低阻抗，這源自於有較低電感。當採用兩對相同絕緣厚度的平行電源 / 接地平面，較高 Dk 有稍低阻抗。

除了要降低電源分配網絡整體阻抗外，使用薄介電質可降低共振現象出現在兩平面間。較高 Dk 材料會有較低共振，但也會將頻率朝較低方向推。而較薄介電質，也明顯有較低雜訊，這可觀察材料瞪眼圖 (Eye Diagram) 判定。

● 降低輻射雜訊

當共振在網絡中出現，能量常從電路板終端逃出，或部分元件還進一步成為天線，導致電磁干擾 (EMI- Electro-Magnetic Interference)。當頻率提升，輻射將成為較大問題。有跡象顯示，電源分配網絡內較低的雜訊，可讓 EMI 降低。

● 替代散裝去耦合電容

當以薄介電質改善電源分配網絡，可移除電路板表面散裝電容，恰當設計仍可維持既有性能表現甚至更好。薄電源 / 接地層因為有較低電感，可部分取代表面去耦合電容。為提升被動元件整合性，業者也加入特定值內埋電容來提升功能。

高 Dk 材料已經用來製作小電容 (一般是 1 ～ 20,000pF)。這些電容可利用任何空出區域且製作成各種形狀，先進設計軟體可輔助這些內埋元件配置到電路板內，個別電容參數可參考圖 5.21。

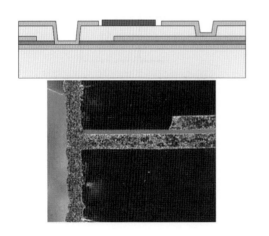
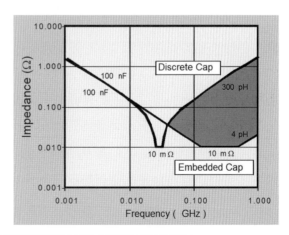

▲ 圖 5.21　OEM 公司以平面電容部分取代散裝 SMT 電容的 HDI 板切片

　　HDI 是一種幫助內埋電容可用面積最大化的技術，同時可讓孔電感維持在最低水準，也可改善電容性能。內埋電容與 HDI 是互補技術，在 HDI 板上使用薄介電質可讓優勢最大化，如：較薄電路板與構裝。也因為微盲孔優勢，使最終產品外型可變小。HDI 互連技術讓電感最小化，可改善內埋電容電性，同時結構也讓內埋電容可用空間最大化。

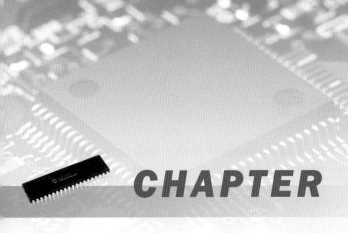

CHAPTER 6

HDI 板製程概述

6.1 HDI 板的過去

高密度互連板實際開始發展的時間大約在 1980 年代,當時主要目標是縮小孔尺寸。最初成孔想法已不可考,不過目前主力使用的是雷射鑽孔技術,在 1970 年代就已被用在大型電腦多層板製作。當時的孔沒有目前 HDI 板孔徑這麼小,且是直接在 FR-4 材料上生產,困難度、成本都相當高。

1980 ~ 1990 年代,HP 曾經利用加成、序列式壓合技術製作類似電路板,之後日本 IBM-YASU 板廠以 SLC(Surface Laminar circuits) 技術生產 HDI 板,瑞士 Dyconex 公司也發展 DYCOstrate 產品技術。

IBM 在 1991 年導入 SLC 技術,發展出許多變化法用於 HDI 板製作。雖然它是較有歷史的技術,不過要選出眾多技術勝出者,就不得不正視大量生產的雷射鑽孔技術。其它方法雖然仍被電路板廠使用,但相對生產規模還是小得多。

目前多數業者都以雷射鑽孔技術為重,它是目前最普遍使用的技術,且未來仍有相當大成長性。另外該留意的是,形成孔不過是 HDI 製造技術的一部份。以微孔製造 HDI 板,還包含許多傳統電路板不常見的製程。

6.2 　一般性 HDI 板增層技術

　　採用傳統電鍍的 HDI 板，仍是目前業界普遍採用的製作技術，典型流程如圖 6.1 所示。這種 HDI 板概念，大致沿用傳統電路板想法，在傳統板上建構出增層結構。示意圖中所描述的製作程序，首先是完成傳統電路板，可是雙或多層板，有無通孔結構都可以，這就是前文所述的核心板 N。在核心板上製作出新介電質層，可採用壓合或塗佈模式，結構也可用銅皮作銅窗或全裸樹脂結構兩種模式製作，目前都有業者使用。

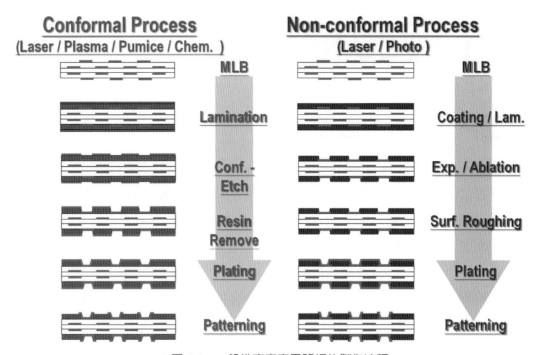

▲ 圖 6.1　一般性高密度電路板的製作流程

　　圖左製程被歸類「開銅窗製程 (Conformal Mask Process)」，因爲它用銅窗作樹脂移除選別膜，利用材料特性區別材料移除可能性。因爲介電質材料特性不同而可採用雷射、電漿、噴砂、化學溶除等方式選擇性移除，移除區域會集中在銅窗開口區域。

　　圖右製程，歸類爲非銅窗製程 (Non Conformal Process)，因爲介電質移除是開放式，因此去除過程必須有精確選擇性。典型做法是以雷射、曝光顯影固化爲主要手段，樹脂類型也隨製程不同而不同。

　　完成微孔，有銅窗結構的板子可做金屬化與電鍍等線路程序。這類製程所作線路，結合力依靠原始銅皮粗度爲基礎，對金屬化過程選擇性較寬廣，操作寬容度也較大。

　　至於全樹脂面做法，因原表面完全沒有金屬，必須要建立一層種子層 (Seeds Layer) 作為導電基礎，之後再利用電鍍法做線路。一般而言，有銅皮的製作法好處是拉力穩定度較高，但細線製作能力略弱，全裸樹脂製作法則恰有相反表現。

　　高密度電路板技術發展初期，有不少技術與想法提出，有案可查的就有近百種。但因為製程相容性及專利問題，到目前為止與傳統電路板相近的法仍然是業界主流。也曾經有部分公司提出專利證明，要求在產品製作過程抽取佣金，但這種幾何概念早在半導體結構出現，最後並未在實際產業出現使用權爭端，因此使普及性更高。

　　西元 1998 ～ 2000 年間，雷射成孔技術成熟度已達應有水準，於是這類產品以雷射技術製作微孔的比例大幅提昇，終於使 HDI 板順利進入量產階段。

6.3　HDI 板製造的基礎

　　HDI 板與傳統板製造技術主要不同，在於介電質形成、成孔、金屬化法，筆者嘗試對這些技術的梗概陳述如後。

6.3.1　介電質與絕緣材料

　　有關 HDI 板製作主要物料特性於第五章已做概略解說，在此則針對 HDI 產品使用的介電質、製作微孔、導電材料做一綜觀性討論。這些材料中，有部分可同時用在製作 IC 載體與 HDI 電路板。依據不同應用，可個別選擇適當介電質材料，專家建議過程中應該關心的問題，應依據介電質需求做該考慮的事項，簡單整理如後：

— 介電質膠片是否與核心板材料特性相容？
— 膠片與銅是否有夠強結合力？ (OEM 期待拉力 >6 lb/in)
— 介電質是否足以提供金屬層間絕緣性與信賴度？
— 是否會符合熱特性需求？
— 介電質是否有夠高的 Tg，以應對打線與重工？
— 多層結構是否可通過熱考驗 (如：漂錫、加速熱循環、多次回流焊)？
— 是否可電鍍產生可靠微孔，且確保孔底電鍍品質良好？

　　業者常見，有九種不同介電質材料被用在 HDI 板製程，IPC 規範如：IPC-4101B 與 IPC-4104 包含其中多數，但材料持續發展無法靠 IPC 簡單規範完全涵蓋。該規範陳述的典型的材料如後：

1. 液態感光介電質

2. 感光乾膜介電質

3. PI 軟性材料

4. 熱聚合乾膜

5. 熱聚合液態介電質

6. 樹脂塗裝銅皮 (RCC)、雙層結構與強化結構

7. 傳統 FR-4 核心板及膠片

8. 開纖可雷射加工膠片

9. 熱塑型塑膠

多數這類樹脂、強化材料特性，如圖 6.2 所示，依據其介電質常數與衰減損失做整理。

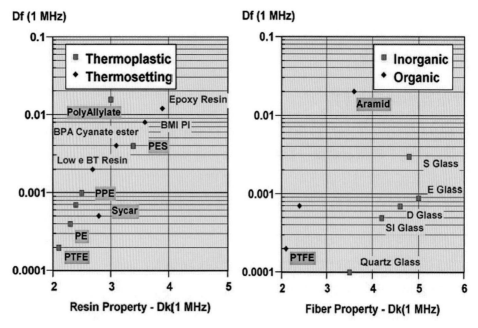

▲ 圖 6.2　依據介電質衰減損失因子 (Df) 與介電質常數 (Dk) 選擇樹脂、強化材料 (來源：The HDI Handbook)

當考慮採用介電質時，需要考慮成孔 (導通) 方法。圖 6.3 所示為 HDI 技術十種可能成孔法結構。這些是可能的斷面外觀，其差異可能讓某些斷面結構不適合特定應用。

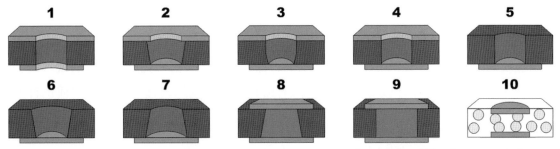

Mechanically Drilled -1　　Wet Etched -2,3,6　　　　Insulation Displacement -8
Mechanically Punched -1　Dry etched (Plasma) -2　　Conductive Paste Via -9
Laser Drilled -1,4,5　　　 Abrasive Blast -3　　　　 Conductive Bonding sheets -10
Photo Formed -5,6,7　　　 Post Pierced -8

▲ 圖 6.3　十種垂直孔 (導通) 連結法 (來源：IPC-2315、IPC-2226)

　　表 6.1 呈現四種基本表面微孔介電質結構，及其對雷射、機械、感光、電漿成孔及其它方法相容性。儘管雷射成孔法可搭配所有四種介電質結構，但感光成孔與電漿成孔法卻只能應對其中一到兩種結構，這也是目前爲何雷射成孔能廣泛使用的原因之一。若另一個線路層被建構在現有微孔上，則這些孔就變成了埋孔 (BVH)。

▼ 表 6.1　各種材料與各種類型成孔技術的相容性 (○：可行 ×；不可行)

	標準結構	RCC	熱聚合樹脂	感光樹脂
CO_2 雷射	○	○	○	○
UV 雷射	○	○	○	○
機鑽	○	○	○	○
感光	×	×	×	○
電漿	×	○	○	○
絕緣性	○	○	○	○
化學蝕刻	×	○	○	○

6.3.2 互連成孔

現在來討論可用的各種成孔技術。機械鑽孔可製作低於 0.10 mm 直徑的孔,但成本卻使這種技術難以為繼。在低於 0.10 mm 以下的孔,雷射與其它成孔技術就較有成本優勢。有七種不同方法用在 HDI 板微孔製作,雷射鑽孔是最普及的一種,但其它六種也有人使用。這些方法是:

1. 各種雷射鑽孔法,包括:UV-Yag、UV-Eximer、CO_2、Pico
2. 機械鑽孔
3. 感光製程,用來在感光介電質上定義出孔
4. 電漿鑽孔
5. 以導電膏取代導通位置的絕緣材料
6. 影像轉移、電鍍、蝕刻製作實心通路
7. 工具膜

個別製程,微孔技術都始於基礎核心板,它可能是一片簡單雙面板帶有電源與接地層,或一片多層板搭載訊號線與電源、接地層。核心板常含有電鍍通孔 (PTH),這些通孔都將成為埋入孔 (BVH),核心板常被稱為主動核心板 (active core)。這些不同成孔法,有最小製作尺寸限制,同時也有相當大產出率差異。

6.3.3 金屬化的方法

成孔的最終製程是金屬化,有五種不同的主要金屬化微孔法被用來製作 HDI 板產品,它們是:

1. 傳統化銅與電鍍銅 (圖 6.4a)
2. 傳統導電石墨或其它高分子 (圖 6.4b)
3. 全加成與半加成化學銅 (圖 6.4c)
4. 導電膏或油墨 (圖 6.4d)
5. 實心金屬導通結構

6.4 HDI 成孔技術概述

全球主要 HDI 板成孔加工類型,將在後續內容說明。目前最普遍技術還是雷射鑽孔,它源自傳統機鑽孔概念,只是增加了額外設備。

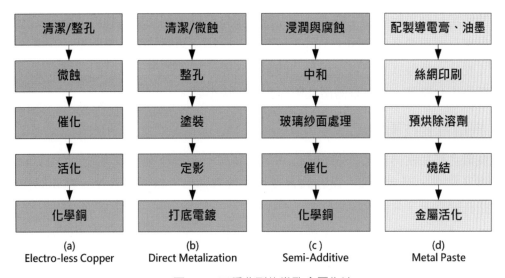

▲ 圖 6.4　四種典型的微孔金屬化法

6.4.1　雷射孔技術

雷射製程是目前最普遍成孔技術，速度提升依賴雷射技術進步與介電質材料。曝光顯影、化學蝕刻、電漿蝕刻、噴砂切削等方法，確實是速度更快的成孔法，但受限於材料選用及其它工程限制而不易普及。

雷射鑽孔是相當老的微孔製作技術，可用的雷射能量波長從紅外線到紫外線區都有。雷射鑽孔以程式規劃光束作用尺寸與能量高低。高強度光束可切割金屬與玻璃，低能量光束可去除有機物質但仍保留未損傷的金屬。光束的光點尺寸，可小到約 20 μm 常被用在高照度光束應用，而大約 100 ～ 350μm 的部分則常被用在低照度光束應用上。

雷射最普遍用在要做電鍍、導電膏填充的微孔生產，雷射可切除介電質材料，同時可在近接銅金屬時產生停滯，因此它們是相當理想可製作深度控制盲孔的工具。多數雷射製程使用 CO_2 或 UV 雷射，因為它們是成熟且商品化的雷射。當使用 CO_2 雷射在環氧樹脂基材上打孔，銅窗限定 (Comformal Mask) 加工，該區銅皮會事先去除，而想要直接做銅面加工打孔，則銅面必須做黑棕化處理來提升銅皮貫穿能力。早期 CO_2 雷射主要用在無玻璃強化材料上，但後期材料改善與雷射進步，這些禁忌逐步被克服。

過去實用設備有多種變化，為不同鑽孔目的有五種雷射系統組合曾經出現，它們的組合各是：UV/Eximer、UV/Yag 雷射、CO_2 雷射、Yag/CO_2 與 CO_2/TCO_2 等。不過目前業界的主流系統，仍然朝向單一雷射系統走，且 CO_2 雷射所佔比例仍佔絕對優勢。

介電質材料也有許多種，如：RCC/PCF、純樹脂 (乾膜或液態樹脂)、強化膠片等。因此以雷射製作微孔，細節變化相當多，需做設備與材料搭配性考量才能找到較適當作

法。不論使用何種雷射與加工模式，使用傳統基材要打通銅與玻纖相對速度一定較慢。雷射成孔製程有些需要考慮的因子：位置精準度、孔徑均勻度、微孔眞圓度、介電質聚合後全板尺寸變化、溫濕度變化對全板尺寸的影響、曝光對位精度、底片尺寸穩定度等。這些因子都需要小心監控，會對整體微孔製程產生直接影響。

6.4.2　機鑽盲孔技術

機械鑽孔是相當傳統又普遍的成孔法，但有許多新設計推出以應對低於 0.20mm 以下孔徑的微孔需求，而盲、埋、微孔的普及也加快其速度。機械鑽孔是一種非同向性加工法，就是孔壁爲上下平直的。

許多非鑽孔製程是同向性的，就是垂直向與側向在成孔過程同時產生退縮，以致於產生孔壁具斜度或擴大孔形。若孔口較大有利於金屬化，但若產生孔內部擴孔現象就不利金屬化處理。孔壁電鍍銅厚度，與後續電路板信賴度有緊密關連性。

爲了充分利用電路板空間，傳統電路板採用序列壓合製作，但密度與性能跟不上 HDI 板。某些廠商爲了製作高品質盲孔，也嘗試製作特殊鑽針生產機械盲孔，不過這種加工方法成本高不普遍，這種作法在後續內容中會再說明。圖 6.5 所示，爲機械鑽孔深度控制結構與序列式壓合製作的電路板對比。

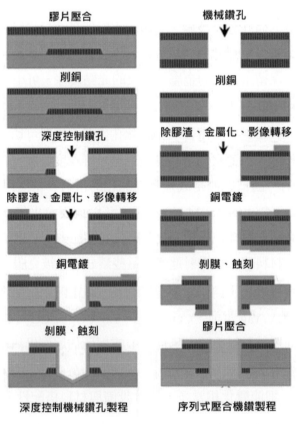

▲ 圖 6.5　深度控制機鑽盲孔與序列式壓合的對比

6.4.3　感光程序製作孔

　　感光成孔是最老微孔製作法之一，在 1983 年就已經提出專利申請。製程是從核心板開始，先做介電質材料塗裝，銅面經過結合力改善前處理，才能確保銅面與介電質材料有良好鍵結。目前很少廠商用黑化做前處理，而普遍採用超粗化處理。以特殊蝕刻，讓銅面具有較細密的凹凸面，是微孔製程典型的前處理。

　　介電質層樹脂在塗裝或壓合後是半聚合，只做到排除揮發物不沾黏狀態，之後孔與特定外形都靠曝光顯影製作。一般曝光顯影可形成微孔，同時介電質在完成後會做完整聚合，典型作業溫度在 160 ～ 180℃烘烤約一小時。之後全板進入高錳酸鹽製程，去除孔底部殘留樹脂同時產生微孔隙表面，作為後續金屬處理錨接基礎，確保電鍍銅在後續析鍍時能達到期待拉力水準。

　　一般業者要求拉力水準仍希望遵循傳統強度規格，對晶片構裝載板最低拉力強度需求約為 600 g/cm，但對母板業者特別是手機板使用者會希望達到最低 1.0 kg/cm 以上，以承受較高掉落實驗考驗。雷射成孔材料都會產生較高拉力強度，因為可在介電層樹脂中加入較多填充劑。當做除膠渣處理時填充劑會產生較大微孔隙，這樣就可產生較高拉力。

　　經過高錳酸鹽處理，全板會做催化與金屬化處理，在化學銅槽與全板電鍍線上建構期待銅厚度。目前因為材料特性，也有某些廠商採用電漿除膠、濺鍍長金屬法建立種子層。部分感光成孔製程刻意以機械粗化樹脂表面，之後導體線路以乾膜覆蓋、全蝕刻法製作。有些製造商傾向使用線路電鍍法，部分 HDI 板製造商還使用直接電鍍法做孔金屬化再做電鍍。幾個日本廠商用全化學銅析鍍金屬到期待厚度，之後利用正型電著塗裝 (ED-electrodeposited) 法製作細線與非常小的孔圈。

6.4.4　RCC 電漿成孔製程

　　微孔板製造重要步驟之一是選擇介電質層樹脂，不論製程是感光孔或雷射孔都一樣。不過這種製程在做金屬化前，會經過催化處理將催化劑 (一般是鈀) 吸附在微孔隙表面，當線路產生後殘留的催化劑要去除，若有殘留對細線路可能導致電子遷移問題。這類製程，一般業者是當作商業機密處理。

　　感光孔製程目前主要是用來製作半導體晶片構裝載板，因為大量孔可在一次曝光中產出。不過如前所述，感光成孔製程會受到後聚合材料收縮之害，這種問題比雷射成孔製程樹脂已經聚合完成要嚴重，同時孔位也會隨機移動，會讓後續曝光對位產生困難。

　　因為此問題存在，感光成孔使用者都會限制生產尺寸，維持在大約 400 mm × 400 mm，這遠小於一般正常量產電路板工作尺寸。因此多數構裝載板廠商過去都以雷射成孔

技術為主，因為雷射鑽孔速度與資源都已經大幅提升。感光成孔製程使用者，目前只有日本還有少量廠商使用。不過，最近又因為小孔直徑逐漸有能力做到小於 40μm 以下，此時雷射加工能力與成本上升又讓感光成孔議題再度出現。感光、電漿成孔製程典型程序，如圖 6.6 所述。

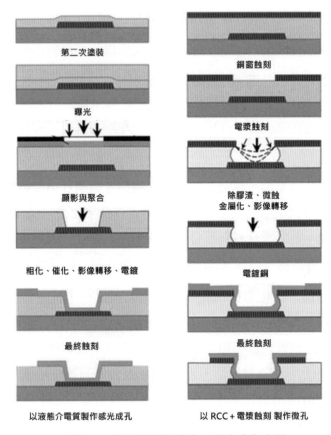

第二次塗裝

曝光

顯影與聚合

粗化、催化、影像轉移、電鍍

最終蝕刻

以液態介電質製作感光成孔

銅窗蝕刻

電漿蝕刻

除膠渣、微蝕
金屬化、影像轉移

電鍍銅

最終蝕刻

以 RCC ＋ 電漿蝕刻 製作微孔

▲ 圖 6.6　典型純樹脂感光、電漿成孔流程

感光性介電質 (PID-PhotoImagableCielectric) 技術過去曾經被用來製造 HDI 板與 IC 構裝載板，用於電腦、通信設備與消費性電子產品。不過如前所述，目前使用比例相當低。最近為了超小孔應用，又有廠商嘗試用感光 PI 做感光孔製作，這方面的發展值得觀察。

感光介電質是以影像轉移技術形成微盲孔，讓線路層間的介電質材料可產生通路。以曝光技術讓全板微孔同時在板面形成，並不會因為孔數增加而增加成本。使用這種技術的優勢，是可應對高孔密度的應用。

典型感光介電質材料區分為液態與乾膜兩型，多層核心板典型 PID 技術流程如圖 6.6 左圖所示。這類製程，不論用液態或乾膜材料的曝光技術都一樣。不同感光材料配方，會產生不同的孔壁輪廓，差異在孔壁傾斜度。傾斜盲孔有利於良好孔壁電鍍覆蓋性，較直微

孔有利於小孔設計，底部承接襯墊直徑也可設計得較小。

　　液態感光材料需要塗裝，典型設備如：簾幕式塗裝機、擠壓式塗裝機、滾筒式塗裝機、絲網印刷機等 (要搭配適當乾燥爐)，另一類設備則是整平工具如：壓平機、刷磨機、砂帶機等。整平工具是要滿足聚合後感光材料表面平整性，以適應細線製作所需影像轉移表面。液態感光材料塗裝會順著下方線路高低起伏，會產生不均勻、不平整的面。不過也有液態材料具有自我整平特性，不需要再做平整化處理。

　　使用乾膜材料僅需要單一設備：真空壓膜機。真空壓膜機在一般電路板廠並不常見，不過這類設備單機成本比起一條塗裝線要便宜一點。乾膜有較好的平整度，一般並不需要特別整平處理，同時因為溶劑含量低使收縮率低，不過在目前生產廠商多數為了進一步提升平整度，還是會在真空壓膜後加一道低壓整平。若電路板設計準則寬鬆，工作尺寸可放得較大，但若設準則較緊則應該要縮小工作尺寸，這樣才能獲得最大產出、低成本與最高良率。

6.4.5　電漿成孔技術

　　知名電漿成孔技術製作的產品稱為 DYCOstrate，製程中有不少變數，圖 6.6 右所示為其中的一種流程。目前這類技術被用在製作小量尖端軟板、軟硬板產品。製程之初會先以蝕刻製程在銅面開窗，當施加電漿蝕刻，會貫穿這些定義穿口，開窗外型就決定了成孔後的大致形狀，孔的立面形狀呈現碗形。

　　此技術的另一問題是，究竟能製作多小的微孔。製作完成的孔，銅邊緣會懸吊在孔邊，若保持這種狀態做全板電鍍，成品信賴度會很差。因此要確保電鍍孔信賴度，需利用第二次蝕刻處理掉這些懸吊銅。處理過程可帶來部分好處，蝕刻過程可降低表面銅厚度，有利於細線路製作。

　　電漿成孔可有效製作軟板通孔，可利用雙面電漿蝕刻從兩面同時做成孔，可降低側蝕孔壁尖銳狀態。電漿孔蝕刻源自傳統電漿除膠渣，不同的氣體、電磁控制、設備框架都要適當搭配。電漿機是在局部真空下作業，艙體填充混合氧、氮、四氟化碳等氣體。利用微波產生電漿，並利用特殊低頻波幫助產生快速有機蝕刻。

6.4.6　貫穿絕緣材料的製程

　　三種典型乾式金屬化處理法：貫穿絕緣材料、填充導電油墨、填充導電膏技術。貫穿絕緣材料的製程技術，是以導電膏印刷在銅皮上並做局部聚合。導電膏形成定點尖點可在壓合時穿透傳統膠片，進而與貼合銅皮產生通路，圖 6.7 左所示，為這種成孔導通製程技術。

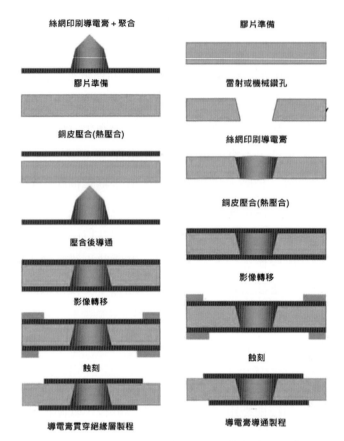

▲ 圖 6.7   以導電膏製作的實心微孔,靠絲網印刷導電膏進入微孔位置完成製程

　　導電油墨成孔技術,是以一片影像轉移、雷射或貫穿產生微孔的材料,之後做絕緣材料導通的 HDI 板製作技術。當貫孔絕緣材料準備完成,利用導電油墨填充、金屬化微孔等做出導電通路。表面金屬化可以靠壓合銅皮在介電質表面或化學析鍍法製作。簡單製程如圖 6.7 右所示。

　　標準 HDI 板製程專注於使用影像轉移與金屬化技術,不過實心導電膏孔著重在降低高製程成本,如:雷射成孔、電鍍、蝕刻等。某些製程概念採用可感光介電質,同時產出孔與線路通道,之後利用導電油墨做填充。這些方法,可免除個別介電質建構、金屬層析鍍蝕刻等混雜流程,將電鍍、蝕刻、線路處理等在較短製程內完成。它也避免了線路製作前後必要的光阻塗裝、剝除等工作,而導電油墨技術用在金屬化,可直接免除產生金屬廢水的問題。

6.4.7　以感光或蝕刻製作實心通道

　　以實心通道建構孔結構,可利用光阻定義孔位後做電鍍製作,或以光阻保護孔位,以蝕刻厚銅將不需要區域清除。不論用哪種方法,最終會得到需要的導通實心凸塊。其實這

已經是相當老的微孔板製作法，早在 1980 年代美國就有類似產品，不過當時較偏向使用在 PI 類樹脂板製作。

　　電鍍或蝕刻的實心銅導電通路，可認定是較新的 HDI 技術，圖 6.8 左所示，為蝕刻導通通道的電路板。這種結構的製程特殊性，在導通連接並不需要透過鑽孔。而它需要用利用新材料，結構是兩面銅一厚一薄中間有抗蝕層的三明治結構材料。

　　先在較厚銅面做影像轉移、蝕刻形成互連通道凸塊，緊接著以乾膜、膠片或液態介電質填充，這些材料會與銅皮結合聚合。銅皮接著做影像轉移製作雙面線路。這些成對線路可做測試，之後與其它未聚合材料堆疊形成最終多層板。這類技術可如一般 ALIVH HDI 板結構一樣，可製作隨機層數連結結構，其簡單製程如圖 6.8 左所示。

6.4.8　工具膜

　　工具膜圖形轉印，是一種用來製作光碟片的技術，不會用到光阻、對位或傳統技術。每片電路板都利用模具壓印，每個單元都可個別製作構成加成板。其特殊外型，具有成千上萬的微米級凹槽或孔。這種製程相當簡單，可利用精良的母模製作便宜精準電路板。這種特殊製程仍然在實驗應用階段，要實際執行還要仔細評估，圖 6.8 右所示為這種壓印線路的結構。

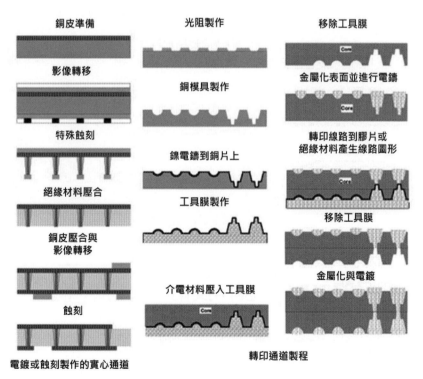

▲ 圖 6.8　製作實心銅通道可透過 (左) 蝕刻實體銅片或 (右) 工具膜印刷製作

這種電路板結構特性是，所有線路外型都埋入電路板。轉印或灌膠材料是關鍵介電質，用於密封元件含長纖維灌膠材料，就是相當適合這類應用的材料。這類材料可搭配FR-4 材料當背板，或者也可獨立使用。轉印式線路斷面外觀類似光碟片，非常像一般壓印。所有區域都經過金屬化，但孔位置較深，可讓孔連接到下一層線路。

產生工具膜，可利用機械或化學法製作，因為只需要一片母膜而可不再花時間去檢查圖形完整性。利用雷射可達到完美的襯墊與孔對位，即便是無孔圈對位也應該可達成。這個母模可利用鎳電鑄製作，之後以灌膠填充熱硬化材料製作圖形並聚合。電路板可用全加成或半加成金屬化處理，之後以電鍍銅將厚度提升。凹陷部分可用光阻填充，暴露在表面的光阻可利用拋光或研磨劑處理。暴露銅會被蝕刻掉，之後將阻劑溶解即可。整個製程不需要用到光阻、曝光或對位，因此可期待高良率。圖 6.9 所示，為這種作法形成的其中一種線路範例。

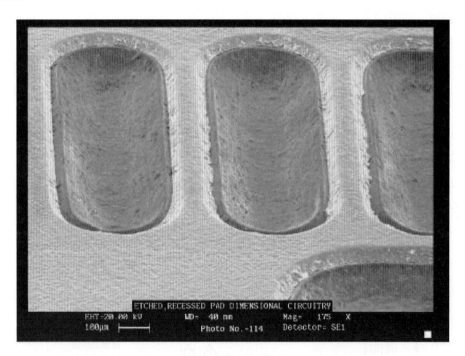

▲ 圖 6.9　利用簡易的模具轉印與金屬化技術製作的轉印線路

6.5 知名的 HDI 板製作技術

筆者一直有蒐集技術資料的習慣，也較傾向不分領域將可交互連結的技術整合在一起，這有助於新想法的醞釀，因此本段內容將根據個別廠商技術發展特性，做最簡單的介紹與陳述。

6.5.1　IBM 的 SLC 技術

　　其實 IBM 提出過數種不同 HDI 板技術，其中以 SLC 技術最知名，原因在於經過這種技術推廣，HDI 板才逐漸進入應用階段。九○年代末，由於日本 IBM-YASU 廠開始做超薄行動電子產品開發，因此引用了影像轉移技術製造微孔。其簡單製程流程，如圖 6.10 所示。

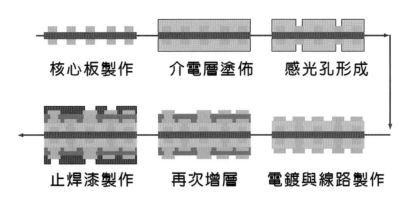

核心板製作　　介電層塗佈　　感光孔形成

止焊漆製作　　再次增層　　電鍍與線路製作

▲ 圖 6.10　SLC 的簡單製程流程

　　HDI 板發展初期微孔技術尚不成熟，因此 IBM 利用綠漆概念將特殊感光油墨塗佈在核心板上做感光成孔。它屬於一次曝光，所有孔位就可同時形成，有利於高孔密度板製作而不會有成孔費用增高問題。知名的筆電 Think Pad，就曾經用這類技術生產 HDI 板。

　　由於採用油墨塗佈製作介電質層，因此樹脂填充性、膜厚及平整度控制較麻煩。也因為選用感光型油墨，材料物理性質較不容易達到理想特性。另外由於油墨感光成孔後必須做烘烤硬化，微孔尺寸與位置會再次變化，變化也不規則。這種特性使影像轉移對位困難，也使設計準則在孔圈寬容度上要求較大公差。由於油墨是感光型材料，吸水性一般都會較高，這多少也會影響產品後續電性表現及信賴度等級，也是材料開發者最頭痛不易解決的問題。

　　完成微孔後，表面完全沒有金屬，必須作全面金屬化。為了做出較平整樹脂面，業者也嘗試用刷磨做樹脂面整平。藉刷磨將樹脂起伏降低提高平整性，避免因平整度不佳產生的曝光解析度問題。另外為提升金屬結合力，也必須做介電質層表面粗化處理，以提高後續金屬結合力。典型做法是以除膠渣做膠面粗化，建立表面應有微粗度。粗度會直接影響後續金屬層結合力，粗度深會有較好結合力，但 HDI 板小孔製作多會將介電質厚度控制較低，若處理過度或樹脂厚度不均勻，可能會咬破而有層間短路危險。圖 6.11，為經過除膠渣處理產生的樹脂面。

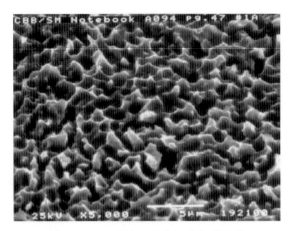

▲ 圖 6.11 經過除膠渣處理產生的樹脂面

　　處理過的樹脂面再做化學銅析鍍，產生一層導電層後就可做全面銅增厚或影像轉移加線路電鍍，之後做線路蝕刻完成一層線路製作循環。若要做下一層，只要重複原來製程循環即可。這種做法是序列式製程，歐美人士將它叫做 SBU(Sequence Build Up)。圖 6.12 所示，為典型 SLC 技術製作的 HDI 板。

▲ 圖 6.12 典型 SLC 製作的 HDI 板 (來源：The HDI Handbook)

　　目前這種 HDI 板製作技術仍有部分廠商沿用，但整體 HDI 板市場所佔比例卻不高。原因在於樹脂開發與改進不易跟上實際產品需求速度，又要兼顧感光性及最終材料特性，這些工作都不易同時達到良好水準。尺寸控制方面，先成孔後烘烤，也如前所述確實不利

於位置精度維持。至於材料成本也是大問題，感光材料相較於純熱硬化樹脂材料，成本控制當然是熱硬化材料容易降低成本。

　　雷射技術逐漸成熟，微孔成本不斷下滑，材料商逐漸以熱硬化樹脂塗裝銅皮製「附樹脂銅皮 (RCC-ResinCoated Copper)」，或用雷射加工膠片搭配壓板，製作高密度電路板。這種做法不但可避開感光樹脂的問題，且銅皮拉力也較易控制。材料普及後，製作技術逐漸相容且單價下降，取代了初期的感光成孔技術，成為 HDI 板主要技術之一。雖然因超小孔需求，而有新感光成孔材料 (PID) 發表，不過是否恰當仍待觀察。

6.5.2　松下的 ALIVH 技術

　　通孔填孔作法，已在陶瓷基板技術用了許多年，在塑膠類電路板製作也有所謂「銀膠貫孔」技術用在一般單、雙面板製造。日本松下公司則引用這種概念，將導電膏填孔結構以 HDI 板形式呈現。因為結構彈性大，有利電子產品快速設計，因此是 HDI 板技術頗知名的一種。其一般性製程描述，如圖 6.13 所示。

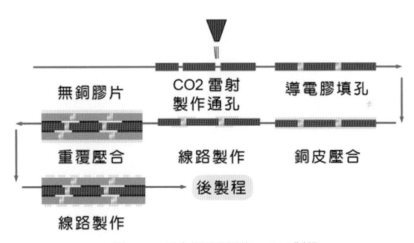

▲圖 6.13　日本松下公司的 ALIVH 製程

　　製作起始是將膠片做保護膜壓合，之後做固定框固定並做雷射鑽孔工程。用的是雷射通孔法，製造速度極高並不需要太精準能量控制。這種材料處於未聚合狀態，還是可作為黏合材料。雷射打通膠片後，以慢速印刷直接做雷射孔導電膏充填，因為事先已經有保護膜隔離，膠片表面不會受污染。完成導電膏填充後，就可做薄銅皮的壓合製程，並作出內層線路。因為採用的是薄銅皮，採用直接蝕刻線路製作法，但線路製作能力卻不低，許多設計都可做到 50μm/50μm 或更小線寬間距。

接著可繼續下一層線路製作，在內層板兩側貼上另外兩片導電膏充填完成的膠片再次壓合，這樣就可形成六層板結構。理論上這種程序可繼續重複，如此可做出各種疊合結構，只是作業中應該儘可能作對稱配置，才不容易產生板翹問題。

當然也可個別完成多張雙面板，再加入層間膠片壓合形成多層板。這種作法雙面板可先做檢驗修補，再做一次壓合完成產品，因此相對良品率會較高。或者也有人用傳統核心板與這種技術組合，做出不同結構電路板。但因為所有線路層都可隨意連結，結構密度可做得非常高。又因為結構彈性極大，可符合現代電子產品變化快速、打樣設計需求快速特性。過去日本行動電子產品，有相當比例採用這類技術 HDI 板製作，不過該公司高層檢討策略認為這些板廠效益不理想，最終結束其營運相當可惜。

因為製程只要重複簡單雷射成孔、填導電膏、壓合、做線路等製程，製程內並不使用電鍍孔連結，線路也僅以單純蝕刻完成，因此製程簡單、污染少、效率快。又由於孔內是以導電膏作連結，電路板表面不會看到孔痕跡，因此可節省配線空間。若蝕刻精度能控制得當，細線能力仍能保持一定水準。圖 6.14 所示，為典型 ALIVH 製程 所生產的 HDI 板。

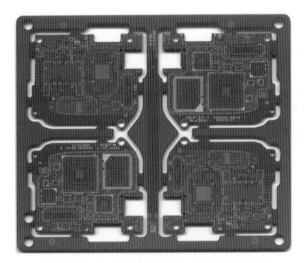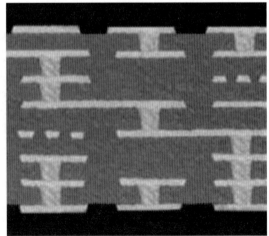

▲ 圖 6.14　典型 ALIVH 製程生產的 HDI 板 (來源：Matsushita)

這類電路板最大的特色，就是電路板表面完全看不到孔的痕跡，整片電路板是一片平坦，所有 SMD 元件可組裝在任何位置而不必考慮是否有吞錫問題。也因為這種特性，使 HDI 板線路設計公差，較不需考慮孔圈邊緣公差，可將孔圈縮小到可接受的最小範圍來節

省幾何空間佔用率。但類技術的缺點是，必須採用指定膠片材料製作，確實可獲得較好尺寸穩定性，但不利於成本控制。

　　這種技術屬於專利性技術，同時製作生產需要相當高程度自動化設備能力，因此即使是向原公司取得授權也不容易自行發展。若要做大量生產，勢必要同時引進相關設備規劃，這也使得這類技術發展受限。某些公司也將類似技術與傳統電路板組合應用，作成一次壓合製程，這類技術成為導電膏型電路板最具代表性技術之一。

6.5.3　東芝的 B2IT 家族技術

　　日本東芝公司為省掉鑽孔成本，利用導電膏免電鍍製作 HDI 板，發展了第一代所謂內埋凸塊技術 B2IT(Burried Bump Interconnection Technology)。部分人將技術讀為 "B-two-I-T"，也有人將此技術稱為 "B-Square-I-T"。其製程概念，如圖 6.15 所示。

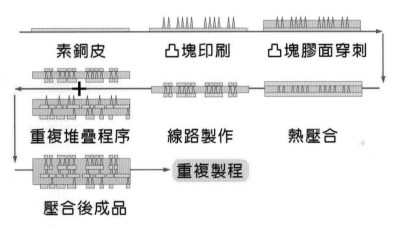

▲ 圖 6.15　日本東芝公司的 B2IT 製程

　　製程先將導電膏印刷在銅皮或內層板上，形成圓錐凸塊。依所需介電質層厚度，反覆印刷二至五次將導電凸塊建立到需要高度。之後將導電膏烘乾，強化硬度並穩定形狀。之後利用此硬度把膠片貫通，再疊上銅皮作熱壓合。

　　由於此時導電膏仍處於半聚合狀態，做壓合後不但膠片會熔融接合，導電膏也會軟化並填充空隙。若重複此製程數次，即可作出多層板疊合結構。圖 6.16 所示，為典型 B2IT 產品斷面狀況及凸塊穿刺前後的狀態。

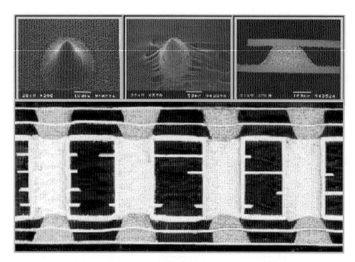

▲ 圖 6.16 典型 B2IT 產品斷面狀況及凸塊穿刺狀態

本段標題之所以會稱家族，是因為這種技術有許多變形作法，在日本技術發展，已有所謂 B2IT 技術聯盟，專門針對這種技術概念共同推廣，並在每年 JPCA-Show 展專門展出最新技術。由電路板斷面看，此製程結構和 ALIVH 技術類似，但仔細觀察會發現 B2IT 導電膏形狀傾斜度會略大，這是因為凸塊用多次印刷製作，比雷射製作填孔傾斜度大。

這類技術因為使用傳統電路板膠片，宣稱有較低成本。近來有不少類似概念，在日本不同公司發展，但製作概念都以凸塊技術製作。不過凸塊若仍然採用印刷製作，精度與品質控制仍是大考驗。這個技術因為公司合併，目前已屬於大日本印刷公司所有。

另一種為人注意的相關技術是前述技術延伸，由日本 North 公司發展，稱為 "Neo-Manhattan" 技術，在業界以 NMBI 名稱推廣，目前已由美商 Tessera 併購，且轉用到其它構裝技術。主要製程如圖 6.17 所示。

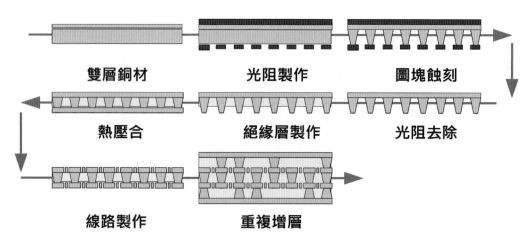

▲ 圖 6.17 North 公司的 Neo-Manhattan 技術

主要製程技術是以特殊三層銅材做凸塊製作，首先在銅材較厚的一面做影像轉移及凸塊蝕刻，之後做絕緣材填充與壓合。完成兩面銅導通後，做線路製作，接著做下階段增層。因爲屬於凸塊製作法的 HDI 板，被歸類爲 B2IT 成員之一。這個技術也因爲銅柱特殊性，被相關業者注意，目前此技術是該聯盟代表性技術之一。

製程最大特色是凸塊完全用純銅製作，因此導電度比一般導電膏導通電阻低。在銅面結合方面，該技術提出經過壓合介面沒有明顯瑕疵，可通過應有信賴度測試，這方面筆者持較保留看法。圖 6.18 所示爲 Neo-Manhattan 技術所製作的成品斷面狀況。

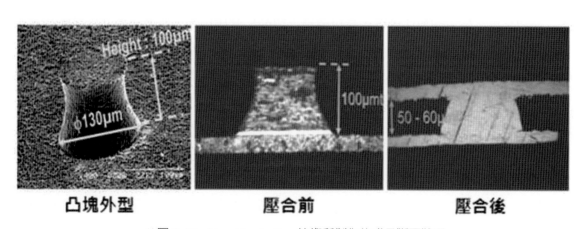

| 凸塊外型 | 壓合前 | 壓合後 |

▲ 圖 6.18　Neo-Manhattan 技術所製作的成品斷面狀況

目前 B2IT 這類技術發展相當多樣化，很難明確定義出各技術優劣評價。純粹從幾何結構及技術角度看，要達成更高密度訴求，仍須加強其凸塊連結密度製作能力。至於從經濟面看，如何降低製作成本仍是這類技術最大挑戰。以目前電鍍填孔技術之成熟，其實結構已經相當接近 Neo-Manhattan 產品模式，這些技術要如何在諸多技術中求得生存空間，製作成本仍重要考驗點。

6.5.4　Prolinx 的 Viper BGA 技術

小孔製作與電鍍處理在高密度電路板發展初期，是高密度電路板發展非常在意的部分。由於雷射技術並不成熟，因此某些需要高密度連結的產品，嘗試以感光技術製作孔。同時採用導電膏填孔技術來免除電鍍負擔，這種概念在電子構裝載板產品上可看見應用蹤跡，Prolinx 的高功率 BGA 載板是明顯案例。市面上看到的產品，則以 Viper BGA 爲名。其簡單的流程概念，如圖 6.19 所示。

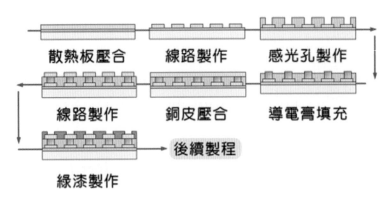

▲ 圖 6.19　Prolinx 高功率 BGA 載板製程

　　高功率電子構裝的最佳選擇，是以散熱片與晶片直接接觸，藉著高導熱機構將晶片產生的熱排出構裝外。此技術將高導熱銅板當作支撐結構，將銅皮直接與銅板結合，形成尺寸穩定的承載結構。之後做感光介電質材料塗佈及感光、顯影、硬化等。硬化後載板直接做導電膏填孔印刷，概念類似 ALIVH，之後做銅皮壓合作業。因為填孔是在盲孔結構做，因此印刷難度較高。

　　載板填完導電膏就做熱壓合，壓合完畢的載板若要做其它連結則可重複先前程序直到需求結構完成。簡單構裝用載板，幾乎只要兩層線路就可完成所需連結。製作完成的載板，接著做綠漆及後續處理，同時將安裝晶片區域空出來，這就完成了製作。由於載板特性與 ALIVH 有同樣平坦焊墊，因此組裝也有相同優勢，又因為該技術採用較厚銅板做基礎，尺寸穩定度較高，有不少 ASIC 晶片構裝曾用這種技術製作載板，可惜的是這項產品已經退出市場。

6.5.5　TLC 轉印技術

　　筆者查閱過美國專利，二十多年前就有人申請這種技術專利，2000 年韓國三星也在 Circuitree 雜誌發表相關技術文章。轉印法在銘板印刷領域有不少應用，一般稱之為 Transfer Print。這種概念也被引用到電路板製作技術。日本有不少公司用類似概念，做多種不同電路板生產。這種用轉印法的製作技術，因為具有一般技術所沒有的特色，因此雖然在對位準度有缺點，但仍然有部分廠商採用。圖 6.20 所示，為轉印法用於電路板製作的範例。

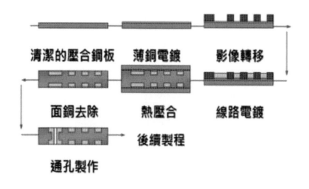

▲ 圖 6.20　TLC 轉印技術流程

　　TLC 製作法是採用壓合鋼板做薄銅建置，一般約 3μm 以內就足夠。鍍完薄銅皮的鋼板可做線路影像轉移，這種做法只要採用恰當影像轉移膜，就可做出相當精細的線路。完成線路的影像轉移，會在線路區底部做抗蝕金屬電鍍，常採用的金屬以鎳為主。之後在抗蝕金屬上做銅線路，電鍍厚度達到設計值時再做影像膜去除。

　　線路完成後可將不同層次線路堆疊在一起，做熱壓合。熱壓合過程中，由於鋼板與銅漲縮係數不同，因此銅皮與鋼板會因為熱漲冷縮脫離。壓合完成，直接將鋼板取下電路板就與鋼板脫離可做下一步作業。

　　線路在壓合過程擠壓到樹脂中，線路尺寸非常穩定不會受到後續蝕刻或其它製程影響。同時因為線路底部有抗蝕層，因此壓合後可直接用選擇性蝕刻液做面銅去除，之後通孔製作。由於這種做法可做出非常精細平整的線路，以 HDI 板訴求高繞線密度而言，這類做法是不錯的細線路技術。而三面連接的線路結構，也讓線路結合力較強。

　　手持電子產品厚度降低乃大勢所趨，因此傳統 HDI 板從核心板開始製作的方式也受到挑戰。由於核心板厚度薄不但可降低總厚度，還可提升 HDI 板電性，因此設計傾向採用無核心板設計，此時如何操作薄板就成為技術挑戰。此時若能用載體輔助 HDI 板製作，不但有利於薄板作業，也可幫助細線路製作及提升尺寸穩定性。圖 6.21 所示，為典型無核心板作法，相當類似 TLC 技術。

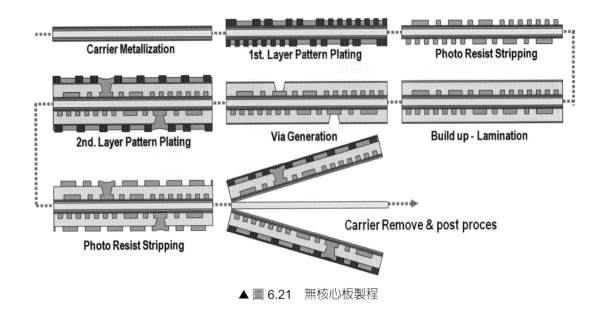

Carrier Metallization　　1st. Layer Pattern Plating　　Photo Resist Stripping

2nd. Layer Pattern Plating　　Via Generation　　Build up - Lamination

Photo Resist Stripping　　Carrier Remove & post proces

▲ 圖 6.21　無核心板製程

　　以此技術製作的 HDI 板斷面結構，如圖 6.22 所示

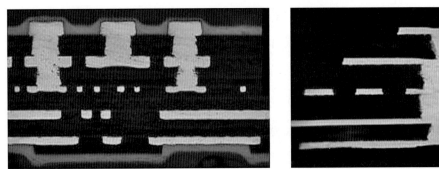
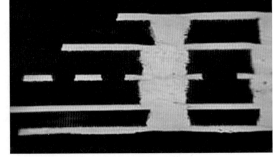

▲ 圖 6.22　無核心板斷面

6.5.6　DYCO 的 Plasma 成孔技術

　　Dyconex 是歐洲的電路板研發公司，早期以製作高階軍用板與軟硬板等特殊技術馳名業界。因為在軟性電路板的經驗，該公司研發團隊引用了以往加工聚亞醯胺樹脂的經驗，以電漿蝕刻電路板材料的做法做微孔製作。其典型做法如圖 6.23 所示。

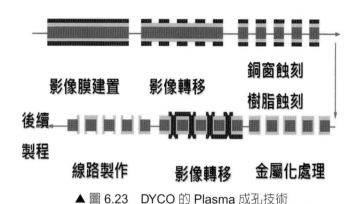

▲ 圖 6.23　DYCO 的 Plasma 成孔技術

　　這種技術特色是使用電漿可處理材料，就是以有機材料為基礎的素材。電漿技術在電子產業主要用途是清潔物件表面，但這表示若用恰當氣體媒介及適當操作條件，電漿也可作適當蝕刻。該公司認為用雷射或傳統鑽孔做小孔，不但費時且成本昂貴，因此提出以電漿蝕刻塑膠材料來做小孔製作。其實使用電漿法做材料處理，不一定只能做孔而已，對不規則外型加工，電漿同樣可一次完工。

　　基於它的製作方式與感光型樹脂成孔技術，都是一次完成所有孔加工，因此該公司認定這種做法有一定競爭力。圖 6.24 所示為電漿技術製作的盲孔切片。

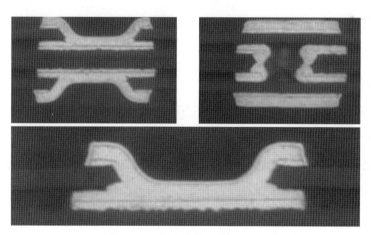

▲ 圖 6.24　電漿技術所製作的盲孔

但這種做法有一定困境，首先製程必須要先開銅窗，這方面比感光型成孔技術多了點工作。另外因爲塑膠材料無法承受太高操作溫度，因此採用電漿是以低溫非同向模式作業。這種電漿會有側向蝕刻，因此孔徑、孔形變化就較像碗狀。碗狀孔固然對電鍍有優勢，但從高密度眼光看，孔徑控制與大小變化會直接影響電路板設計能力。圖 6.25 所示，爲採用該技術製作的 Dycostrate 板，也屬於 HDI 產品。

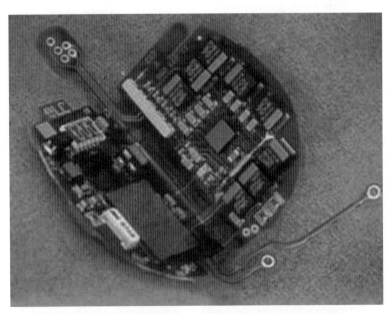

▲ 圖 6.25　採用電漿成孔技術製作的 Dycostrate 板產品

(資料來源：http://www.emeraldinsight.com)

另外在生產速度，因爲電漿作業速度有限，當雷射技術不斷進步時，這種技術相對競爭力就降低了。目前有些 HDI 板廠製作方式，會先以雷射製作小孔，之後再以電漿蝕刻做清孔作業。這種做法可保有雷射控制孔形能力，同時獲得電漿孔底清潔度保證，也是一種可行製作模式。不過若製程穩定其實可不必增加程序，因爲終究會增加成本。

6.5.7　X-Lam 薄膜製程技術

X-Lam 是知名打線機公司 K&S 曾投資的載板公司，因爲認知載板在電子構裝的重要性，因此做載板應用研發。策略是向相關電路板廠購買載板半成品，填孔及外引腳都已完成，只留下高密度部分在該公司製作。其概念與 IBM-SLC 感光成孔技術類似，製作流程如圖 6.26 所示。

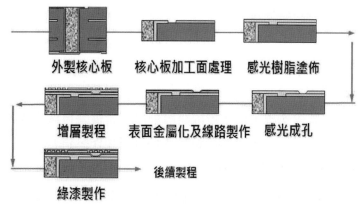

▲ 圖 6.26　X-Lam 薄膜製程技術

　　這技術最大特色是增層結構採用不對稱製作，同時所提供設計規格十分精細。公佈產品規格孔徑可做到 30μm，而線路則可做到 16μm 以下，這種能力當然要歸功於產品設計準則採用了薄的金屬厚度，同時介電質層也相當薄，只有 15μm 以下。但這種樹脂厚度若使用一般環氧樹脂，會有絕緣不良潛在風險，若使用其他樹脂，則造價及市場接受度都必須克服。目前一般電子構裝市場，該產品規格應該多數都可應付。

6.5.8　Camtek 的鋁凸塊技術

　　Camtek 是知名 AOI 設備供應商，在半導體技術也有一定水準，是以色列科技公司。對高密度載板，他們提出與 X-Lam 類似的非對稱載板結構設計，但製作技術則採用混合半導體及電路板技術。圖 6.27 所示，為其典型製作程序。該公司技術概念，也是從傳統電路板做起，先做傳統基板後做細線路處理。但它採用了半導體薄膜金屬製程，先在電路板上製作出抗蝕層，之後做鋁金屬層建置。

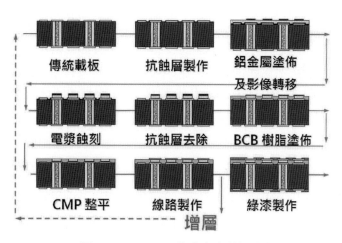

▲ 圖 6.27　Camtek 的高密度載板方案

　　鋁金屬用於半導體製作已經有相當長時間，製作細線路有其優勢。利用影像轉移技術做鋁凸塊，之後將抗蝕層去除。凸塊製作完成，就做絕緣層建構，該技術採用素材是 Dow Chemical 生產的 BCB 材料。該材料目前用於半導體最終表面處理 Passivation 製作，因此只要很薄就可達成絕緣。

　　經過絕緣層製作與整平過程，接著做線路層製作，若需要再做一層線路，只要循環製程就可以了。當完成線路連結後，可直接做綠漆及後續製作，這方面與一般電路板製程無異。此技術可提供線路細緻度及連結密度，比 X-Lam 技術更高，但大量使用半導體技術可想見成本不易低，因此目前未見普及。

6.5.9　Meiko 的 Carrier Formed Circuits 技術

　　Meiko 是日本知名電路板廠，對 HDI 板製作，也提出不同製作技術想法，技術特性也以轉印製程為基礎，圖 6.28 所示為其簡單的概念。

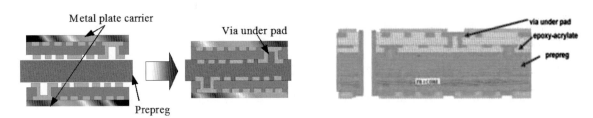

▲ 圖 6.28　Meiko 提出 Carrier Formed Circuits 技術

　　在壓合用鋼板上先製作出電鍍線路，再塗佈樹脂作出盲孔及第二層線路。其後以壓板將兩片鋼板對位壓合，再作通孔製程即完成電路板導通製作。這種技術，由於表面線路是以線路電鍍完成，因此製作細線不成問題，加上線路嵌入樹脂表面平坦，有助於強化線路拉力及元件組裝方便性，對止焊漆塗佈也有一定助益。這種技術做出來的電路板，當然必須做通孔製作，否則沒有辦法達成線路層間導通。

　　Meiko 還搭配類似 ALIVH 技術將事先製作完成的雙面板貼合，製作成它們稱為 M-Via-B 的 HDI 板，如圖 6.29 所示。

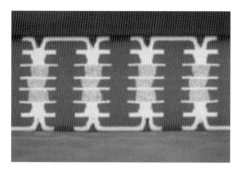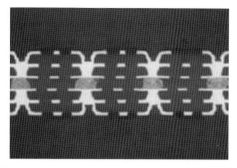

▲ 圖 6.29　Meiko 類似導電膏技術的 M-Via-B 板 (資料來源：Meiko)

6.5.10 Shedahl 的 Z-link 技術

　　Shedahl 過去曾是知名軟板商，在軟板所謂 Air Gap 這類產品發展經驗中，該公司發展出單次連結的高密度多層結構，這個技術該公司稱為 -Conductive Adhesive Bonded Flex(Z-link) 技術，圖 6.30 所示為其典型製作法。

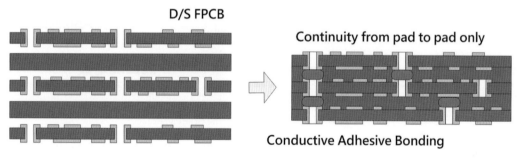

▲ 圖 6.30　Shedahl 的 Z-link 技術

　　製程使用約 0.1mm 厚的 polyimide 軟板，加工做出通孔或盲孔，再用導電性接著劑把電鍍導通的雙面板做層間連結。此製程做法是將雙面軟板獨立完成，之後再對要連結區域以打孔膠片充填導電膠，之後再一次壓合。由於整體結構屬於一次壓合完成，個別單片材料又可事前檢查，因此比多次壓合製程少了累積性不良。但結構製作使用傳統電鍍與導電膠，因此屬於混合形技術。某些廠商還嘗試利用異向性導電膠取代一般膠片，希望能夠排除填孔印刷。

6.5.11 SPM-Stack Press Multilayer Process 技術

SPM 技術與一般陶瓷板製作技術有異曲同工之妙，有多種不同作法，基本理念是利用孔填充與堆疊壓合法製作電路板。這種製作法，可做出連結密度相當高的載板，目前日本有些廠家採用這種技術做覆晶載板。這類產品與 B2IT 金屬凸塊產品特色類同，整體連結是以金屬材料完成，因此比導電油墨填孔連結導電率高。同時因為是全金屬連結，只要錫、銅連結信賴度沒問題，連結強度相當好。圖 6.31 所示為 SPM 的製程。

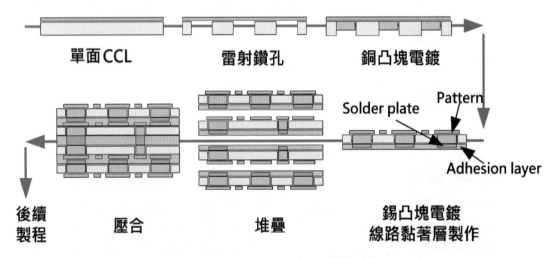

▲ 圖 6.31　SPM 的其中一種製作流程

SPM 技術製程，首先是對單面基材做雷射孔加工，之後做銅凸塊電鍍將雷射孔區填滿。接著做錫金屬電鍍及黏著層處理，以備後續多層結構結合。多層結構依設計堆疊後做熱壓合，將多片單面線路板結合成一片完整電路板。這種做法，線路缺點可在壓合前修補去除，因此累計良率有其優勢。但因為每個製程都只能做單層線路，因此若要做出一樣金屬層結構，必須製作更多內層板，材料及作業成本都較高。

6.5.12 PALAP 技術

PALAP (PatternPrepreg Layup Process) 是由多家日本公司共同發展出來的技術，包括：Denso、Wako Corporation、Airex、Kyosha、Noda Screen、O.K. Print 等。發展之初是用銅箔機板製作，但後來採用類似熱塑型塑膠的 PEEK(Polyether-ether-ketone) 樹脂或另一種新型塑膠稱為 PAL-CLAD 製作。PAL-CLAD 具有良好耐熱性與電性，由日本 Gore-Tex 公司製作。

單次壓合比多次壓合製程好，可一次完成熱壓、聚合、線路配置等工作。PALAP 板可將多片事先完成線路製作的基材壓合在一起，如圖 6.32 所示。可明顯改善品質、降低

成本，同時縮短出貨時間。PALAP 板採用金屬油墨填充孔，也提供高互連信賴度。因為材料介電質係數低，可用在高頻板製作。

1. Copper foil laminated to PEEK (Polymer-ether Ketone) thermoplastic resin (Mitsubishi)

2. Laminate thin plastic film to dielectric

3. Image and etch copper

4. Laser drill vias from resin side

5. Vias filled with conductive paste by screening

6. Remove thin plastic film

7. Repeat steps 1-6 several times

8. Lay up with finished layer(foil and unstructured cap layer)

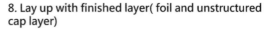

9. Vacuum laminate with finished layers at 200~240 ℃, Metal paste sinters, leaving only metal, Diffusion between paste and foil creates a strong metallurgical bond.

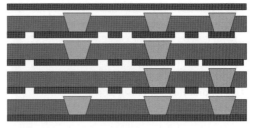

10. Circuitize outer layers and coat solder mask & finish

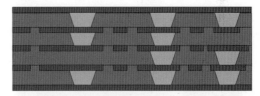

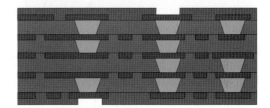

▲ 圖 6.32　PALAP 的多層板製程

　　PALAP 板製作是考慮環保因素而發展，這方面在未來的電子、車用產品都相當重要。而 PALAP 板使用的是熱塑型樹脂材料，可做材料的回收與重複使用。

6.5.13 FACT- EV 技術

　　這是 Fuji Kiko Advanced Chemical Technology Etched Via Post 的簡稱，孔內是實心電鍍銅柱。製程技術用標準乾膜定義出凸塊，銅柱電鍍後以薄液態介電質塗到凸塊區。不同於 SPM 技術，這種製程是序列作業，每次外部兩層線路做在先前完成的線路層上，如圖 6.33。

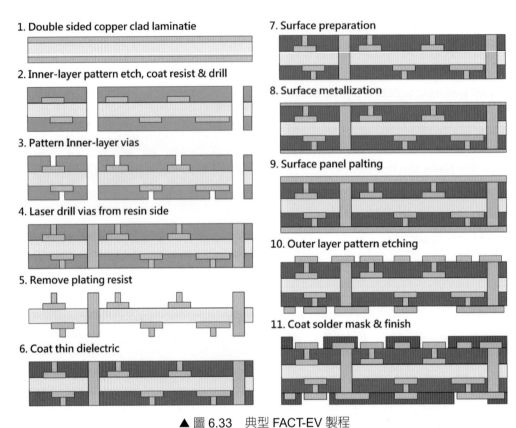

▲ 圖 6.33　典型 FACT-EV 製程

6.5.14 LPKF 的 Micro-line 製程技術

LPKF 公司是德國雷射科技公司，細線路概念他們也提出不同技術，稱為 Micro Line。簡單概念示意，如圖 6.34 所示。做法是在線路載體先做觸媒成長，最常見的是鈀金屬析鍍。建立層薄鈀金屬後，採用雷射雕刻法做線路形成，這種作業目前只有小規模測試製作。

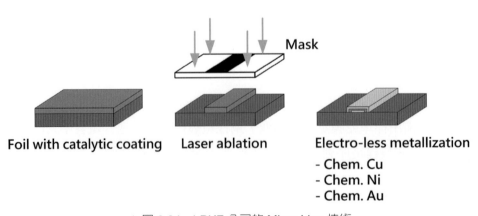

▲ 圖 6.34　LPKF 公司的 Micro Line 技術

使用技術就目前所知，是採用準分子雷射高分解能量製作線路，同時光罩也使用特殊聚光光學結構治具，因此可製作出相當細的線路。依據相關資訊推斷，線路製作能力大約落在 5μm 左右。圖 6.35 所示，為 Micro Line 的燒製過程。

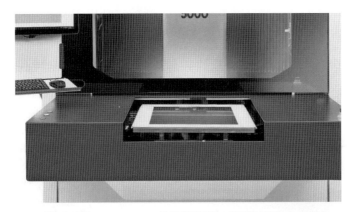

▲ 圖 6.35　Micro Line 的燒製過程 (資料來源：LPKF)

當觸媒經過線形化處理後，後續做化學銅及化學鎳金處理，這些金屬化製程是線路形成的基本方法。由於採用化學銅還原反應做線路製作，因此線路厚度並不高。

這種技術對電路板製作者只能做為參考，因為製作的載板線路密度能力不但規格超越大多數目前業者所需，同時線路厚度及結構也都不是一般設計者所能接受。不過概念可引發不同製作想法，仍值得借鏡。

6.5.15 PLP 無孔圈線路技術

一般電路板平面空間，是線路與孔位間的競爭舞台，其中尤其是孔圈寬度，直接影響線路設計密度能力。在日本有部分電路板業者嘗試推出所謂的 PLP(Plugging & Liquid Photo etching resist) 製程技術。其製程概念，如圖 6.36 所示。

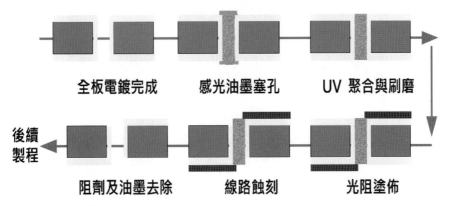

▲ 圖 6.36　PLP(Plugging & Liquid Photo etching resist) 製程技術

　　此技術最大特色，是可製作無孔圈結構。基本作法是先做全板電鍍建立足夠孔銅，之後做感光油墨填孔。因為油墨是感光型，可用紫外光快速硬化。但油墨質地並不堅硬，可輕鬆刷磨平，以便後續影像轉移製程處理。光阻塗裝時孔已填平，可用液態光阻塗裝，這樣更有利細線路製作。另外因為孔受油墨保護，線路設計可不必設計銅墊，只要有線路延伸到孔區即可。此時就算對位有輕微偏移，也不會影響對位，因為根本沒有孔破問題。

　　接著線路蝕刻，孔有油墨保護而線路設計沒有孔圈區，蝕刻時孔銅會被局部向下咬蝕，但不會影響線路連接性。在蝕刻完畢後，就做強制性清洗去膜作業同時將孔內與表面阻劑完全去除。當檢視製作成果時，可看到如圖 6.37 所示的線路結果。

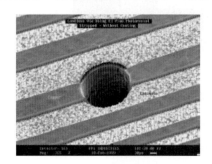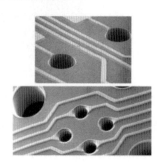

▲ 圖 6.37　PLP 技術所製作的孔圈與線路狀態

　　這種結構讓電路板佈局空間增加，可提昇線路密度，但因為使用業者數量不夠多同時有人對信賴度有疑慮不敢嘗試，這類技術目前仍然停留在少量使用階段。

　　另外結構類似的技術，Dyconex 也曾發表過電漿小孔製作，之後利用影像轉移做無孔圈線路，其線路成果如圖 6.38 所示。這種技術訴求基本目標一致，是要讓線路密集度再度提高。但是 Dyconex 做法較特殊，且作出結構也是在特定狀況下才能執行，因此在大量生產與實用的方面有待商榷。

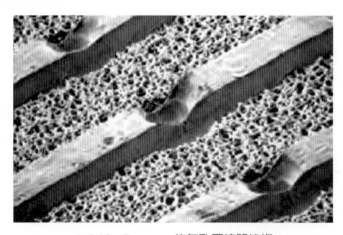

▲ 6.38　Dyconex 的無孔圈線路技術

　　從 HDI 板導入填孔電鍍技術後，也有業者嘗試以填孔結構避開孔壁無法在蝕刻製程中存活的問題，因此發展出填孔電鍍的無孔圈結構技術，如圖 6.39 所示。

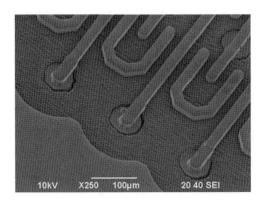

▲ 圖 6.39　無孔圈盲孔結構

6.5.16 金屬核心板增層技術

　　金屬核心板 (Metal Core Board) 是一種使用很久的電路板技術，近年來因為 HDI 板的需求，也展現出不同風貌。圖 6.40 所示，為一種金屬核心板高密度結構應用範例。

　　此技術主要特色，是在電路板核心使用銅板做銅柱製作，其實概念有點像 Neo-Manhattan 技術，但結構形式略為不同。製程首先做銅板單面銅柱蝕刻及其他銅面區製作，但製作方法是執行半蝕刻深度。之後以樹脂壓合製程，來固定獨立線路與銅柱。接著做下銅柱與圖形製作，並重複做線路與銅柱固定壓合程序。之後做小孔及線路製作形成三層金屬結構，若需要進一步線路連結，則可繼續下一層次線路製作。

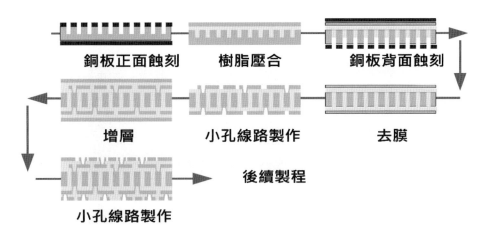

銅板正面蝕刻　　樹脂壓合　　銅板背面蝕刻

增層　　小孔線路製作　　去膜

小孔線路製作　　後續製程

▲ 圖 6.40　奇數層金屬核心增層技術

這種製作法，可免除層間通孔製作，同時不需要一般電路板結構所需的鑽孔、鍍孔、填孔、刷磨等作業。它同時可兼顧金屬核心板的設計特性，發揮這類產品高散熱能力，是另一種 HDI 板技術整合應用案例。圖 6.41 所示，為該技術的製作成果以及立體示意。

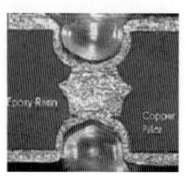

▲ 圖 6.41 奇數層金屬核心增層板成品斷面

6.5.17 全盲孔堆疊的 Ibiden HDI 板製程

可隨機做層間連結的 ALIVH 技術是專屬技術，日本松下公司停止該類電路板生產，使這類產品變成稀有物資。這類技術有其優勢已如前述，但在電子產業中，組裝製程重工是常態，而這類導電膏導通技術卻因為容易剝離增加了重工風險。過去業者使用這類結構，重工過程中有一定比例會發生焊墊脫落。與傳統電鍍填孔 HDI 板比，導電膏微孔技術組裝重工表現仍呈現弱勢。

智慧型手機風行以來，高堆疊密度 HDI 板需求逐步擴張，開始要求單邊加 3 的結構設計。為了獲得最大設計彈性，並能得到最佳電性與可靠重工性，業者要求電路板商提供有效解決方案，而全電鍍填孔堆疊結構就是技術方向。

在網站上可搜尋較典型製程技術，其中以日本領導廠商 Ibiden 提出的 FVSS（Free Via Stacked up Structure）結構與製程最受矚目。實際產品斷面切片，如圖 6.42 所示。

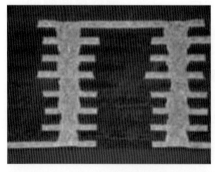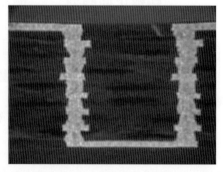

▲ 圖 6.42 FVSS 技術製作的微孔 HDI 板斷面（資料來源：http://www.ibiden.co.jp）

　　因為電路板連結完全採用鍍銅技術，所以摒除導電膏製作產生的多數缺點，不過增加了鑽孔與電鍍成本，採用者必須同時考慮。所展式的基本製程，如圖 6.43 所示。過去日本板廠曾在這塊領域領先，不過目前凡是要製作智慧型手機板件的公司，都必須有這種技術能力。

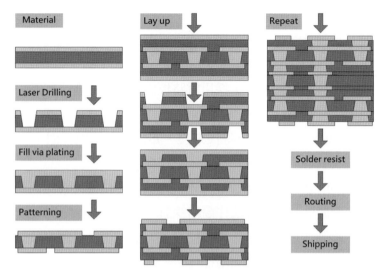

▲ 圖 6.43　FVSS 技術的基本製程作法（資料來源：http://www.ibiden.co.jp）

　　製程如圖所述，是從薄雙面板開始製作，先做盲孔鑽孔與填孔電鍍，接著做線路與壓板前所有準備工作，其它後續工作與一般 HDI 板採用的序列式成長製程沒太大差異，只是大量引進了盲孔填孔技術。

　　這種結構好處是，可製作比導電膏填孔更密的導通結構，在導電度也比導電膏好。不過電鍍填孔比一般電鍍成本高，多數廠商對填孔技術控制能力也需努力。

6.6　一般性 HDI 板製作技術分析

　　綜合一般 HDI 板幾何狀況分析及各知名廠家產品技術，應該可概略將 HDI 板重要技術做簡單歸類整理。

1. 為了能做出更小微孔且順利金屬化，HDI 板必須先面對材料變異考驗。早期雷射技術不發達，附樹脂銅皮 RCC(Resin Coated Copper) 是重要材料，今天雖然雷射技術已有大幅進步，但 HDI 板材料發展仍然持續。重點就在如何製作出較薄介電質層，這些已在第五章中討論。

2. 介電質層製作完成，必須要做導通孔處理，這是 HDI 板所以為高密度重要原因之一。小孔形成技術議題，會在第七章做基本探討。

3. 微孔完成後必須做連通、填充處理，才能讓小孔發揮應有功能性，這方面也是一般 HDI 板製作技術重點。本章典型技術介紹，應該可看出端倪，這些細節會在第八章做解說。

4. 除了小孔，精密線路製作也是重要研究議題，否則憑空增加空間就沒有用武之地，這些議題在第九章作剖析。

5. 許多先進構裝及行動化電子產品，已不能滿足現有小孔細線能提供的改善。有限的表面組裝空間，使先進想法受限。近年來許多研究都期待能將電路板傳統結構元件角色改變，因此希望從被動元件起步，採用電路板內藏元件做新一代電路板。在第十四章將討論相關技術。

6. 面對 HDI 板組裝需求及無鉛焊接時代來臨，如何做電路板表面金屬化處理將是未來 HDI 板重要話題，其發展與想法在第十一章作探究。

7. 對 HDI 板設計規則，因產品及製程能力不同，設計方法即使在相同產品都有大差異，在第三章中已先對設計、製作方法作簡略探討。

8. 產品順利推出，除製作技術外，更重要的是如何驗證產品信賴度及發展出適當檢測方法，這些議題會在第十二章中作簡略描述。

任何技術要順利發展，研究者必須針對技術差異做適當了解與解析，這樣才能針對技術不足處做補強並發展技能與實際工廠體質搭配。面對目前市場上如此多樣技術，要嘗試以系統化、簡潔化探討。筆者希望透過引介想法，讓業者及有興趣了解 HDI 板的人士，在進入這個領域時能有所依循。

6.7　新一代 HDI 製程

HDI 板因為孔、線微小而提供高密度的出路，下一代 HDI 技術將繼續朝小、準方向推進，這會隨著半導體腳步前進。下一個革命性改變，應該是做光路製作。目前光纖網路連接了各個大陸與城市，提供網路骨幹與先進資訊應用基礎。目前最受到關注的是，如何提供最終端高速連接技術？電路板光路技術，就是針對這個市場嘗試投入的技術。

6.7.1　印刷型光波導

儘管電氣訊號可在 100μm 線路上輸送，但是更多個別雷射波長可在單一光波導上載運傳輸，這種光學機構單位時間內可處理的訊號量大幅增加了近 10,000 倍，且不會如電子訊號般受到磁場、電場影響。光波導目前已可在電路板上局部製作，如圖 6.44 所示。非常類似於當初產業從單點焊接導線轉換到電路板的時候，單點光纜現在也可用較低成本印刷製作。

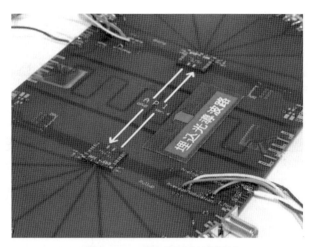

▲ 圖 6.44　印刷型光波導結構

6.7.2　可用材料

被考慮整合光波導 (wave-guides) 的光學材料，是現有高分子材料，高分子具有優勢：

— 穩定 - 高分子有適當熱穩定與長時光學穩定性，Bellcore Telecordia 要求的測試時間低於 600 小時，測試環境是在 85℃ /85％相對濕度 (RH)、焊接溫度 >230℃、衰減溫度 >350℃。

— 良好既有資源 - 過去百年間業者已蒐集大量高分子材料數據，包括所有的一般性光阻。

— 實用 - 高分子具有特性如：優異彎折性、彈性係數、特定載波性，這些其它材料較難找到。這些特性還包括特殊製程選擇如：影像轉移、活性離子蝕刻、雷射雕刻、灌膠、印刷等。

高分子也有缺點：

— 不穩定 - 許多高分子熱安定性低且有光衰減、結合介面分離、吸濕性偏高、耐化學品能力低等問題

— 未知數不少 - 新材料需要新製程、設備、經驗累積

— 無用材料多 - 某些高分子的衰減損失約為 20 dB/km，而光學玻璃特性是 <0.1 dB/km，構裝用高分子成本大約佔元件成本 80%

可用材料有壓克力樹脂、鹵化處理壓克力樹脂、聚醯亞胺樹脂、cyclobutenes、polysiloxane 等，表 6.2 整理了業者常用的材料。典型高分子光學衰減率 (dB/cm) 是出現在較短波長接近 840 nm 的範圍。

▼ 表 6.2　用於光波導的高分子與代表性材料

製造者	高分子類型	圖形製作技術	光波導損失 (dB/cm)		
			840 nm	1300 nm	1550 nm
Allied signal	Halogenated Acrylate	影像轉移、RIE 雷射	0.01	0.03	0.07
	Acrylate	影像轉移、RIE 雷射	0.02	0.2	0.5
Dow Chemical	Benzocyclobutene	RIE	0.8	1.5	
	Perfluorocyclobutene	RIE	0.01	0.02	0.03
DuPont	Acrylate (Polyguide) Teflon AF	影像轉移 RIE	0.2	0.6	
Amoco	Fluorinated polyimide	影像轉移		0.4	1.0
BF Goodrich	Polynorbornenes	影像轉移	0.18		
Gen Electric	Polyetherimide	RIE, 雷射	0.24		
JDSU	Acrylate	RIE			
Terahertz	Acrylate	影像轉移	0.03	0.4	0.8
NTT	Halogenated Acrylate	RIE	0.02	0.07	1.7
	Polysiloxane	RIE	0.17	0.43	
Asahi	Cytop	RIE		0.3	
Nippon Paint	感光的 Polysilane	Lithographic Photo bleaching	0.1	0.06–0.2	0.04–0.9

6.7.3　製程

高分子光波導製程類似使用液態光阻，可採用滾筒塗裝或擠壓頭塗裝液態高分子材料，在標準內層板上製作需要的導光性高分子厚度。經過乾燥，導光性高分子經過標準曝光、顯影處理，之後會經過最終聚合。最佳狀態的高分子材料，會以壓板膠片結合成標準多層板。圖 6.45 所示，為 Fraunhofer 公司製作的導光高分子堆疊結構。

▲ 圖 6.45　Fraunhofer 公司製作的導光高分子堆疊結構 (資料來源：www.izm.fraunhofer.de)

CHAPTER 7

小孔形成技術

7.1 簡述

　　所有互連法中，對互連結構與生產方法影響最大的是成孔技術。有經驗的廠商都知道，孔品質會直接影響孔電鍍與最終產品信賴度。製造商介入 HDI 技術，必須先了解機械成孔與其它替代技術如：雷射的差異。產出、資本投資、維護、整體孔品質限制等，都必須經過考慮。

7.2 技術的驅動力

　　所有 HDI 板故事都源自密度變動，在 1988 年球陣列構裝 (BGA) 開始將針陣列構裝 (PGA) 轉換成表面貼裝結構。真的球陣列構裝則在 1990 年登場，到了 1993 年知名廠商如：Motorola、IBM 等開始將這類技術列入技術地圖。目前 BGA、PGA、CSP 已經普遍用在高引腳密度構裝。

　　面對高引腳數需求，促使小間距引腳成為必要結構，而目前高階構裝已經必須面對單一構裝數千引腳挑戰。高密度訊號接點與高引腳構裝內部、外部、相互間的佈線，都需要用到非常高密度的電路板，電路板設計必須提供高引腳數元件互連方案。

　　雖然電路板可利用增加層數滿足需求，但缺少適當導通結構 (via) 或孔製作能力會成為技術障礙。它會導致設計窒礙難行，也會讓成本增加。而必須搭配的細線路蝕刻技術，也會明顯增加製作難度及成本。較小機械鑽孔當然會影響製作成本，尤其孔徑小於 10mil 以下變化更明顯。

7.3 ⠿ 機械微孔製作

分析機械與雷射成孔技術差異，可看到機械鑽孔較偏向適合通孔與大直徑孔製作，如圖 7.1 成孔技術地圖所示。由圖中灰色區域可看出，機械鑽孔可提供鑽孔縱橫比是最大的，因為圖內所有顯示加工法，只有機械加工法可突破圖面向外延伸。理論上若純以加工縱橫比能力而言，機械鑽孔可加工的比例高達 1：20 左右，但實際鑽孔精度及偏移量必須另外考慮。雖然機械鑽孔有能力極限，但大家不能忽視機械鑽孔在製作高品質微孔的能力。

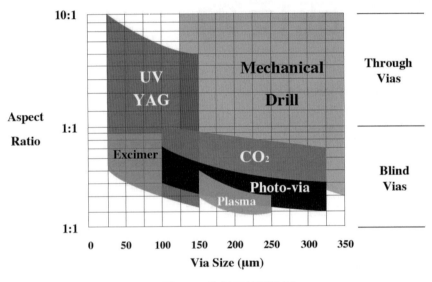

▲ 圖 7.1　孔加工技術地圖

一般貫通孔元件組裝幾乎都以插件孔徑為主，但在 HDI 板發展，這類孔大幅減少且幾乎都用於工具孔。但因為連結密度提高使小孔比例增高，尤其是電子構裝載板比例最高。目前已不少載板將機械鑽孔孔徑設計到小於 75μm。以機械切削原理而言，單位時間內刀具通過面積與切削量成正比關係。同樣道理，切削產生殘屑 (Chip) 量也與切削品質有關。

好的機械切削，就是如何強化切削力、排屑力，保持精準度、加強刀具壽命的工程。機鑽孔愈來愈小，鑽針必然也愈小，相對刀刃強度也愈弱 (刀具強度與本體材料厚度成正比)，因此難度相對提昇。為此機械鑽孔不斷提升轉速，拉高單位時間刃面通過面積。排屑也提供如：多段鑽孔、強化排屑壓力腳、冷卻鑽針等機制。精度則提出，較小壓力腳開口改善鑽孔精度降低偏移，鑽孔蓋板使用有潤滑機能材料來改善孔壁品質。鑽針則提供直徑漸縮的 (Under Cut) 型鑽針，希望降低孔壁摩擦，減少膠渣產生幫助排屑。

　　電路板業一般產品設計仍然以 300μm 以上孔徑較多，但在 HDI 板則 200μm 以下直徑設計比例不少。而 200μm 以下孔徑加工，多數用在電子構裝載板。由於機械成熟度及小孔徑鑽針單價下滑，產品應用普及率也上升。鑽針技術領先者可生產 0.05mm 直徑產品，但實用量產技術仍停留在 0.1mm 直徑。機鑽孔徑與孔縱橫比 (Aspect Ratio) 有關，因此小孔加工常必須單片或兩片一鑽成本偏高。因此在決定採用何種鑽孔技術時，孔徑設計是製作成本重要考慮項目，且這種等級的鑽孔技術討論必定集中在單價高、密度需求高的構裝載板應用。

7.3.1　機械小孔加工能力探討

　　HDI 板繞線可用空間有限，整體面積又以銅墊 (Pad)、線路及鑽孔孔徑三者相互競爭，因此更小銅墊鑽出小孔成為鑽孔重點。銅墊大小並不完全決定於鑽孔能力，另一個重要因素是曝光製程尺寸控制能力，但只要能鑽更小的孔就有利於空間利用。

　　以鑽孔精度而言，同一台機械做孔位精度驗證，應該可經過測量蒐集到足夠數據。鑽孔位置與實際設計位置作比對，就可知道鑽孔位置精度能力。機械鑽孔位置精度與幾個主要因素有關：機械移動精度、鑽軸震動大小、鑽針運動偏心度 (Round Out)、鑽針通過板材撓曲度、堆疊片數，這些因素都有貢獻。

　　機械移動精度，只要看操作條件維持及平日保養維護就已決定其水準。鑽軸震動與機械結構有關，愈輕的鑽軸運動設計震動愈低。鑽針偏心度受到鑽針強度、鑽軸抖動、鑽針抓取機構真圓度及抓取頭清潔度等因素影響，當鑽針抓取機構抓起時有殘留殘屑，鑽軸轉動就會偏心旋轉，這對鑽孔非常不好，不但孔品質會變差也容易造成斷針。

　　當鑽針推進時會受到材料反作用力，電路板本身是複合材料，內部有不少纖維材質，不是均勻物質各處阻力並不相同。若推進速度過快，容易發生鑽針偏斜撓曲問題。但進刀速度降低或用多段鑽孔，則不論生產速度或刀具消耗量都可能無法接受。要如何從兩者間獲得恰當平衡，需要製作者做產品實做評估。

　　依據目前技術水準，多數人認定機械鑽孔較適合用在孔徑大於 100μm 的孔加工，機械盲孔生產則需要特殊技術如：深度控制，以確保盲孔深度重複性。機械加工除了適合用於大尺寸、小孔加工受限外，孔形也有限制，雖然有些公司推出了特殊鑽針刀型，號稱可鑽出適當盲孔，但終究使用者少目前不普及。高速鑽孔機的突破，許多生產能力分析必須作修正，使得機械與雷射鑽孔間的競爭分野有了變化。

機械鑽孔是成熟且涵蓋範圍大的成孔技術，大孔徑與高縱橫比 (深度對寬度) 是它的必然優勢，較經濟的應用範圍還是在大於 200μm 直徑設計。為了搭配製作微孔，設備要有可控制深度機構與小孔加工能力，主要是高速鑽軸搭配不同類型深度控制感應器。

拜 EFS(Electric Field Sensing) 技術之賜，鑽孔機可做非常高精度盲孔加工。它是依據簡單天線原理，在壓力腳上產生低能量微波場，鑽針被當作天線來偵測這個場並監控輸出訊號。當訊號降低表示鑽針接觸到金屬表面，鑽針由 Z- 軸零點鑽入電路板可保持精度水準約 + / −5μm。這類技術不需要使用機械或光學元件，可避免破損、污染等問題。

搭配軟體改善與鑽針品質提升，以機械鑽孔製作盲孔是可能的。應用時需要認知，儘管有這些加工能力，機械鑽孔還是有其深度管控與最小加工孔徑限制。另外從設備投資角度看，或許某些設備已折舊完畢，若要直接轉入 HDI 應用其實相對簡單，或許在特定應用上仍有其價值。

使用現有機械鑽孔設備製作微孔確實有機會，部分現有機械只需要升級深度控制系統就可使用，有限投資也可做盲孔。典型機械加工微孔，如圖 7.2 所示。以機鑽加工微孔有其優勢，不但可在現有設備上加工，且產出孔孔壁會較平滑。

 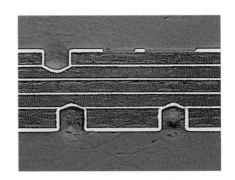

▲ 圖 7.2 機鑽微孔

7.3.2 機械小孔加工的機會與挑戰

即使看來簡單的機械鑽孔，面對小孔加工仍然難度極高。對 HDI 鑽孔而言值得慶幸的是，無鉛焊接製程使用後，基材會朝高玻璃轉化點 (Tg) 發展，因此鑽孔過程較不容易產生膠渣。但多數高溫樹脂都有硬脆特性，產生膠渣反而不易化學處理，這將成為另一種挑戰。

機械鑽孔不但小孔徑加工難，製作費用提高及盲孔能力受限，也讓雷射鑽孔技術應運而生。純就機械鑽孔未來性看，若是大型孔加工則使用機械鑽孔還是合理選擇。但當孔徑需求逐漸縮小，要如何掌握技術脈動就成為重要課題。

　　以鑽針費用來說，鑽針製造需要用特殊材料，而鑽針加工成本也會因直徑縮小升高。鑽針製造所用合金如：鎢、鈷等金屬，世界蘊藏都屬稀有，未來鑽針成本必然會因爲元素逐漸稀少而攀升。另外小直徑鑽針不能作多次研磨，部份廠商號稱可重複使用研磨兩次直徑 0.1mm 鑽針，也就是可鑽孔三次的意思。但問題是小直徑鑽針研磨後是否鼻端角仍然對稱，使用後的鑽孔品質是否仍能保持新品水準，這些各家水準不一，值得留意。

　　因此從長遠角度看，不論盲孔或小通孔，理論上會因爲雷射加工技術進步及機械小孔加工單價提昇逐漸轉向雷射加工，這應該是可信度頗高的推測。不過機械鑽孔技術進步速度也快，若鑽孔堆疊數提高仍可能有競爭力。半導體構裝載板使用雙面板機會仍然不低，若佈局許可，雷射通孔品質仍與機械鑽孔有差距，這個轉換的假設又出了一點變數。

　　不過在構裝載板應用，因爲核心板需要板厚度隨設計而不同。若採用傳統機械鑽孔製作核心板，電鍍銅可能無法有效填滿，中間容易夾雜空泡。目前多數可攜式產品結構設計，已無法採用傳統樹脂填孔模式。此時業者開始採用雙面打雷射法製作較厚核心板通孔，這種通孔腰身處較窄，有利於電鍍填孔。圖 7.3 所示，爲兩種孔結構變化的比較。

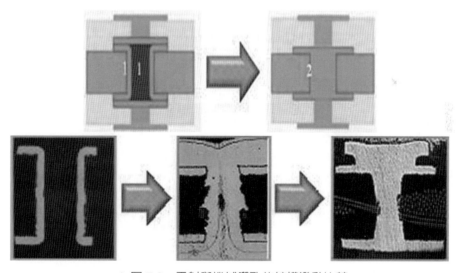

▲ 圖 7.3　雷射與機械鑽孔的結構變動比較

　　儘管機械加工微孔設備投資相對低，但從操作成本看未必划算。機械鑽孔加工單孔的費用還需要考慮鑽針成本，這方面會因爲鑽針直徑而有相當大差異，鑽針磨損或斷裂加工成本會明顯增加。

7.4 ◈ 雷射成孔

雷射鑽孔加工技術大約在 1995 年以後才逐漸進入電路板量產領域，直到約 1997 年因為行動電話市場快速成長，加上 HDI 板製作技術逐漸成熟而正式進入量產。早期因為感光成孔技術仍被看好，雷射加工速度又確實較慢，因此成長速度及前景都待觀察。當時雷射加工成孔速度，約是原地加工不移動下，以每孔打 3 槍，每分鐘可製作 2000 孔。但經過不斷改良，單一雷射槍加工速度成長超過十倍以上，同時多頭雷射加工機設計也使單機產出速率呈數倍成長，終於雷射成孔技術在電路板加工領域奠立了應有地位。

7.4.1 雷射鑽孔加工的原理

雷射加工原理，從機械設計觀點看其實可簡單分為雷射槍技術、光路配置技術、聚光及加工介面技術、電路板加工搭配技術等。我們嘗試逐項探討。就雷射發光機構看，雷射是一種共振、光波單純、同步性高、不易散失、容易匯聚照度與能量、可指向式加工的發光機體。簡單的雷射產生機構，如圖 7.4 所示。

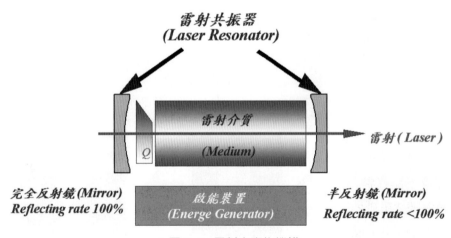

▲ 圖 7.4　雷射光產生機構

當啟能裝置發出能量，能量會激發介質並蓄積能量。因為介質蓄積的能量，是由介質內軌域能量差形成，因此釋放能量大小並非線性，而是單一能量強度，這就是量子力學呈現的光波物理特性。因為能量是由外部能量提供，之後經過雷射介質激發產生光能，因此也被稱為「激光技術」。當這些單純能量經過兩面反射鏡來回彈射，整體總能量會不斷累積。就好像將很多球從一樓搬到十樓，搬得愈多蓄積的整體位能就愈高。這種現象也非常像水銀燈泡啟動過程，需要一定時間才能達到全亮程度，因為激發所有介質需要時間激盪所致。

　　當這種裝置用於加工，施放能量不能隨機做，必須有一個控制機構掌控，就好像槍隻板機一樣需要發射時才扣板機發射。因此裝置內部會有一個震盪控制器叫做 Q-Switch，功能是在不發射雷射光時將光偏折掉，讓能量繼續在內部激盪保持蓄積狀態，當需要發射能量時除去偏折就可讓雷射衝出做加工。

　　雷射能量大小及頻率是雷射加工的參數，就好像水庫蓄水速度和閘門開闔頻率一樣。進水量大但閘門開放頻率低，所放的水可以是滿載流速，但若蓄水低於施放速度，則施放量會受進水速度制約，最終達到平衡才能維持持續施放量，這就是發射頻率與可維持能量的關係。因此希望加工速度快，要使用高功率雷射裝置，才能負荷高加工頻率。雷射加工機設計，多採用區域掃描模式。其機械工作示意圖，如圖 7.5 所示。

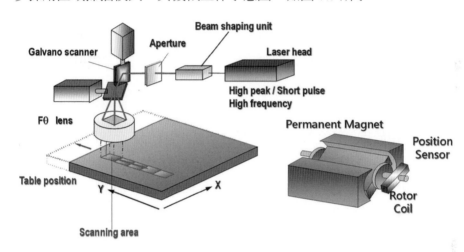

▲ 圖 7.5　掃描式雷射加工機設計

　　雷射加工機光源由雷射槍產生，經過波形與光學調整機構 (Beam Shaper) 調整波形分布，之後經過光路移轉將光斑 (Spot) 投射到基板面做加工。由於反射鏡是以磁動機構驅動，非常類似硬式磁碟機讀寫頭，因此可高速操作反射鏡反射角。利用兩軸交替反射及聚光鏡 (Fθ Lens) 投射，使光斑投射在基板正確位置上，就可做材料加工。

　　早期整體加工機技術尚在起步，許多不同技術都在摸索階段。當時對雷射光波形掌握十分有限，因此多數都只用直接光源做加工。原始能量強度與波形，較偏向高斯曲線分布，經過業者努力改善加上了波形調整機制，能量分布有了大幅改進。光經過鏡片處理，可將高能量區分布平整化。經過平整化的光路，再通過類似光柵機構和稜鏡聚光作用，將能量密度及波形整理成更適合加工的狀態。這樣不但能讓能量利用率提高節約加工耗電量，同時可提昇加工不同材料工作能力。因此後期雷射加工機，對玻纖材料及特殊添加劑基材就較寬加工操作性。圖 7.6，為含有玻璃纖維基板的加工成果。

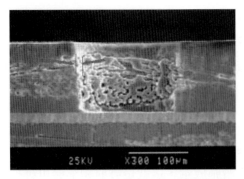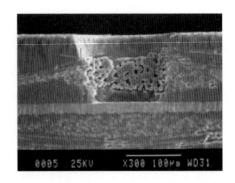

▲ 圖 7.6 含玻璃纖維基板的加工成果

面對雷射成孔設備進步，業者要考慮應用及影響孔徑因素：

- 雷射特性
- 能量強度
- 脈衝頻率與波寬
- 光束尺寸
- 峰值能量

　　雷射成孔已經用於盲、微孔量產，且成長力道持續看俏。全球微孔產出，過去這些年大幅成長，而雷射成孔技術超過 90% 以上比例。技術發展初期，因為設備成本居高不下產出又低，因此單位成本相當高。但因為設備產出進步快速，加工成本一度快速下滑，不過隨電路板微孔密度大幅提升，雷射成孔加工成本佔電路板製造成本的比例再度拉高。

　　以往曾一度因為傳統鑽孔技術進步，薄板機械鑽孔與雷射鑽孔成本達到伯仲之間，不過後來雷射加工速度提升加上設備單價合理化，最後還是雷射加工微孔勝出。又由於前述孔形對電鍍產生影響，使得高速機械鑽孔容景，瞬間產生變化。不過就整體成孔加工而言，還是需要依據應用不同選擇鑽孔技術，不同的精度、孔徑還有可能需要採用不同的雷射搭配機鑽技術。

7.4.2　HDI 板雷射加工小孔做法

　　CO_2 雷射可有效用在基板盲孔製作，典型波長介於 9.6 ～ 10.6 μm 間，可產生高峰值與平均能量，達成較高材料清除速率。因為雷射加工會搭配不同板面條件做，加工法大分為直接銅面加工 (Laser Copper Direct Drill)、開銅窗加工 (Conformal Mask Drill)、加大銅窗加工 (Enlarge Window Drill)、直接樹脂加工 (Direct Resin Drill) 四類。其加工法示意圖，如圖 7.7 所示。

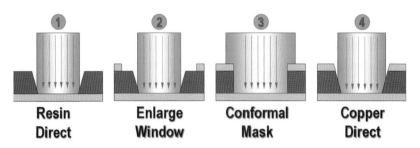

▲ 圖 7.7　典型的 CO_2 雷射加工模式

　　日本因為對直接鍍銅有較長久使用經驗，因此較習慣使用無銅皮加工法，也有不少廠商用樹脂直接塗佈加工，至於其它加工法則因各種不同考量而改變。圖 7.8 所示，為樹脂直接加工的範例。

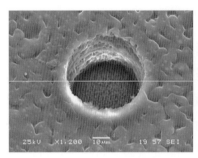

▲ 圖 7.8　樹脂直接雷射加工成果

　　加大銅窗加工法，是希望能由雷射加工直接決定孔尺寸及位置。同時因為沒有銅皮拘束，孔型可較傾斜有利於電鍍。它又不必面對全面鍍銅，銅皮拉力不必依賴全面鍍銅製程，因此有不少廠商使用。這也是目前細線路類產品直接製作線路所使用製作方法，是目前 HDI 路板重要製作法之一。圖 7.9 所示，為加大銅窗雷射加工範例。

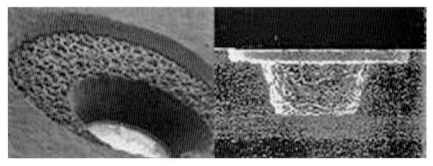

▲ 圖 7.9　加大銅窗加工成果

　　至於對銅面直接加工，因為雷射技術不斷進步及銅面吸收層處理技術推出，可行性已大大提高。但是對孔邊的殘留銅渣處理，必須要搭配適當雷射條件與後處理。圖 7.10 所示，為這種加工法的範例。

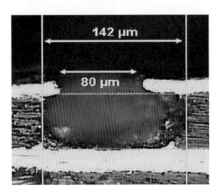

▲ 圖 7.10　銅面直接雷射加工

　　部份超薄銅皮廠商經過實驗後，聲稱若用載體銅皮 (Carrier Foil) 法製作，殘渣可在加工後撕去載體排除，這方面雖然驗證有效但是搭配載體銅加工成本太高而不適合量產。遮蔽窗 (Conformal Mask) 法，用化學蝕刻在銅面上開裸露圓區，露出來的介電質以 CO_2 雷射做切削加工。這個遮蔽窗被用來限定雷射加工範圍，若尺寸、對位穩定將有助於維持微孔品質。雷射系統鑽孔速度，會因為材料類型、厚度差異、有無強化材料、強化材料類型等而變化。

　　這種加工法利用銅窗開放範圍來限制加工區域，因此雷射光束尺寸穩定度要求較寬是它的好處。但壞處是，光束較寬且內部材料分解時排出通道受限，因此加工孔較容易產生內部擴大的葫蘆孔。也因此加工模式提供了多次加工、循環加工等不同參數，藉以降低爆孔問題。圖 7.11 所示，為兩個加工條件的範例。這幾種典型加工模式各有不同的優劣表現，使用何者必須搭配整體製程來決定。

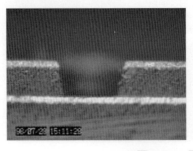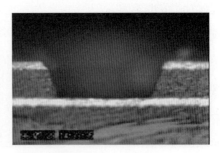

▲ 圖 7.11　開銅窗加工的成果

　　由於電路板結構必須有一定強度及尺寸穩定性，因此必須在板心建立核心結構，就是含強化纖維材料。這類材料傳統用機鑽製作，但因為高密度需求，孔徑設計不斷縮小。對 HDI 板，提高密度就代表降低製作層數及提高焊接密度。只對縮小盲孔但通孔不變，整體密度終究受限。因此雷射孔加工通孔與改變通孔處理，業者仍然期待有不同方法。

　　為了提構裝高密度，核心板通孔最好成為可堆疊孔或焊接區，此時通孔面上鍍銅 (Lid Plating) 或實心孔 (Solid via) 成為必要結構。較厚的核心板。通孔必須以機鑽製作且無法製作得更小，因此只好用油墨填孔後做孔面鍍銅處理，但對較薄核心板，業者就嘗試以電鍍做實心孔填充，為了讓電鍍困擾降低，開始採用雙面打雷射加工已如前述。這樣有利執行填孔電鍍，也較不容易發生殘留氣泡風險。圖 7.12 所示，為典型砂鐘孔電鍍範例。以目前產品探討，這類需求仍集中在高密度構裝載板。

▲ 圖 7.12　典型的砂鐘形通孔範例

　　不同雷射有個別特性限制，HDI 板發展初期一般孔徑約為 90 ～ 120μm，而 CO_2 雷射在純樹脂 RCC 材料上可用衝擊 (Punch) 模式直接加工 150μm 孔徑盲孔。由於波長及設備特性，CO_2 雷射在加工直徑到達 75 μm 左右，水準就開始面對加工效率與加工法挑戰。若不使用開銅窗加工，雷射鑽孔機必須做特定機構調整，否則無法直接加工更小孔徑。到這個範圍，CO_2 雷射也面對 UV 雷射挑戰。

　　銅窗蝕刻製程也讓盲孔對位問題面對挑戰，各家廠商使用的對位工具系統不同，因此可能產生的對位問題也不同。電路板較大問題是材料本身就有尺寸穩定度問題，加上選擇不同對位靶作法會對整體對位精度產生不同影響，這些都讓雷射打孔位置精度問題複雜化。

　　電路板壓板後表面沒留下座標記號，因此傳統電路板會以鑽靶將內層板座標轉換到表面上。但傳統機械鑽孔的鑽靶都採用平均分配公差處理，加上通孔、盲孔會分別做加工，這些都讓整體電路板對位公差加高。再加上電路板材料漲縮與不均勻扭曲，會讓開銅窗加工產生偏離風險加大。圖 7.13 所示，為機鑽與雷鑽對位偏差問題範例。

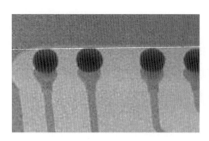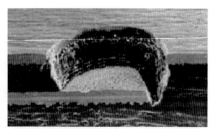

▲ 圖 7.13　典型通盲孔加工孔偏範例

近幾年來業者開始導入數位加工技術，同時大量應用分割作業將電路板材料變化影響降到最低，這些技術對小面積電路板分佈在大工作尺寸下有正面意義，但對大片單板產品就沒有太大幫助。對位偏差當然會影響產出良率，對於高價產品，業者為提升良率與獲利，都逐步開始使用這類技術與生產設備。

7.4.3　UV YAG 直接成孔

UV 雷射可用來生產非常小的孔，同時也可加工沒有處理過的銅皮。單靠 UV 雷射也可清除介電質，但材料清除速度較低。此外要面對不均勻材料，如：玻璃纖維強化 FR4，因為要移除這類材料需要增加能量密度，有損傷內層襯墊風險，需要調整加工模式及速度，這些相對都不利於 UV 雷射。

一般而言銅會大幅反射紅外線，但可吸收較高比例的 UV，不過近來廠商嘗試削減銅皮厚度並在銅面做塗裝處理，已可大幅提升紅外線吸收率達到不錯直接加工效果。UV 雷射較短的波長，讓這類系統具有較小光斑能力，不過當需要加工較大孔徑產品，就必須使用環鑽模式加工，而這是 CO_2 雷射不需要面對的問題。對較小孔徑、高精度需求的產品，UV 或混合設計的雷射設備也有廠商考慮採用，如：

- RF 激發的 CO_2
- TEA CO_2
- 低 CO_2 雷射鑽孔速度
- Nd：YAG 雷射

Nd：YAG 雷射 (UV) 具有 355 nm 波長，可直接加工多數金屬 (Cu、Ni、Au、Ag)，電路板領域有部分應用。這類雷射光金屬吸收率超過 50%，也可精確控制有機材料切削量。高光子能量的 UV 雷射，可達到 3.5 ~ 7.0 eV 斷裂化學鍵水準，因此切削過程 UV 光譜可發揮光化學作用而不僅熱融解，這些特性使 UV 雷射可用在較怕燒焦或需要高精度應用。

UV 雷射可生產小於 25μm 以下微孔直徑，因為它具有較短波長。工業用 DPSS(Diode-PumpedSolid-State)UV 雷射輸出穩定，搭配持續作業可連續生產數千小時。良好的光束品質，可確保對焦直徑最小化，且可有最大縱深，可製作精準且孔壁斜度低的孔。當能力更強的 UV 雷射逐漸發展，產品產出勢必會改善。

要製作期待直徑盲孔，採用 UV 雷射就如同使用銑床加工銅與介電質。光束從孔中心繞圈以約 25μm 光斑採用渦旋式 (spiral) 作業逐步加大半徑到達成需求孔徑，這就是大家常聽到的環鑽技術 (trepanning)。這種作法明顯需要較長作業時間，當孔徑、材料厚度增加時負擔也會增加。孔數愈多、孔徑愈大、材料愈厚，UV 與 CO_2 雷射加工的成本差異愈大。因此只有需要高精度、小孔徑、薄介電層、高密度、無強化材料產品，較適合使用 UV 雷射加工。 環鑽加工的範例，如圖 7.14 所示。

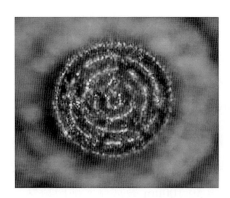 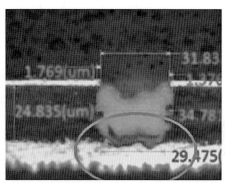

▲ 圖 7.14　環鑽的孔底狀況

所謂混合雷射系統，是搭配 DPSS UV 與 CO_2 雷射設備。這種系統整合了兩者特性，UV 雷射只用來精準加工銅皮，而 CO_2 雷射則被用來快速加工介電質。業者採用典型 UV 雷射，Nd：YLF 雷射、Excimer 雷射為主。CO_2 雷射可有效移除介電質，即便是不均勻、玻璃纖維強化的介電質也一樣。不過僅有 CO_2 雷射無法直接加工小孔 (低於 70μm)，也無法做直接銅皮加工，必須經過光學系統調整且銅皮表面要適當處理，這類加工機仍可發揮作用。另外 CO_2 雷射一般條件下比 UV 雷射單位時間產出多，但當面對小孔徑純樹脂介電質，UV 雷射優勢就會逐漸呈現。

7.4.4　業者使用雷射系統的狀況

HDI 板用雷射系統，紅外光的 CO_2 與固態介質紫外光雅各 (YAG) 雷射都有。CO_2 功率高加工快，操作中有較多熱量帶入，對基材熔出及排除相對較不理想，加工後容易在孔邊及孔底產生殘渣物質。

IEEE 專業研究結論，CO_2 雷射系統不論使用何種操作參數，盲孔底部都會留下 13μm 殘膠，必須依賴除膠渣去除。業者為了加工速度及孔形控制，純樹脂材料會使用一至三槍加工微孔，當面對有玻璃纖維材料則會增加槍數。常見參數為五至十二槍，同時會依據材料不同調節能量強弱及單槍打擊時間。典型雷射波能量與時間分布，如圖 7.15 所示。

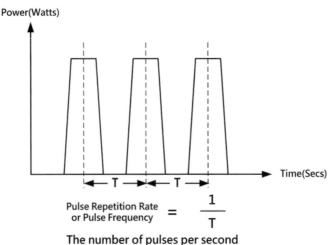

▲ 圖 7.15　典型雷射光波能量與時間圖

　　當要提升加工量時，可增加脈衝頻率、能量強度、單脈衝時間長度，可在短時間內處理更多材料。但要注意，過快處理速度可能會做出較差孔形，損及電鍍能力，製作者必須留意。目前廠商以使用 CO_2 雷射為主，加工孔徑 50 100μm 最常見。部份特殊設計，也有孔徑大到 250μm 案例。由於 CO_2 雷射光源直徑較大且景深較淺，因此對非常小孔加工不利，但對一般盲孔加工佔有加工速率高成本低的優勢。

　　紫外光雷射雖有兩大類，但較普及的機種是「雅各雷射」，準分子雷射目前在電路板應用領域較少見。它們的主要特性是能量密度高，物質加工行為是分解蒸發。因為帶熱較少且屬於材料分解模式，不容易產生過量殘渣、孔底留膠等問題。又因為銅能量吸收率高，也可直接做銅面加工而不受吸收層處理影響。因為有前述能力，曾有業者嘗試以 UV 雷射加工通孔，加工範例如圖 7.16 所示。

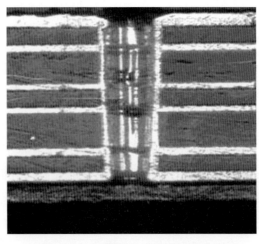

▲ 圖 7.16　多層板 UV 雷射的通孔加工

UV 雷射光束直徑小，整體功率也不大，加上玻璃纖維的光吸收率低於 10%，雖然工程上可行但實際應用並不切實際。特殊產品確實有廠商嘗試用準分子雷射加工通孔，但這種狀況屬於少數案例。

7.5 其他成孔技術探討

除了機械、雷射成孔技術外，還有其它技術可供成孔製程利用。例如：電漿、感光樹脂、噴砂、化學蝕刻等方法，都可用來選擇性移除介電質材料，這些方法也都曾被部份使用在不同的製作領域。但因為使用者屬少數，本段其他技術介紹筆者將重點放在感光成孔技術部份。

感光成孔首先量產的廠商應推 IBM 公司，他們的 SLC 技術最具代表性。SLC 製程類似止焊漆塗布顯像技術，主要製程描述如第六章內容可自行查閱。這種製程觀念，主要著眼點於製作微孔程序採用曝光技術，可一次完成不受孔密度高低影響。

但必須採用感光型材料，這種材料用於介電質功能，最大問題是信賴度考驗。因為多數感光材料會添加壓克力樹脂，加入這種材料會使材料強度、穩定度、吸水性、玻璃態轉化點 (Tg) 等性質變差。但若降低添加量又想保持樹脂性質，容易發生感光性及製作能力變差的問題。因此在材料配方選用及操作性矛盾下，材料特性備受考驗。

在孔連結結構，如果要採用跳層 (Skip or Jump) 連接，感光成孔技術也會對某些結構力不從心。加上感光材料本身單價就貴，製作出來的材料未必便宜，而曝光製程的不穩定性，又使小孔製作能力受到考驗。

雖然某些材料廠商一直都稱可製作小於 30µm 直徑感光孔，但實際狀態穩定者有限。因為產業界所在乎的，是實際量產線上究竟會有多少產品使用這種技術？良率又是多少？就實務眼光看，孔徑偏小時採用感光成孔技術，就已經對生產良率產生極大影響。

另外在表面金屬化方面，使用感光製程製作電路板，理論上可獲得超薄底銅的好處，這對細線路製作確實有正面意義。但相較於使用銅皮製程，它的銅金屬與基材結合力穩定性及強度就相對受到質疑。尤其是感光樹脂經過化學粗化處理時，所產生的表面會因為感光添加劑的影響而變差，因此操作寬容度相對較窄。

從另一角度看，除了少數設計外，多數電路板都將線路設計規則定義在 50µm 以上，這種規格並不需要使用全面樹脂成長技術也可完成任務。因此在雷射技術普及後，電路板製作方向就逐漸轉移。目前 HDI 板製作，仍然有廠商使用感光型樹脂製作產品，不過數量相對偏低。

7.6 小孔加工品質探討

小孔加工，已是 HDI 板製作的生命體，若沒有良好小孔加工品質，根本談不上 HDI 板這件事。因此探討這種技術，必須針對小孔加工品質做概略探討。成孔製程品質的好壞有基本指標，孔內清潔、孔型順暢、無孔偏、孔正圓、孔內及內層無受損等。我們可逐一觀察其內涵為何？

小孔孔內清潔，可分為通孔及盲孔兩部份探討。以通孔而言，當孔徑小於 150μm 以下若是以機械鑽孔，容易產生排屑不良孔塞現象。這種現象在做除膠渣時，有可能因為藥液不能流通，造成孔內清潔度不佳品質問題。小孔導通不良或分離，是這類現象典型缺點。

盲孔更麻煩，由於孔接觸面積很小，對介面間的導通狀況更加敏感。一般最容易發生的是雷射加工漏打，或能量變異造成底面積不足或殘膠，當然也有可能是因為除膠不良造成的導通不良。圖 7.17 所示，就是典型加工不良造成的盲孔清潔不足缺點。

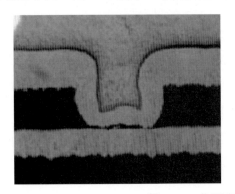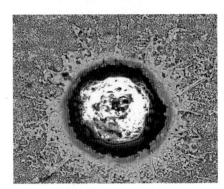

▲ 圖 7.17　典型盲孔加工與清潔不良的缺點

孔型問題，又是另一個頭痛課題。對通孔，孔壁品質直接影響後續電鍍製程，尤其是孔壁粗糙度及纖維突出問題。圖 7.18 就是典型孔壁粗糙，造成了通孔品質問題的範例。

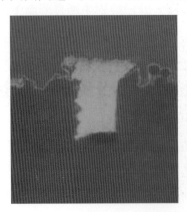

▲ 圖 7.18　通孔孔壁粗糙的品質問題

　　盲孔較怕內部產生葫蘆孔，葫蘆孔代表雷射加工能量配置不當，會造成後續電鍍不良。傳統通孔都是雙邊貫通，但盲孔卻因為單邊開口會有藥液置換困難問題。生產廠會採用不同工具做製程中品質監測，藉以保持應有孔品質水準，圖 7.19 所示為典型盲孔品質監測範例。

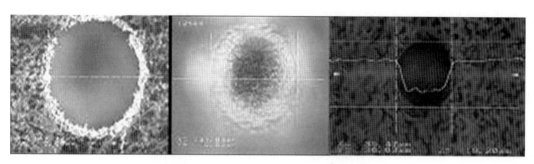

▲ 圖 7.19　典型的盲孔品質監測範例

　　生產流程中會利用顯微設備做孔形觀察與管制，同時會對盲孔底部殘留樹脂做監控以防止雷射加工異常。另外在整體盲孔孔形控制，則會用所謂輪廓儀 (Profile Meter) 做孔形非破壞性檢查。圖 7.19 左邊所呈現的是盲孔真圓度監控照片，中間是盲孔底部的觀察，圖右邊所呈現的是輪廓儀監控結果。較可惜的是，這三種方式都沒有辦法觀察出盲孔頂部孔緣長角問題，這個工作必須用 3D 顯微鏡較為有效。

　　至於對電鍍的影響，在電鍍部份再作細部討論。由於孔型的不良，金屬化程序碰到了困難，極容易發生金屬處理不良或應力集中造成的信賴度問題。圖 7.20 所示，為雷射加工能量配置不當產生的孔緣長角。

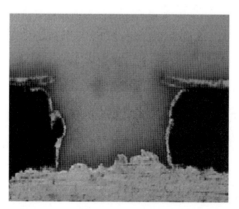

▲ 圖 7.20　雷射加工不良產生的長角現象

　　通孔孔偏屬於常識不準備多作討論，但盲孔則因為高密度訴求，加上多次增層都容易發生盲孔孔偏。孔偏又分為底部加工孔偏與頂部加工孔偏兩類，這些都與基板尺寸漲縮及對位採用基準系統有關。

　　其他缺點，多數與雷射加工能量及加工範圍有直接關係。如：加工真圓度，常受設定加工掃描範圍大小影響。單次加工掃描範圍愈大其邊緣孔型偏橢圓的情況愈嚴重，這部份雖不一定會產生孔內品質問題，但對 HDI 板產品對位度是大問題。

　　孔內無受損是通孔一般性需求，但對盲孔又有不同意義。雷射加工或感光成孔，盲孔底部會受到雷射散逸的能量或反彈能量攻擊，又或者因為曝光、顯影程序產生盲孔底部側蝕品質問題。

　　若雷射加工能量過高，以致介電質材料產生側面剝離現象，則後續濕製程處理會有滲鍍問題，這會影響最終產品信賴度。盲孔底部銜接層，若用過高能量加工，同樣可能因為能量轉移打傷底部基材，造成板內空洞信賴度不良問題，這些都是加工要注意的事情。

　　孔的形成一直是 HDI 板重要議題，不論製作技術如何改變，以微孔做不同金屬層導通，是個持續討論話題。即使對將來光波導技術，微孔技術仍將是重要課題。

CHAPTER **8**

除膠渣與金屬化技術綜觀

⠿ **概述**

　　成孔與金屬化，是製作可靠通、盲孔的關鍵製程。除膠渣的功能性，是要移除成孔後孔內殘留物，排除孔底襯墊可能產生的互連問題，讓後續金屬化析鍍能有效作用並獲得緊密鍵結。孔底殘留原因，源自雷射加工熱反應殘留與未完全移除材料殘留。使用鹼性高錳酸鹽、電漿或混合兩者做除膠渣，製程設計目的不僅是要清除殘留，還希望在樹脂上產生適當粗糙外貌。這些樹脂粗糙度可提升後續析鍍材料結合性，同時有機會改善整體表面活性讓析鍍分布較均勻。這對吸附導電材料，如：直接電鍍、鈀催化劑、傳統化學銅析鍍都有幫助。

　　針對通、盲孔信賴度研究顯示，長期信賴度非常依賴孔內銅析鍍品質與均勻度。另外許多業者並沒有意識到，其實良好孔內金屬化程序也是後續電鍍均勻度是否良好的關鍵。孔內導電順暢與否，會影響後續電鍍銅析鍍持續性與樹脂、強化材料的結合性，如：玻璃纖維材料等。目前有幾種製程可用來建構孔內的導電性：

- 化學銅
- 鈀類直接電鍍
- 石墨
- 碳黑
- 導電高分子

　　目前商用金屬化製程已可穩定處理通、盲孔，讓這些區域都有穩定導電性，技術會在後續內容中討論。不過要順利完成這些金屬化，首先還是要有良好完整除膠渣程序，它是孔內金屬化良好與否的入門製程。

8.2 電漿除膠渣技術

電漿除膠渣，可免除面對濕製程問題，同時可降低化學廢棄物產生、降低用水量及各種化學品費用。因為不需要做大量化學品、槽體維護，也可降低作業人員成本。使用電漿蝕刻，全板都會放到真空艙內提供適當反應氣體，之後提供能量將氣體轉換成活性電漿。電漿會對整個板面反應，反應產生的揮發性氣體及副產品 (樹脂膠渣) 都靠真空幫浦排出。

業者會加入相關鈍性氣體如：氮或氬等，穩定電漿並控制離子化速率，反應性氧粒子會氧化表面有機殘留及污染物，產生揮發性物質及小破碎粒子，這些副產品都會透過幫浦排除。增加活性物質如：F_2、CF_4、CHF_2 等濃度，可增加蝕刻速率縮短反應時間。

僅使用電漿除膠渣的潛在缺點是，會留下處理不全樹脂且常以鈍性狀態停留。若不小心處理，會導致金屬化問題，如：空洞 (void) 與電鍍結合力故障。適當搭配電漿處理後的鹼性高錳酸鹽流程，是有效修正方式。此外對某些 HDI 板，也有可能有電漿使用限制。首先電漿會在介電質底部或銅皮下方產生環狀側蝕，因為多數電路板用電漿屬於同向性電漿，這種蝕刻現象是同向性作用的天性。當側向作用過大，可能會對後續孔信賴度、電鍍製程產生負面影響，不過若材料產生的側蝕不大問題就輕得多。

製程第二個可能限制，是需要電鍍銅製程前做微蝕處理，去除懸空 (Overhang) 銅皮，這個問題與電漿處理程度及銅皮厚度有關。當懸吊銅皮本身較薄長度又較短，處理問題並不大。不過這類處理還必須留意孔底銅側蝕問題，若側蝕過度還是會對電鍍及長期信賴度產生影響。一般業者對這類應用，較常採用硫酸雙氧水系統做多次微蝕來處理。

8.3 鹼性高錳酸鹽製程

不同於一般乾式電漿法，鹼性高錳酸鹽是一種多步驟製程，可用來清除膠渣並建構樹脂粗度。除膠渣製程可去除殘膠，同時讓化學銅、電鍍銅能夠與內層材料產生正確結合。除膠渣製程也被用來建構樹脂表面正確條件，讓觸媒與化學銅可做良好鍵結。除膠渣製程包含四個主要步驟：

1. 溶劑膨潤 (Sweller)
2. 高錳酸鹽處理
3. 中和處理
4. 玻璃蝕刻 (選擇性)

● 溶劑 / 膨潤劑 (Sweller)/ 孔清潔劑

使用溶劑的目的是要膨潤樹脂，讓它較容易被後續的高錳酸鹽溶液攻擊。重要操作因子包括：浸泡時間、濃度及溫度。若溶劑浸潤時間偏低，高錳酸鹽清除量就較低。若溶劑浸潤時間長，溶劑可能會滲透到高於必要程度，這會讓樹脂在經過高錳酸鹽製程後殘留不必要的膨潤結構 (或者稱為「海綿結構 -Sponge」)。

● 高錳酸鹽

使用高錳酸鹽的目的，是要靠氧化樹脂鍵結性清除樹脂，它包含高錳酸鹽與氫氧化物。作業重要參數包括：浸潤時間、高錳酸鹽與氫氧化物濃度、溫度、殘渣量。若高錳酸鹽浸泡時間偏低，樹脂無法正確清除。若高錳酸鹽浸泡時間長，過多樹脂被移除，可能導致產生不平整孔壁。過長浸泡時間，也可能產生過低粗糙度孔壁，這源自於過度攻擊溶劑膨潤樹脂所致。

● 中和處理

中和處理的目的，要清除任何可能殘留在板面的高錳酸鹽。重要操作參數包括：浸泡時間、硫酸、中和劑濃度、溫度等。若高錳酸鹽殘留在板上，會遮蔽正確催化劑吸收，將導致樹脂化學銅空洞、孔壁浮離等問題，而殘留可能產生的污染也會損及襯墊的電鍍鍵結力，嚴重會看到鍍層分離。

● 玻璃蝕刻

玻璃蝕刻 (若需要) 的目的，是從孔壁移除部分玻璃纖維。重要操作參數包括：浸泡時間、硫酸濃度、玻璃蝕刻劑濃度、溫度等。玻璃蝕刻步驟可與中和處理整合，不過分開可能對維持低製程成本較有利。

有效執行除膠渣，必須維持正確作用時間、控制溫度與濃度。水洗也相當重要，正確的水洗可減緩過度槽間污染，同時可維持較好的水洗與電路板品質。除膠渣的關鍵，要遵守所有後水洗浸泡時間，特別是在溶劑與高錳酸鹽間，不正確的水洗時間可能導致樹脂粗度不良，而不良水洗也會增加中和劑消耗。

需要理解的是，傳統電路板採用的基材多是四功能環氧樹脂製品，除膠渣處理可產生適當表面粗度。但面對無鉛焊接與構裝載板需求，許多 HDI 產品會採用高性能樹脂，這類材料較難以除膠渣與創造表面粗度，製造商可能需要調整高錳酸鹽作業參數。這類樹脂幾乎無法做到最佳外觀粗度，成為後續金屬化製程問題。平滑面表面積較少，要吸附催化劑、化學銅、直接電鍍藥劑等物質能力都會減低。圖 8.1 所示，為高低玻璃轉換溫度樹脂的處理表面成果比較。

 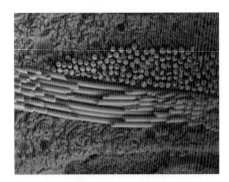

四功能 140 度 Tg 樹脂　　　　　　高性能高 Tg 樹脂

▲ 圖 8.1　除膠渣後樹脂表面狀態比較

　　高 Tg 樹脂有較高的耐化學性，除膠渣溶劑處理必須有能力滲透到高分子樹脂鏈結處，同時要能弱化這些高分子鍵結，這種作用能力歸類為膨潤行為。一旦產生弱化膨潤，鍵結處就較容易被攻擊，受到鹼性高錳酸鹽溶液作用產生氧化。氧化發生的位置會產生蜂巢狀外觀，不過當較少溶劑滲入樹脂或作用，表面出現的蜂巢結構也會減少。

　　應該理解的是，修改溶劑系統可能無法溶解這些樹脂。而透過膨潤作用，溶劑也成為進一步滲透浸潤的障礙，會產生自我侷限現象。這就可理解，為何高 Tg 材料呈現較低樹脂移除速率。但經驗告訴我們，樹脂移除量不是外觀關鍵因素。外觀狀態訴求，要提升催化劑、化學銅、直接電鍍材料的吸收，有良好導電基礎才能做有效電鍍。

● 特殊狀況

　　除此之外樹脂除膠渣也要小心，不要過度處理盲孔內樹脂。過度的浸泡時間、溫度、化學品濃度，會導致樹脂與襯墊銜接處側蝕，這種結構容易產生折鍍或電鍍空洞缺點。

8.4 ⁝ 化學銅與直接電鍍

　　化學銅製程用來做板面與孔壁銅析鍍，目的是讓孔具有導電能力，並讓後續酸性電鍍銅能在此基礎上成長。化學銅製程包含四個主要前處理步驟：

● 清潔 (Cleaning)/ 整孔 (Conditioning)

　　清潔與整孔是用來清除板面、孔內污漬，它同時可調整玻璃纖維與樹脂表面特性，以確保催化劑能正確吸附在表面。浸泡時間、濃度、溫度都是重要操作因子。

● 微蝕

　　微蝕可用來創造銅面微粗度，改善化學銅與基材結合力。重要操作因子有：銅濃度、硫酸濃度、氧化劑濃度、浸泡時間、溫度。太低的蝕刻可能會讓化學銅結合力偏低，微蝕太多則會降低銅皮厚度並將內層銅回蝕 (etchback)。

● 催化

催化劑是要讓孔壁析鍍鈀，鈀會成為後續作用的基座，啟動化學銅析鍍。這個步驟會在化學槽前配置犧牲預浸槽，這個槽的功能是要去除氧化物，同時降低帶入反應槽的銅污染量，它同時也提供與主槽相同的離子讓電路板帶入反應槽內。重要操作參數包括：酸度當量、氯當量、氯化錫濃度、催化劑濃度、浸泡時間、溫度等。不正確的催化，可能導致空洞、結合不良、孔壁剝離等問題。

● 化學銅槽

基本的化學銅槽配方非常類似，它會含有五類主要內含物：

— 一個銅離子來源，時常是硫酸銅或氯化銅

— 一種還原劑，常見的是甲醛

— pH 調整劑 (一般是氫氧化鈉)，用來維持 pH 值在 11 ～ 13

— 螯和劑，用來抓住溶液中的銅離子

— 專有化學品包括：安定劑、潤濕劑、抗張力促進劑、晶粒細緻劑

化學銅槽用來析鍍銅金屬到電路板面及孔壁，讓孔成為導體可做後續銅電鍍處理。化學銅槽析鍍速率，主要受到配方濃度、槽溫、樹脂粗度、鈀吸收量等因素影響。

8.4.1　微孔與高縱橫比通孔化學銅金屬化處理

金屬化 4 mil 直徑或更小盲孔，通孔縱橫比為 10：1 或者更高比例都是大挑戰。成功關鍵因素包括：確保有適當溶液流動且通過通孔、在玻璃纖維與樹脂上有足夠鈀吸附、適當排出化學銅反應產生的氣泡。氣泡產生會導致小孔空洞缺點，特別是在非常小又高縱橫比的通、盲孔內。後續化學銅析鍍反應顯示，產生 H_2 氣體有時候會被抓在孔內，這會遮蔽銅的析鍍：

$$Cu^{2+} + 2HCHO + 4OH^- \rightarrow Cu^{+0} + 2HCOO^- + 2H_2O + H_2$$

這個反應中，大量氫氣會充滿高縱橫比孔，導致空洞與析鍍偏薄或不均。許多 HDI 板是以垂直設備做化學析鍍，規劃時要搭配適當排氣機制。孔內壁是反應主要區，小直徑孔製程與系統需求應該列入考慮，要讓化學品與孔內壁充分接觸。單靠接觸還不夠，作業要讓反應有充裕時間做用，才能徹底在較難析鍍的玻璃纖維上有良好沉積。要讓孔有充分溶液交換、補充與反應，是不小的挑戰，避免氣體停留產生空洞問題仍然是關鍵。

垂直設備溶液流態必須改善，當一片電路板前後搖動時 (掛架攪拌)，壓力會在移動板面前方形成。形成的壓力必須足以啟動流動速率，要讓液體超越孔口表面張力障礙。掛

架攪動，有可能無法產生足夠流速讓液體交換排出氣體。當溶液進入孔內，會有擾流產生，之後會變成層流且流速降低。這個速度減緩，不僅會遮蔽氣體排除也會限制化學品交換。

當產品孔徑從 0.6 mm 變成 0.25 mm，孔內藥水流量會明顯降低，然而相似比例孔壁表面積還是需要處理，此時若使用一般的垂直設備反應會更困難。通孔內溶液的流動是靠壓力驅動，若要避免小孔空洞的問題，某些業者採用多次化學銅處理解決，不過從成本與產出角度看並不理想。建議執行製程精緻化作法，或許可解決這個問題：

— 在掛架上增加震盪系統
— 採用特殊掛架設計輔助藥水浸泡
— 電路板採用傾斜配置幫助氣泡排除
— 製程中做超音波攪拌，包括除膠渣與化學銅前浸泡
— 反應藥水的表面張力監控

還有其它技術可幫助改善小孔空洞問題，這些都是要讓製程藥水最佳化的方法，是製程成功關鍵因素。許多資料都建議降低各程序藥水的表面張力，特別是鹼性高錳酸鹽、化學銅析鍍溶液，這些可降低小孔空洞出現的風險，而降低表面張力一般可透過添加介面活性劑達成。有廠商推出淋浴式垂直處理設備，利用表面流動可帶出氣泡的機構，做化學銅處理，筆者看到的呈現效果不錯，業者可嘗試測試使用。

8.4.2　水平化學銅

● 以直接電鍍系統提升製程能力

水平製程用於通、盲孔除膠渣與金屬化製程，對產業不是新觀念，直接電鍍也有不少成功案例，成為某些業者喜歡使用的孔導電介質。不過化學銅仍是較多業者使用的方法，目前全球多數工廠採用這種方法。

業界使用幾種直接電鍍系統，化學品供應商提供的作業方式都是將溶液從母槽循環到各種設計的反應槽作業。反應槽會搭配噴流盒、水刀、噴嘴等不同機構，輔助反應做用。圖 8.2 所示，為典型水平 Shadow 線。

▲ 圖 8.2　水平 Shadow 線

　　多數製程反應槽都傾向使用噴流盒或水刀設計，不過水洗會使用噴嘴。噴流盒或水刀設計有利於將反應溶液推送過孔，有助於改善孔潤濕並確保足夠藥水接觸孔壁。湧流藥水不僅讓反應化學品可充分接觸孔，也可輔助副產品移出。而水平傳送的電路板，也可將噴流口與電路板距離拉近，幫助化學品與孔壁接觸。

　　基於這種做法，電路板以水平輸送通過各個金屬化製程反應槽。在特定反應槽如：清潔 / 整孔，設備還搭配超音波產生器輔助藥水移動。製程溶液以高壓通過噴流盒，當電路板通過反應槽就可充分承受衝擊。圖 8.3 所示，為水平設備噴流盒的設計，直接電鍍製程的清潔 / 整孔模組許多都採用這類機構，流體受到噴流盒高壓而提升衝擊效果。與傳統垂直設備比，它有更多藥水在單位時間內做孔內交換。某些水平設備，還利用封閉擠壓、邊噴邊抽等作業模式，增加液體交換量。

▲ 圖 8.3　水平傳動式設備的噴流設計

　　使用水平製程做清潔處理，會建議採用超音波做液體攪拌。經驗證明超音波可提升孔壁潤濕能力，對高錳酸鹽、溶劑、整孔等流程都有幫助，可縮短處理時間。超音波可有效清潔整孔、改善玻璃纖維潤濕能力、幫助清除掉落顆粒，這些都是排除空洞的重要機制。超音波是靠震盪產生器形成，屬於直波震盪，可讓藥水產生推進與退縮作用。這種做動機構，可在藥水中產生局部性小真空，這些局部性空洞產生與消失會產生震盪，幫助液體交換與物質移動，可提升藥水接觸頻率與作用效率。

　　爲獲致相同孔內反應品質並縮短浸泡時間，製程設計必須調整藥水配方。縮短浸泡時間，才能讓設備成本效率提升且方便管理。標準化學銅製程比直接電鍍需要更多步驟，典型化學銅製程步驟如後：

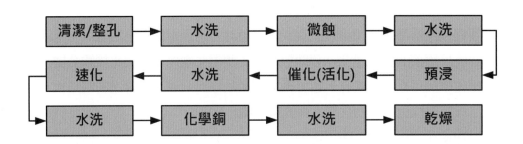

　　有些化學銅系統屬於自我加速 (self-accelerating) 設計，就是電路板經過催化劑處理與水洗，電路板會直接移入化學銅鍍槽。實際加速作用 (移掉鈀周邊的錫殼) 在此發生，並啓動化學銅析鍍程序。

8.4.3　直接電鍍製程綜觀

　　通、盲孔直接電鍍技術，採用替代法做孔壁導通，孔內導電度會影響銅析鍍。這些直接電鍍技術，可在無傳統化學銅下直接鍍銅。這類技術幾乎都採水平製程，不過經適當設計也可用垂直設備。這些製程典型作法，包含一個沈積導電材料步驟，如：鈀、導電高分子、石墨或碳黑。步驟後接著做鍍銅，這樣就可實質剔除化學銅，因此稱爲直接電鍍技術。

● 以碳爲基礎的直接電鍍製程

　　有兩種用碳顆粒處理方法，可讓非導電面經過處理直接做鍍銅。一種用碳黑，是非結晶材料，平均粒徑約 1,000Å。另一種用高結晶形石墨，有秩序粒徑約 10,000Å。結晶形石墨具有異向性導電，而碳黑呈現同向導電性，這種性質會影響塗裝後表面特性。實際數據顯示，石墨塗裝比碳黑電阻低。兩種碳類直接電鍍系統，廣泛用在電路板業製程。

a.　石墨製程

石墨製程以整孔劑在玻璃纖維、樹脂面產生正電荷，之後以穩定分散石墨膠體沈積在電路板面建立導電性。經過整孔劑處理的玻璃纖維與樹脂表面，因為反應後具有表面正電荷而可順利與帶負電荷石墨顆粒鍵結，這樣膠羽化的石墨顆粒就沈積在電路板面。

石墨顆粒最後與整孔劑作用產生交鏈，並與圍繞在石墨周圍帶氫官能基的塑型劑分子 (binder molecule) 作用。這個作用在樹脂與玻璃纖維面上形成穩定連續石墨膜，未與整孔劑作用的多餘石墨在乾燥前清除。

殘墨只要風刀吹過，表面多餘石墨應可清掉。不過當通孔縱橫比明顯增加且盲孔直徑縮小，還是會有多餘碳或石墨材料被卡在襯墊與介面。此時廠商就用定型溶液 (fixer solution) 清除多餘石墨，它可中和塑型劑官能基，因此多餘石墨就會沈降固定。之後製程可靠水洗噴流，在烘乾前將多餘石墨清理乾淨。典型石墨製程流程如後所示。

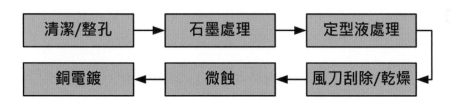

b.　碳黑製程

碳黑系統類似石墨，但由製程觀點，碳黑系統沒有定型處理，且常需第二道處理提升導電度。乾燥散落的碳黑，要以微蝕去除表面碳。不過技術改善後，已有先進版本可單次完成沈積，製程流程如後。

● 導電高分子

導電高分子製程，是在樹脂與玻璃纖維表面形成有機導電層來達成導電效果，製程可用水平或垂直模式運作。其製程步驟如後：經過鑽孔、溶劑、高錳酸鹽溶液、水洗等步驟，做催化劑、定型、乾燥處理。

這個製程的關鍵是，高錳酸鹽與樹脂反應的副產物並不做中和，二氧化錳仍然保持在樹脂與玻璃纖維表面作為氧化劑。催化劑含有單體溶液，如：Pyrol、Thiophene 的衍生物。有足夠二氧化錳膜是關鍵，才能有足夠導電度的高分子膜，讓後續銅電鍍順利執行。

催化過程，電路板利用含單體溶液潤濕。在定型步驟，溶液的酸會開始氧化聚合反應。二氧化錳在酸環境下作為單體氧化劑，最終形成的導電高分子膜可直接做銅電鍍。導電高分子直接電鍍流程如後圖所示。

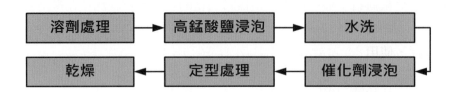

● 使用前述三種直接電鍍技術的關鍵思考

製造商必須理解，特定前製程金屬化處理會影響 HDI 板整體品質。直接電鍍對鑽孔品質寬容度略差，要注意孔內是否有較深鑽孔鑿痕或楔形空洞，當這類裂口超過 40μm 深時就可能產生問題。當釘頭現象大於銅厚度兩倍，也可能導致小的電鍍空洞。形成空洞的主因，是直接電鍍最終會微蝕清除銅面殘留化學品。會因蝕刻量大，導致釘頭邊緣產生空洞或在樹脂與銅皮交接處產生不連續空洞，這對製程有負面影響。

折鍍則是直接電鍍另一顧忌，而折鍍多源自於不良鑽孔 (特別是玻璃紗束被破壞的狀態)，這在傳統化學銅似乎較輕微。背後學理解釋與觀察發現，特定直接電鍍系統對玻璃纖維覆蓋性不如化學銅，因此在玻璃紗破碎區，直接電鍍處理面導電度較差。此外使用這類技術，工程師必須最佳化電鍍銅參數，獲得最佳貫孔與整平效果。圖 8.4，為典型折鍍孔範例。這類盲孔電鍍，當轉換為填孔電鍍，多數都可降低或完全克服。

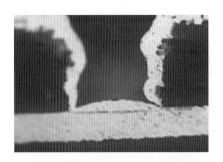

▲ 圖 8.4　典型折鍍孔

● 以鈀為基礎的製程

以鈀處理的直接電鍍技術，使用分散鈀顆粒技術讓非導電表面產生導電性。鈀顆粒可用錫或有機高分子做安定處理，兩種方法處理的顆粒都可直接吸附在非導電面，產生一層足夠導電的直接電鍍層支援銅電鍍。這類鈀處理製程有以下典型步驟：

— 清潔與整孔 / 微蝕

— 預浸泡 / 導電性處理

— 速化處理 (Accelerator)

— 後浸泡

** 為了簡化，上述步驟省略了必要的水洗。

　　有機鈀製程，使用水溶性高分子形成的膠體鈀，可避免在溶液中形成凝集狀態。清潔整孔將孔壁調整成適合接受催化劑的狀態，一旦鈀沈積在孔壁上，速化劑會清除有機高分子讓鈀變成活性狀態，製程可在水平或非水平設備上成功操作。

　　酸鈀製程以錫將鈀包圍製成膠體，當錫鈀膠體吸附在板面，會剝除錫。商用錫鈀系統會搭配適當方法提昇鈀處理導電性，其中一種技術是用含銅速化劑清除錫，讓銅沈積在鈀顆粒上，可讓鈀導電性更好。

8.5 半加成製程 (SAP)

　　要製作小於 50μm 線寬間距線路，許多廠商採用半加成製程或改良半加成技術。表 8.1 為典型半加成製程步驟整理，不同廠商會用不同參數與流程。表內所列電鍍厚度是估計範圍，實際數字與銅皮厚度、電鍍蝕刻均勻度等，對線路能力都有影響。

▼ 表 8.1　典型半製程加成

步驟	銅厚度
1.高密度內層核心板，(以全蝕刻製作線路，線寬間距約為 40 ～ 50μm L/S)	底銅＋全板電鍍銅，總厚約 18 ～ 20μm，與底銅厚度有關
2.建構介電質層到核心板上	
3.以雷射或曝光形成微孔	
4.化學銅 (非常薄且做嚴謹控制)	析鍍 0.5 ～ 3 μm 銅在介電質表面
5.構成光阻、曝光顯影，建構電鍍圖形	
6.電鍍銅到 15 ～ 20 μm 厚度	電鍍區銅厚：面 22/ 孔 17μm 或面 23/ 孔 19 ～ 20μm ＊填孔電鍍除外
7.光阻剝除	
8.快速蝕刻控制微量變化	維持面銅約 19μm/ 孔銅約 16 ～ 18 μm
9.重複步驟產生多層結構	

　　半加成製程可作細緻線路，但需要良好製程控制。量產先出現在日本，爲製作細線路曾修正過許多不同版本作法。核心思考是將底銅 (含：銅皮、化學銅、電鍍銅) 保持在適當水準，之後以適當影像轉移技術製作電鍍圖形再做銅電鍍，完成後將底銅蝕刻乾淨。部份廠商用削銅法降低銅厚已如前述，但要精準控制仍然困難，依據筆者經驗較不適合用在線寬間距小於 35μm 線路製作。圖 8.5，典型化學銅半加成線路流程。

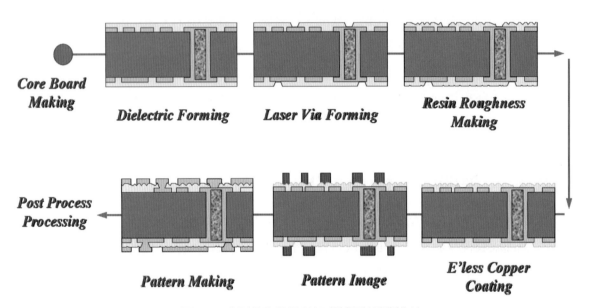

Core Board Making

Dielectric Forming　**Laser Via Forming**　**Resin Roughness Making**

Post Process Processing

Pattern Making　**Pattern Image**　**E'less Copper Coating**

▲ 圖 8.5　典型的化學銅半加成製程線路製作法

　　目前多數廠商製作細線路，較傾向排除線路電鍍錫，雖然電鍍錫可讓銅線路電鍍降低厚度，但錫會產生賈凡尼與蝕刻水滯效應，對蝕刻側蝕影響大，不利控制線路穩定度。另外若不需要做錫電鍍，用的電鍍乾膜厚度也可降低，這對於曝光解析度有正面意義。

　　業者稱用有銅皮基材做的 SAP 製程爲 MSAP，而將一般直接用化學銅建底銅的製程稱爲 SAP 製程。SAP 製程沒有銅皮參與，因此介電質表面有足夠微粗度是關鍵，這才能獲致介電質與電鍍銅層間結合力。

　　目前無銅皮介電質材料來源有限，業者普遍以乾膜介電質與 RCC 除銅製作。純樹脂材料，以日本味之素公司製作的熱聚合乾膜材料 (ABF) 爲大宗，後進者則有多家，但到目前爲止都還不夠普及。一般真空壓膜後的 ABF 膜表面狀態，如圖 8.6 所示。

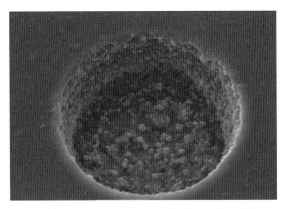

▲ 圖 8.6　ABF 介電質在除膠渣前的外觀

　　這種表面狀態，直接做化學銅處理其銅層必然會脫落。材料除膠渣必須產生適當紋理，以適應後續化學銅析鍍產生足夠結合力，結合力測量可用剝離強度表達。SAP 除膠渣設備垂直與水平都有，處理所得表面粗度與最終銅面剝離強度有關，除膠渣用的設備特性如表 8.2 所示。

▼ 表 8.2　水平、垂直除膠渣設備表現比較

水平設備	垂直設備
• 增層樹脂面粗度與外貌不只靠化學品影響，也依賴機械作業如：超音波、噴流等 • 設備狀態會影響到均勻度 • 不同類型設備會造出不同表面粗度與外貌	• 增層樹脂面粗度與外貌主只受到化學品影響 • 有良好均勻度

　　圖 8.7 所示，為垂直、水平設備除膠渣後樹脂面 SEM 照片比較。看起來似乎外觀與拉力強度相近，但拉力強度不僅與粗度有關也與化學銅處理有關。

▲ 圖 8.7　水平、垂直除膠渣後的樹脂外觀比較

8.5.1　SAP 用的化學銅

　　SAP 用化學銅應具備一些特性，如：析鍍均勻度、良好樹脂結合力、盲孔底部析鍍良好結合力等都是必備條件。SAP 技術原始目的就是製作細緻外型，未來勢必會持續面對小孔徑與細線路發展，低於 35μm 孔與小於 10μm 線路都會逐漸重要。面對線寬間距降低，析鍍銅需要有更強伸張強度與低應力。常見析鍍銅厚度範圍，過去是在 1.5 ～ 2.0μm，面對更細緻線路製作，已經朝下修正到 0.4 ～ 1.0μm，但就算降低厚度導電能力仍然要確保。才能應付諸多製程，為了降低製程受到化學品變化的影響，也有業者已經嘗試採用濺鍍法做金屬化。

　　另一方面為了要應對更細緻線路製作，介電質材料採用的填充物 (filler) 直徑也隨之降低，這使得介電質表面變得更為平滑，也將成為製程成功的關鍵因素。

細線路影像與蝕刻技術

9.1 前言

本章將專注於影像轉移製程技術，包括細線影像轉移的剝除、細線蝕刻、對位、設備與材料等。HDI 影像轉移技術，對影像與蝕刻的要求比傳統製程更嚴謹。需要控制更細線寬間距、更小孔圈，對線路電鍍需要更關心底片品質、曝光參數、表面前處理等。

到目前為止，接觸式曝光仍是標準電路板影像處理模式。採用接觸式曝光製作細線路有兩個主要問題來源，就是非曝光區漏光與髒點問題。投射式曝光與雷射直接影像製作，具有潛力可避免這類問題出現，但技術成本高使用範圍仍然有限。本章將提供實際作業觀點，同時討論相關設備、材料選用及如何做各種影像轉移。

9.2 特殊銅皮

業界使用雙面處理銅皮產品有增加趨勢，三井金屬與古河電工在這類產品上都有著力，整體趨勢來自於幾個主要原因：

— 雙面處理銅皮雖然與一般傳統銅皮有差價，但是它在特定應用的價值可平衡這方面的付出

— 雙面處理銅皮不需要使用多層板結合力促進處理，可避免粉紅圈潛在風險

— 對非常薄的銅皮，要將表面部分銅轉換成強化結合力的氧化銅有困難，此時雙面處理銅皮就可發揮價值

— 壓合前沒必要做粗化前處理，可降低成本。而更重要的是內層板相當薄，刷磨、噴砂都會產生無法接受的扭曲問題

雙面處理的銅面，未必能與濕式壓膜製程相容，不過有些廠商經過驗證可調整部分參數適應這種作法。用這種材料的另一個顧忌是，較難在反射式 AOI 系統做檢查，因為銅面容易產生殘留或氧化，不利於自動光學表面檢驗。

Polyclad 曾推電鍍鼓面 (光面) 處理的銅皮，三井金屬也有推出類似產品。當 ED 銅皮產出，電鍍鼓面都相當光滑，而較粗的銅面是藥水面。這種反面處理銅皮，僅在光滑面做鋅化處理，是要壓向介電質材料的面，而粗面則準備與乾膜結合。因為它的表面粗糙，不需要做機械或化學前處理就可壓膜。不過也因為表面過粗，做濕式壓膜較好。省掉酸性清潔去除氧化、鉻層是有爭議的，如何用這種材料做生產要仔細考量。

阻抗控制與細線蝕刻需求，加速了低稜線銅皮發展，這類銅皮產品都有較細緻晶粒 (Grain) 結構。低稜線必然偏向平滑，使得面對介電質銅面紋理會較均勻。細晶粒銅皮供應商有三井、古河等公司，採用這類銅皮作線路可得到較好良率、線路邊緣平整性、蝕刻因子。典型傳統銅皮與低稜線銅皮基材，製作線路外觀狀態比較，如圖 9.1 所示。

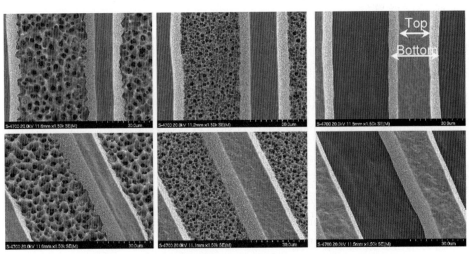

▲ 圖 9.1 典型低稜線銅皮與一般銅皮的線路製作效果比較

這類銅皮製作的基材，也呈現較好的共平面性，特別是搭配不織布材料做壓合更是如此。這種發展，可符合表面貼裝所需細間距接點需求，表面線路光阻與止焊漆塗裝可較薄，有利於細線路製作與止焊漆高解析度。雖然研究顯示良率改善未必完全來自細緻晶粒貢獻，但這種低稜線銅皮有利於快速蝕刻仍會對線路品質產生助益。

9.2.1　超薄銅皮

業者常用超薄銅皮製作 MCM 與 BGA，在前處理除掉的金屬量是個問題，選用適當前處理製程降低銅損失量在這些產品相對重要。為了提升材料操作性，發展了較硬的三明治結構，如：銅 / 鋁 / 銅、銅 / 鋁、銅 / 銅等疊構給板廠使用。可讓作業人員容易操作超薄銅皮、免除表面清潔、避免銅面受環氧樹脂污染，除單價較貴外，多數特性都是正面的。

9.3　影像製程的前處理

面對細線與高密度影像製作，需整合性方案應對。製程須將光阻與銅面結合力維持較高水準。有關壓膜參數與結合力重要性，會在後續內容檢討。規劃製程須將銅面前處理列入壓膜結合力考慮，理想銅面 (得到最佳光阻結合力) 需要特殊製程與工具。表面前處理，因為產品結構變化及須面對薄板清潔而轉變。處理薄板 (如：2 ～ 3 mil 介電質搭配 1/2 盎司以下銅皮)，一定要避免產生損傷或扭曲。

9.3.1　氧化鋁噴濺刷磨 (Jet Scrubbing) 或刷磨清潔

Al_2O_3 噴濺處理是日本石井表記公司首先導入，其後有不同公司製作這類設備，義大利 IS 公司則供應 Al_2O_3 刷輪型設備。噴濺刷磨不該與一般噴砂混為一談，兩者最大不同在噴濺刷磨氧化鋁崩解速度不會像噴砂那麼快。以粒徑分布看，這種刷磨氧化鋁顆粒壽命長得多，也就是顆粒變圓、平滑的速度較慢，因此維護率低、停機少、廢棄砂粒排出少。圖 9.2，為經氧化鋁噴濺處理的較平整表面，不利於乾膜結合。在細緻顆粒形成前，氧化鋁必須做更換。氧化鋁噴濺設備供應商，很難提供簡單準則指出氧化鋁的適當更換、補充頻率。

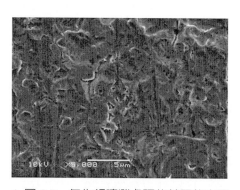

▲ 圖 9.2　氧化鋁噴濺處理的較平整表面

氧化鋁顆粒尺寸等級，會因為製程需求規格而改變。依據刷磨機廠商研究，刷輪帶動氧化鋁處理比直接噴濺處理表面更粗，而數據也顯示噴濺對薄板延伸影響比刷磨帶動大。若噴濺壓力降低，應可降低延伸扭曲影響，但相對導致衝擊力降低表面粗度不足。

為降低機械表面處理讓薄板產生扭曲，業者儘量避免以機械表面處理應對薄板清潔，此時較傾向用化學清潔法 (微蝕或酸洗)。部分廠商用反電解清潔法做前處理，用來清除銅面的鉻，可將前處理對薄板尺寸影響降到最低。

也有廠商不做清潔處理，直接用雙面處理銅皮 (doubletreated foil)、反向處理銅皮 (reversetreated foil) 等已具有表面紋理的銅皮。至於較厚的材料，業者才會利用氧化鋁粉做噴砂、噴濺刷磨處理，這主要是考慮成本與生產效率。低稜線、細晶粒銅皮與不織布介電質 (如：Aramid 基材)，可讓基板壓合製作出較平整銅面，有利於光阻貼附、細線路製作。業者的製程想法與發展狀況，筆者整理如後：

9.3.2 光阻壓膜

捲式壓膜會加熱滾輪，透過熱傳達到保護膜，接著乾膜光阻與銅介面都受熱，乾膜軟化變形與銅面產生良好結合。壓輪可用各種方法加熱，包括卡式加熱器、表面加熱器等，這些加熱器多數密貼在空心滾輪內面。

壓力可能比溫度還重要，要光阻獲得適當變形量，除達到適當溫度讓乾膜軟化外，更重要的是有適當壓力驅動光阻填充密貼並與電路板結合，溫度最重要的作用是降低光阻黏度，能有適當流動發揮填充性。

另一個更直接的加熱法，是做電路板壓膜前預熱。預熱處理可利用熱滾輪做，如：Hakuto 壓膜機就用三支滾輪做電路板預熱，當然也可用 IR 類加熱器預熱。因為預熱系統會增加設備成本，且多數壓膜機都設置在無塵室內，這需要操作空間、耗電又與空調系統相衝突，因此規劃這類設備需要考慮必要性。若電路板厚度高，預熱必要性就大，但若電路板薄，可考慮降低壓膜速度不使用預熱設備。

壓膜主要控制參數為：壓膜速度、壓力、溫度等，三者調整需要與製程需求、使用物料搭配。要獲得期待光阻 / 銅介面溫度並能在可接受壓膜速度下作業，相關加熱、線度速、操作壓力都要適當調整。業界較有趣的現象是，乾膜光阻常設計成高黏度避免側邊滲漏，這種狀況較建議設置預熱系統。在光阻與電路板銅介面實際溫度，與接觸熱源時間長短、溫度高低、材料傳熱係數、材料熱容量等有關。因此接觸時間是壓膜速度、壓輪接觸面大小的函數，固定壓膜設備都可依據經驗微調參數。

電路板出口溫度指標，要依據電路板類型而定。較理想的條件，要維持電路板在壓膜機出口處表面溫度接近乾膜 Tg 值。當然不同銅皮表面狀態與乾膜類型差異，也可能需要升降出口溫度標準。一般規則是，使用乾膜若較硬且呈現高黏度，其出口溫度標準就該高一點。

光阻與銅介面實際溫度，必須透過間接監控。而控制變數則為：熱滾輪溫度、壓膜速度、何處設置預熱單元、預熱溫度調整等。電路板的出口溫度，一般是指電路板經過滾輪受壓點剛離開時的位置，這就是壓膜作業監控乾膜／銅介面溫度的建議指標點。

一般壓膜作業都有理想操作範圍，業者最好對特定乾膜做測試，找出最低操作溫度下仍能維持光阻結合力的條件，同時也嘗試將操作溫度、壓力等條件拉到最高水準，看怎樣的水準會發生膜皺。如此整體作業就應該儘量維持在兩者之間，並找出中間的最佳狀態運作。

9.4 曝光與對位概述

9.4.1　影像建立的基礎 - 傳統曝光

接觸式影像製作，是透過轉移光罩上的圖形到感光高分子材料表面形成所需的圖形，它靠供應特定能量的 UV 光穿過光罩透光區啟動感光高分子聚合，而不透光區可遮蔽光阻避免聚合。高分子聚合的作用應該被合理區隔，當感光高分子受光區開始聚合，未受光區材料要有足夠遮蔽劑，讓聚合作用無法跨越聚合門檻產生聚合。非受光區高分子材料，有可能受到散射光作用降低遮蔽劑濃度，因此聚合動態變化要夠快，快到比遮蔽劑擴散速度高，這樣較能降低散射產生的解像度衰減問題。

若曝光設備光源是平行光且垂直受光面，在沒有偏斜角也沒有散射狀況下應該可做出較好曝光效果。不過這種狀態難以完美達成，還是會有輻射光達到非曝光區，這就會有局部高分子聚合發生。這種不預期的部分受光，可透過將光罩與受光面儘量拉近而降低，因為它可排除大多數散亂光通路。圖 9.3 所示，為接觸式曝光的行為模式圖解。

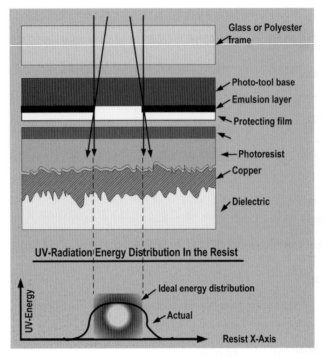

▲ 圖 9.3　接觸式曝光的行為模式

9.4.2　數位線路形成技術

業者發展出幾種替代接觸、近接式曝光技術,較受注意是直接成像 (DI)。當然還有其它類型影像技術,有些已退出市場或已商品化。這類不需用底片的系統,仍然持續在光源、波長、影像模式、作業方法等領域繼續發展改進。有多家公司在不同時期發展了不同概念機,但可惜的是整體產業成熟度未達一定水準,又陸續退出了市場。

目前依據筆者瞭解,有超過十家以上的廠商在發展這類曝光設備,如:Dainipon Screen、Fuji Film、Hitachi Via、Maskless、MIVA、Orbotech、ORC、大族數控等,諸家廠商都有其特殊性,且進入市場時間先後不一,筆者僅將所知主力市場的廠商發展狀況整理如表 9.1。

直接成像 (DI)

電子元件小型化、多功能,明顯影響技術發展。廠商必須生產 HDI 板並能快速降低成本及縮短製造時間。電路板互連密度仍在成長,構裝載板已訴求 10/10 μm 以下線路水準。HDI 板影像設備需求變動,不但需要高解析,還要有高對位能力,現有影像轉移技術無法提供完整解決方案。DI 技術是新技術應對方法之一,可不用底片直接製作線路影像。

▼ 表 9.1　直接成像技術廠商發展現況

廠商	設備	特性
Dainipon Screen	Mercurex 系列	以高壓水銀燈管 (350 ～ 420 nm) 光源發展止焊漆曝光效果良好
Fuji Film	INPREX 系列	光源 (350 ～ 410nm) 為主，可快速生產 15μm 線路，正在開發止焊漆系統
Orbotech	DP100 ™ DP-100SLTM	早期機種，DP-100 還使用 Argon-UV 雷射耗電不實用
	Paragon ™系列： 6600i、8000、8800、9000	用於一般電路板生產可搭配高感度膜增加產出
	Ultra 80……	高解析機種主要用於載板製作
Hitachi Via	DE 系列	發展線路用曝光機，波長 405nm 為主，有專利鏡片技術可達到高解析
ORC	DXP 系列	發展可用於線路與止焊漆用途的機種，波長 405/355nm 都有
大族數控	LDI8000	最小線寬 25μm，對位精度 15μm，光源 405nm，市場仍以一般 HDI 板為主

　　這類曝光作業，是以光源掃瞄在感光材料上做反應，靠電腦控制光源開闔完成數位曝光機制。這類設備不少採用雷射光源的機構設計，可應對多數傳統光阻，部份機種也採用鹵素高壓燈管設計。這類直接產生影像的設備，其產出速度部分搭配專用膜，已經超越傳統接觸式曝光機，使得製造商樂於將 DI 作為替代傳統曝光重要技術。

　　目前 DI 系統使用高速乾膜光阻，產出速度每小時都有三位數面次水準，除了止焊漆廣泛應用仍在努力，已經被認定是可用大量生產設備。DI 系統對製程降低成本有貢獻，也可得到效益，這可從幾個層面看：

— 可節約底片製作與儲存成本，尤其是需要使用玻璃底片、小量生產但多張底片的應用
— 節省不同料號間更換底片與設定時間
— 降低使用底片必須對裝完底片後首件品質確認時間
— 可彈性調整影像參數，符合生產實際需求而不會明顯影響產出
— 可縮短製造產出時程，及時蒐集資料監控製程與幫助改善品質
— 排除與底片相關影像缺點
— 降低因為溫濕度、粉塵等環境因素對影像品質影響

在節約成本、良率改善方面，這類系統也有技術性優勢：

— 可用較小光點改善影像解析度

— 可簡單做出小於 50μm 影像

— 使用 CCD 與軟體調整也可改善對位能力

— 可利用軟體做隨機補償提升對位水準

　　過去業者使用底片曝光，總是面對溫濕度變化產生的扭曲變形、膨脹收縮、操作損傷等問題，這類系統因為不再採用底片，可改善對位能力與操作性。此外使用 DI 曝光，以 CCD 系統與靶位對正，可做全板、分割、隨機補償等曝光作業模式，這些改變都有助於提升線路製作的對位能力。代表性 DI 類型，如圖 9.4 所示。

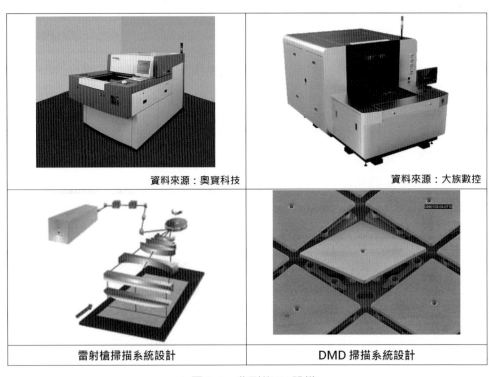

資料來源：奧寶科技　　資料來源：大族數控

雷射槍掃描系統設計　　DMD 掃描系統設計

▲ 圖 9.4　典型的 DI 設備

9.4.3　投射式影像製作

　　業者也發展了投射式影像製作系統，其中最知名的設備類型是步進式 (step-and-repeat) 技術，已經是 IC 影像製作標準技術，但進入電路板製作領域不算太久，特別是有機構裝載板應用。電路板用的投射式曝光系統，並不使用底片作業，而是獨立製作專用底片，利用陣列法搭配數位資料與對位靶做對位曝光。圖 9.5 所示，為步進投射式曝光機機構。

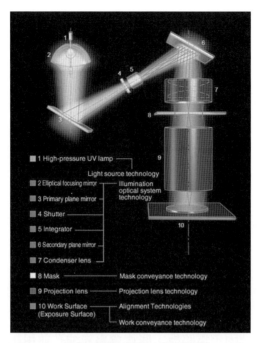

▲ 圖 9.5　投射式曝光機構 (資料來源：Ushio)

9.5 ▓ 曝光作業的雜項解說

9.5.1　接觸式曝光

　　這種曝光單元用各種結構眞空框架，利用機械力讓電路板與底片密接後才做曝光。底片與光阻保護膜緊貼，可避免接觸不良漏光。爲了產生眞空，設備會從一或多個通道排氣，通道應保持暢通，避免空氣排不盡拘束內部。這些通道形成，有時候必須靠搭配適當導氣材料完成。

　　眞空框架有聚酯膜搭配玻璃框、全玻璃框等不同設計，搭配操作板、條幫助排氣密貼，同時也保護玻璃框避免過大應力導致破裂。這種作法，對框與板尺寸差異大或厚板作業格外重要。搭配聚酯膜的框架設計，建議用膜面具有紋理的材料，有利於順利排氣。不過這類有紋理聚酯膜，會讓光源產生繞射而不建議用在高解析度產品。正確使用排氣條，可幫助接觸式曝光機排氣通路順暢，是曝光作業重要部分。沒有這種通道，可能會在電路板周邊產生氣體封閉無法排出，對曝光作業有負面影響。

9.5.2　影像與孔的對位

　　業者會採取策略，確保曝光作業做中線路影像與金屬化盲、通孔、線路襯墊有良好的對位。

a. 使用偶氮 (Diazo) 底片

以偶氮物質遮蔽 UV 特性製作的底片，可見光可順利穿透，作業人員可目視做靶位對正。接著底片以暫時性膠帶固定，翻轉做另外一面對位。這種棕黃色曝光用半透明底片，是以偶氮鹽塗裝的聚酯膜製成，當經過影像翻照後底片會暴露在氨蒸汽中，未受 UV 光區會與鹽類產生耦合作用停留在底片上，而受到 UV 光照射的區域則會分解，這樣留下棕黃色影像。棕色影像不完全算 UV 光遮蔽底片，而是靠材料對 UV 光吸收性達到功能。

b. 自動曝光機

自動曝光機使用 CCD 固態照相機做圖形與孔對位，光源可從背面或正面投射，被照相機感應的圖像經過分析就可做位偏調整。對位完成後底片做密貼，之後再次做對位確認就可曝光。

c. 開闔式玻璃框

開闔式玻璃框利用插梢固定電路板，底片會事先沖孔並用相同插梢配置在電路板上下面。之後會做真空作業，以矽膠支撐玻璃的密封機構透過導氣條支撐與玻璃框建構排氣通道，可幫助順利產生底片、板面密貼再做曝光。底片安裝時會先做上下底片相互對位，以確保後續底片與電路板對位可維持在應有水準，此時底片靠玻璃框設計的溝槽吸附，完成安裝後業者會再用膠帶固定。

d. 蝕刻後沖孔

用於內層板線路與孔位的對位法，會使用蝕刻後沖孔方式做。前後面線路，只要做單面對位就等於整板對位。經過壓膜、曝光、顯影、蝕刻的基板，會進入這個蝕刻後沖孔步驟，這些處理常會搭配在 DES 線後。CCD 照相機會汲取靶位影像，並調整基板位置再做沖孔作業。這種方法的優勢是，沖孔產生的碎屑是在髒點敏感的影像轉移後才產生。

e. DI 的影像比例調整

DI 功能非常有用的特性之一，是可做數位影像比例調整，讓影像圖形與電路板面鑽孔位置達成最佳搭配。電路板在製程中有位置扭曲、偏離天性，DI 設備可透過影像辨識與計算，在產生影像前做適度尺寸調整。某些 DI 系統還可做局部影像調整，這對全板配置許多單片產品的電路板相當有幫助。比例可獨立針對 x 與 y 方向調整，就是縱橫可變動不同比例。圖 9.6 所示，為數位 DI 設備可採用的隨機補償模式。可看到，對位作業中設備利用數位計算轉換，做各種形式對位調整降低偏移程度。

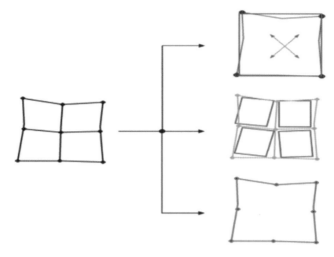

▲ 圖 9.6　曝光對位的數位調整典型模式

f.　步進式影像處理

　　步進式影像處理，可在個別曝光前適度等比例調整影像尺寸，在有限範圍內讓影像搭配性最佳化。這些曝光作業，仍以 CCD 照相機偵測靶位或孔來做。目前筆者所知，這類設備可達對位能力，小範圍作業下，可達到 +/−100nm 對位度。典型步進式曝光操作模式，如圖 9.7 所示。

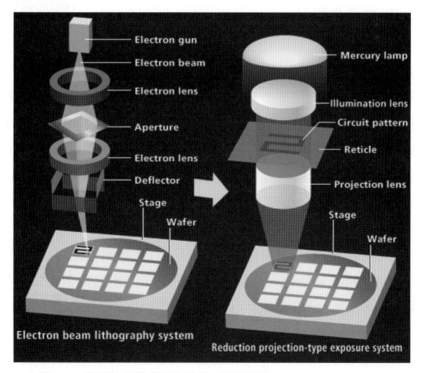

▲ 圖 9.7　典型的步進式曝光模式 (資料來源：http://www.nikon.com)

g. 使用 X-ray 做鑽靶

要做 NC 鑽孔對位製作電鍍通孔，可以靠 X 光鑽靶設備來辨認埋在內層的線路，並鑽出適當參考孔做後續作業。這些鑽靶機製作出來的孔，成為業者所稱鑽孔工具孔。為了避免面次錯誤，都會鑽第三孔防呆。

9.6 顯影

9.6.1 顯影機控制的參數

控制光阻顯影溶液，對獲致高良率、解析、均勻度相當重要。眾多設備關鍵機構與製程變數相互間還有關連性，可能會誤導作業人員與工程師。濃度、水質、溫度、噴壓、顯影點 (break point)、在顯影機內的時間、光阻負荷量、pH 值、顯影後水洗、乾燥等參數，不過是部份的特性與製程變數。

雖然這些參數可能都重要，但其中部分較容易控制在需求範圍內 (如：溫度、時間)。維持化學品濃度在期待範圍，不論批次或有補充溢流系統都一樣重要，這些想法與觀點相當有趣且存在諸多爭論。

9.6.2 控制顯影機的化學品

控制顯影機化學組成相當關鍵，因為在較強的化學組成中，水溶液會產生過度顯影。化學品會分解曝過光的光阻 (對負型配方)，若顯影化學品過度稀釋或耗用，也可能會讓水溶性光阻顯影不足 (未曝光區清潔不全)。完整顯影，是要將未曝光圖形從底部清除，這個狀態發生在接近顯影機後段終點處。大部分未曝光區已在前段清除，且完全清潔出現在顯影點到達時。達到顯影點後還停留過長時間，會導致曝光區也受攻擊。

典型顯影化學品是約 0.8 ～ 1.0% 的碳酸鈉 (或鉀) 溶液，新鮮碳酸鹽溶解到水中會與小量碳酸氫鹽平衡。當碳酸鹽在顯影過程被溶解物與光阻配方的羧基酸根消耗與中和，反應產物、碳酸氫根與光阻形成的鹽類 (光阻負荷 "resist loading") 就逐漸增加。此時 pH 值降低，顯影速度也衰減，顯影狀態會變得較不乾淨 (有板面殘膠風險)。光阻供應商會提供相關光阻負荷對 pH、顯影時間對溫度、顯影時間對光阻負荷等函數關係曲線，也會提供建議顯影點、負荷量、碳酸鹽濃度、溫度等。

一般顯影用碳酸鹽溶液配製濃度，可用酸鹼滴定或導電度測量驗證。利用高濃度溶液 (一般為 25 ～ 45% 碳酸鈉) 與水調節操作溶液，普遍用在補充與溢流式製程，它可用相

同分析管控。量產工廠，不太可能採用批次補充管理。樣品工廠、量生產、研究用，才有機會用這種模式操作。顯影機水平傳輸速度，開始時可將顯影點調整到建議範圍較前端，緊接著在操作中持續監管顯影點變化。一旦顯影點接近建議範圍極限，就排掉顯影液重新配製。

在補充、溢流顯影系統，業者必須選擇作法，控制高濃度碳酸鹽液與水的添加，維護顯影液強度。一般傾向從顯影機儲槽補充高濃度溶液，可先以濃溶液與水在補充槽中混合並監控其濃度。另一種可行方法是間歇打入高濃度溶液與水，依據溢流量成比例補充到顯影機中。作業可用部分後水洗水補充顯影液，這樣可適度節約用水。

有關化學反應的參數控制議題，是有關實際作業是否要補充或停止的判斷。業者選擇之一，是設定維護顯影槽的 pH(如：pH 10.5) 值控制，這個 pH 值可設定在 pH 控制器的補充溢流系統。系統可設定成到達 pH 10.5 時開始補充，而到達 pH 10.7 就停止添加。顯影機的水平傳輸速度，以維持建議顯影點位置調整，同時補充操作濃度 (如：1%) 的碳酸鹽溶液。光阻供應商應該會建議光阻的負荷範圍，同時提供光阻對 pH 值作業特性曲線。在類似狀況下，若作業溶液確實補充且能維持前述酸鹼度水準，這種負荷量的建議應該可維持穩定。

也有業者建議監管顯影槽中的活性碳酸鹽量，可以靠定時酸鹼滴定控制。顯影液分別分析碳酸氫根與碳酸來檢驗溶液中的活性碳酸鹽、總碳酸鹽量，之後計算實際碳酸鹽消耗量。分析過程溶液的負荷量會受消泡劑、光阻干擾，因此維持分析人員滴定穩定性也相當重要。

目前在高解析度光阻應用方面，供應商建議採用半溶劑型顯影液。這類顯影液中，部分具有輕微毒性，雖然高解析度確實吸引業者的眼光，但非不得已多數業者還是會猶豫是否該採用。

9.6.3　顯影機的噴流

各種水平設備都會做噴流模組最佳化，不同設計都有優缺點。有固定噴嘴、噴盒陣列、前後搖擺、水平搖擺噴盤等不同設計，最終都希望產生均勻有效噴流分布。維持均勻噴流分布的目的，是要橫跨整片基板面產生較高衝擊力，這種動力可輔助顯影化學反應。良好的溶液動態補充交換，搭配機械衝擊力，兩者發揮綜效才會有良好顯影。理想的顯影，期待設備有高顯影液表面速度，可降低液體靜態層厚度，噴壓、噴嘴類型會直接影響噴流衝擊力，典型噴嘴衝擊力特性如圖 9.8 所示。

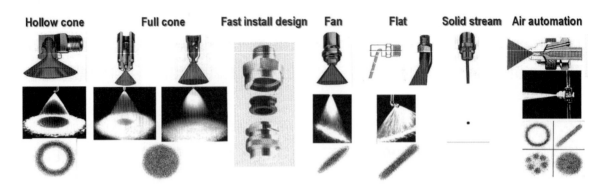

▲ 圖 9.8　不同噴嘴的衝擊力差異

　　直接扇形噴嘴產生較高衝擊力，錐形噴嘴衝擊力略低，折射式扇形噴嘴更低。雖然看起來直接扇形噴嘴是恰當選擇，有時候選擇錐形噴嘴更恰當。扇形噴嘴噴灑區相當狹窄，需要搭配大陣列配置才能覆蓋整個區域。錐形噴嘴會有較大且均勻噴流覆蓋區，可用較少噴嘴覆蓋最大區域。建議避免噴流區直接重疊，會發生衝擊力相互消減與交錯混亂問題。

　　噴流降低相互干擾，適度搭配引導掛架避免薄板重疊也是可行辦法。掛架要隨機配置，避免發生遮蔽不均，水平設備滾輪片要做適當階梯配置，實心滾輪換成片狀滾輪可降低遮蔽率。顯影過程產生的光阻膜屑也會影響噴流、干擾清潔與顯影完整性，因此噴流採用不同角度衝擊也是可用概念。這可將噴嘴調成不同噴流角度，或以搖擺作動態噴流。留意顯影化學品控制並採恰當設計，是達成盲、通孔顯影清潔度的關鍵。

9.7 綠漆開口 (SRO) 技術

　　有一項 HDI 板影像轉移技術，內容不多又不屬於線路製作範疇，但筆者考慮到同質性將它放在本章討論。電路板完成金屬表面處理後，會進入組裝焊接階段。傳統綠漆作法，採用綠漆覆蓋在基材表面的結構，業者稱為襯墊定義 (Pad Define)。自從陣列式構裝普及，板面焊接襯墊設計就以綠漆覆蓋在襯墊上的模式製作，業者稱為止焊漆定義 (Solder Mask Define)，定義出來的區域稱為 SRO(Solder Resist Open)。這種設計有其信賴度考量，細節冗長不在此贅述，有興趣的讀者可查閱構裝技術相關書籍。圖 9.9 所示，為兩種襯墊綠漆製作方法的說明。

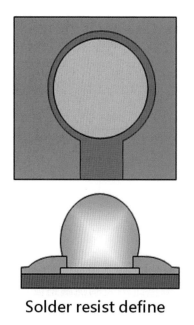
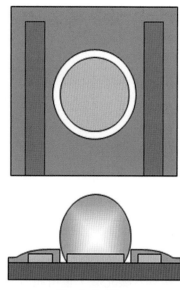

Solder resist define　　　　　　　Pad define

▲ 圖 9.9　板面綠漆製作的模式比較

電路板與載板綠漆、襯墊，目前概略規格需求，如表 9.2 所示。

▼ 表 9.2　綠漆對位與解析度

	一般電路板 (µm)	高階載板 (µm)
線寬間距	> 40/40	< 15/15
球 (凸塊) 襯墊	250	120
綠漆開口	280	60
對位精準度	+/− 20	+/− 10

　　電路板的對位能力，與使用工具、電路板尺寸變化有直接關係。由於綠漆製程已是後段製程，電路板經過多次熱製程與機械加工，整體尺寸穩定度與安定性都必然較差。但電路板講求生產效率與材料利用率，大家都希望能夠在較大生產面積下做生產，大尺寸就代表累積公差大。

　　萬幸的是，多數用於行動電子產品的 HDI 板面積都較小，因此在工作尺寸下可做分區處理，這就可降低公差造成的對位問題。依據表 8.2 所示需求公差水準，業者可自行評估自我尺寸控制水準，決定要將整片板分割成多少塊做曝光才能落入規格範圍。分區與全板對位靶關係示意，如圖 9.10 所示。

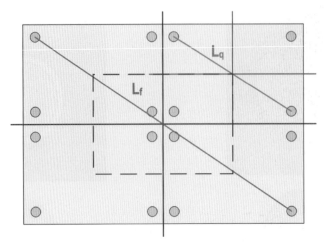

▲ 圖 9.10 分區與全板曝光對位關係示意

　　傳統接觸式曝光機,也可做分區曝光,但無法隨機調整比例來適應電路板尺寸變動,因此業者也期待能有 DI 類設備用在綠漆曝光應用。不過它不同於線路曝光,綠漆所需曝光能量比線路乾膜高得多,因此這類 DI 設備必須有較高能量密度,否則生產速度會慢得無法忍受。此外光源也是問題,由於綠漆聚合較需要多波長光源才能有效聚合,目前不少廠商採用光源為單一波長,這不利於綠漆曝光聚合。DI 系統到目前為止,只有少數設備可做出較接近傳統曝光機的聚合水準,多數都會有底部側蝕問題,如圖 9.11 所示。這些問題,需要材料、設備廠商共同改善。

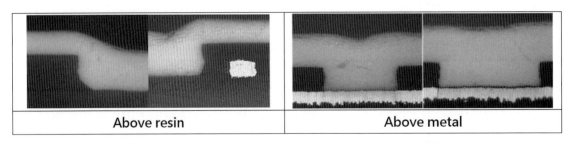

| Above resin | Above metal |

▲ 圖 9.11 不同的綠漆開口設計在 DI 曝光下有不同的側蝕結果

9.8 蝕刻作業

　　蝕刻化學品與機械設計,對 HDI 板生產有不同意義。廠商要確認光阻與銅面有良好結合力,才不會讓蝕刻行為產生過大側蝕或在蝕刻反應中光阻浮離。蝕刻作業參數,其間有些會有互動關係,也有部分是獨立因子。後續內容將討論這些問題,適度修正部份因子有利於改善製程。

　　蝕刻過程出現的側蝕是首要探討問題，讀者必須體認電路板蝕刻屬同向性作用。在看到銅線路蝕刻朝 Z 向前進同時，也會看到藥水朝側向攻擊。即便是調整設備、製程，側向蝕刻現象沒辦法完全避免。廠商利用蝕刻劑霧化，以高而垂直衝擊力讓蝕刻劑穿過光阻。蝕刻溶液含有遮蔽劑，會在銅面產生遮蔽物，垂直衝擊將底部銅遮蔽清除，但留下受力較小的側面銅遮蔽劑。這種技術可提升向下蝕刻 (會有較好蝕刻因子)，同時應該有較高蝕刻速度。這種蝕刻設備搭配快速旋轉噴管套件與周邊配置的抽吸機構，可將水滯效應產生的蝕刻不均現象降到最低。

　　研究報告顯示，將酸性蝕刻劑控制在非常低的自由酸度狀態，可改善蝕刻因子。早期生產線的經驗顯示，在酸性蝕刻液中採用 NaCl 替代 HCl 做為氯離子來源可改善蝕刻因子，原理是因為它會產生複合銅鹽且讓它們不會產生沈澱。

　　不同蝕刻化學品會產生略微不同的蝕刻因子，鹼性蝕刻一般會比酸性蝕刻液產生略低的蝕刻因子。部分研究顯示，採用氯化鐵比用氯化銅的蝕刻因子要高，但並非所有案例都呈現相同結果。

9.8.1　面內蝕刻不均與上下面蝕刻不均

　　水滯效應是導致蝕刻不均、蝕刻因子偏低的原因之一，多數板面上下蝕刻差異來自水滯效應，它會導致蝕刻速率減緩。尤其是在板面中心，會因為水膜成長而成為反應最慢的地方。這種現象在板面下方不會出現，因為液體會受重力而快速排掉。使用抽吸盒設計，交替的在噴流區間將蝕刻劑抽離，是一種排除水滯效應的方法。這樣可讓上下面差異變小提升蝕刻均勻性，如圖 9.12 所示。

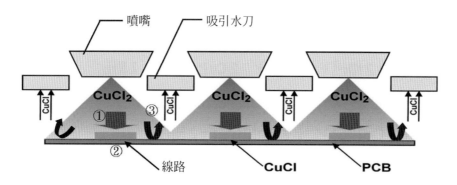

▲ 圖 9.12　噴流與真空抽取的蝕刻系統 (資料來源：Pill)

　　另一種降低水滯效應的方法，是利用噴壓配置處理，讓蝕刻劑流線進入噴盒中心，這是電路板動線中心。噴壓力在中心處維持在最高水準，而逐步朝向噴流末端遞減。類似作法還有中心與邊緣噴嘴配置調整，讓電路板中心受噴量高於邊緣，藉以平衡全板蝕刻速率。

9.8.2　蝕刻噴流的障礙

　　水平傳動輪會妨礙噴流，因此非傳動輸送的系統就逐漸普及起來。它們並非完全排除水平傳輸概念，而是把多數夾持、輸送機構轉移到邊緣，或者是以夾具夾持電路板邊緣並以輕微張力做支撐。若還是採用水平傳送輪體，廠商也會採用簍空設計來降低遮蔽性。輪體配置也會採用隨機遮蔽原則，這能夠讓電路板作用性達到均勻。若面對薄板，要有額外支撐或者治具，搖擺與隨機遮蔽也是必要的思考項目。

9.9　鹼性蝕刻

　　鹼式氯化銅蝕刻劑是一種較專密性的化學品，有幾種不同的配方設計搭配高產速與細線路生產需求。這類蝕刻劑是選用錫、錫鉛蝕刻阻劑時較喜歡採用的藥水，因為它們不會在快速銅蝕刻作用下以同等速度被攻擊。所有液態、乾膜光阻，都會受這種藥水一定程度的攻擊，但在正確參數控制下某些光阻還是可順利工作。

　　某些光阻經過設計，較可承受鹼性蝕刻劑的浸泡，多數這類材料都被用在外層線路蝕刻作業上，不過也有少數業者用在內層板、雙面板、單面板的線路蝕刻。

　　鹼式氯化銅的基本化學反應，是以銅離子將銅金屬氧化成亞銅離子，反應方程式與酸性氯化銅相同，其中銅離子作為攻擊銅金屬的氧化劑。不過它的狀態是不同的，因為它發生在鹼性環境下，這時不論是亞銅或銅離子都會與氨水形成複合物。典型的鹼性蝕刻反應，如圖 9.13 所示。

Oxidation/Regeneration Mechanism

$$Cu^0 + Cu^{2+} \rightarrow 2\,Cu^+$$

$$2\,Cu^+ + 2\,NH_4^+ + 1/2\,O_2 \rightarrow 2\,Cu^{2+} + H_2O + 2\,NH_3$$

Described as Tetramine / Diamine Complex

$$Cu^0 + Cu(NH_3)_4^{2+} \rightarrow 2\,Cu(NH_3)_2^{2+} + 2\,NH_3$$

$$2\,Cu(NH_3)_2Cl + 2\,NH_3 + 2\,NH_4Cl + 1/2\,O_2 \rightarrow 2Cu(NH_3)_4Cl_2 + H_2O$$

▲ 圖 9.13　鹼性蝕刻的化學反應

　　鹼性蝕刻劑更不同的地方是，亞銅離子會快速受空氣中的氧作用而氧化，因此不需要用氧化劑。氧再生反應對酸性蝕刻劑作業而言速度太慢，但用空氣氧化對鹼性蝕刻速度需

求卻是足夠的。氯化銨與溶液中的氨水在複合作用中會產生消耗，在銅金屬與亞銅離子氧化時，它們會產生複合作用成為可溶解銅離子，因此必須補充。

9.9.1　蝕刻劑的 pH 值

藥水酸鹼狀態攸關溶解度控制、蝕刻速率與側蝕水準，酸鹼狀態也對光阻表現產生重要影響。較低 pH 會有較低的側蝕 (較高的蝕刻因子)，因此較低的 pH 值會用在細線生產。不過對給定的鹼性蝕刻系統，pH 值必須維持在下限以上 (依銅濃度而定)，這才能讓銅鹽維持在藥水中。

較高的 pH 值會產生較高的蝕刻速率，而較低的 pH 值則蝕刻速率較低。因此高 pH 值鹼性蝕刻劑適合用在高產量場合，同時也較適合應對高銅溶解度。高 pH 值會產生較大的側蝕，也會影響某些光阻性能表現，特別是水溶性光阻。部分水溶性光阻會軟化甚至剝離，這些都是在高 pH 值鹼性蝕刻環境下常見的問題。

補充液含氨水，以提供必要的鹼來維持藥水 pH 值 (高於 pH 7.0)，氨水添加是必要手段，可讓 pH 值保持在建議範圍。氨氣或氨水添加都可採用自動設計，靠 pH 感應裝置與控制系統調節。氨水含有水分，因此水分流失、添加間的平衡需掌握，添加水不能讓藥水中的氨或銅含量跳出建議範圍，應該掌握系統每天啟動前狀態。雖然作業中會有水揮發流失，但應該都遠低於氨水添加帶來的水量。氨氣相當適合做 pH 控制，它不含水可避免擾動平衡，不過直接使用有安全顧忌。

9.9.2　銅含量

銅濃度會影響蝕刻速率與蝕刻因子，對某些細線用的鹼性蝕刻液配方，在操作範圍內有較高銅濃度，可增加蝕刻速率並增加蝕刻因子。對特定蝕刻系統，若銅濃度超出建議範圍就可能會降低蝕刻速率並導致銅泥與銅鹽沈積。一旦出現沈澱現象，就需要相當長時間才能重新溶解，此時最好的方法就是排除重配。

用高銅系統操作在作業範圍上限，是期待高產量業者較喜歡的方式。不過使用低銅系統操作在接近範圍下限，常是製作細線路產品較喜歡的方法。銅含量控制一般是監控藥水比重，用波美 (Baumé) 控制器做管控。波美控制器也會受氨濃度影響，銅含量應該要用滴定輔助分析，常用硫代硫酸鹽滴定。添加劑補充會降低銅濃度，要注意銅含量是否降到超出建議範圍，而其它化學品又是否維持正常。

9.9.3　氯含量

添加氯是蝕刻製程必要步驟，因為反應產物氯化亞銅、氯化銅都是消耗氯的反應。與酸性氯化銅蝕刻不同，過多氯不會對複合反應與產物溶解產生功能性，鹼性蝕刻發揮複合反應的是氨水。氯建議濃度應該依據各化學品供應商建議配製，且要嚴謹監控操作範圍。若氯濃度降低且銅濃度提高，銅鹽污泥就會出現。若氯濃度過高，錫鉛、純錫鍍層就可能被攻擊。高氯濃度是高產出條件，較低氯濃度常用在細線路製作。氯也具有緩衝功能，理論緩衝劑是氯化銨，碳酸銨出現也可提升緩衝效果。

氯會搭配補充液添加，氯濃度可用氯化銀滴定分析，標準程序多數藥水商會提供。補充液氯濃度一般不會與蝕刻液完全相同，鹼性蝕刻是一種動態化學系統。其中水與氨揮發損失變化，都發生在補充槽與蝕刻槽內，蝕刻劑使用量、氨水做 pH 控制、抽風系統狀態等，都會影響蝕刻劑氯濃度平衡，因此氯濃度有可能逐漸偏離建議範圍。操作必須週期性做氯分析，太低可添加氯化銨鹽，若濃度偏離過大且是以氨水添加調整 pH 值，可以靠增加抽風將狀態調回來，這會導致氨氣揮發提高添加頻繁，也會因氨水帶入的水量稀釋藥水。有時候若 pH 夠高可直接加水稀釋氯，但除非供應商建議較不建議採用。

9.9.4　溫度的影響與控制

蝕刻溫度會影響蝕刻速率，溫度每增加 6℃ 蝕刻速率約增加 15%。操作溫度上限，受蝕刻設備反應槽特性影響，多數不會超過 55℃。設備都會搭配加熱、冷卻，降低溫度變化影響。操作溫度會影響氨水用量與 pH 控制，因氨水有揮性問題。較低的溫度與抽風，可降低氨水消耗量。

9.9.5　護岸劑 (Banking Agents)

鹼性蝕刻劑有時會含專有護岸劑與安定劑，以提升蝕刻因子。這些添加劑會在配槽藥水與補充液中，理論是護岸劑會在銅側壁產生保護膜，這樣可降低側向攻擊。不過非常少公開文獻與證據，報告它有明顯效果。

9.9.6　氧供應 / 抽風

空氣的氧，是鹼性蝕刻劑氧化亞銅離子的氧化劑。設備抽風必須提供足夠氣流，透過噴入蝕刻槽加強反應，同時應該避免氨氣進入製程區。若沒有足夠空氣供應，亞銅離子無法完全氧化成銅離子，會減緩蝕刻降低產能。若抽風太大氨氣損失，會降低蝕刻速率與銅溶解度，可能導致沉澱。鹼性蝕刻機設計成空氣攪拌模式，以確保有足夠新鮮氧供應。氧

也可在控制下導入蝕刻劑再生循環，直接與蝕刻槽做連結。正確平衡抽風與排氣流量相當關鍵，若操作不當氨水可能嚴重攻擊蝕刻阻劑。

9.9.7　水平傳送速度

水平傳送速度設定，是為能夠獲得足夠反應時間與期待蝕刻結果，這樣線寬、側蝕程度、阻抗值等才能進入管控範圍。蝕刻完成點測試可用來調整水平設備傳輸速度，蝕刻完成點就是蝕刻槽中基板面銅剛好完全蝕刻的點。它是以蝕刻槽總長度百分比表示，一般典型蝕刻完成點位置為 80～85%，不過若要以過蝕生產電路板，也可將完成點設定在 75%。在蝕刻劑中停滯時間過長，對金屬蝕阻劑是一種考驗，因為增加浸泡時間會增加阻劑的攻擊與氧化還原電池效應。

9.8.8　補充

鹼性蝕刻劑補充與酸性蝕刻劑不同，氧化亞銅離子在製程中會被空氣氧化成銅離子，與酸性製程不同，它是非常快速的氧化流程。化學品補充需要針對製程消耗處理，補充化學品由蝕刻劑供應商提供，且多數都含有氯化銨與氨水。有時候配方也會含碳酸銨作為緩衝劑，每種化學系統補充品都有其獨特性，必須符合系統需求並維持穩定。

控制 pH 可添加氨氣或氨水，不過氨氣添加有操作風險，而氨水可自動添加。但氨水會同時帶入水，如何保持藥水穩定需要考慮。鹼性蝕刻補充主要靠藥水比重控制器 (波美控制器)，藥水比重正比於銅與氯濃度，當銅進入藥水比重就會增加，這是銅與氯濃度提升所致，而水或氨水揮發也有相同結果。控制器可感應並自動添加，直到略微超過設定點才停止。添加產生的過量體積，會利用平行設置幫浦打出去，進與出的體積要維持相同。圖 9.14 所示，為典型的鹼性蝕刻補充系統。

補充液含有氨水、氯化銨、碳酸銨、護岸劑等添加混合物，不論氨水與氯化胺，在銅蝕刻製程中都會消耗。因此會搭配 pH 控制自動做補充，要保持化學品狀況在操作標準內。不過正常的化學分析還是必要的，這樣才能確保長時間的製程穩定度。

化學品添加會受到特別關注，是因為氨水、氯化胺會與銅產生複合物，另外氨水會攻擊液態光阻產生副作用。鹼性蝕刻後的第一道清洗不是水洗，而是以不平衡化學品做噴洗。對鹼性蝕刻劑而言，補充劑是添加到清洗槽，之後添加品在槽內混合並順序溢流到蝕刻儲槽。這個噴流清洗槽被歸類為環境控制槽，它具有的功能之一是要節約用水，並將帶出化學品帶回反應槽。這些不含銅添加物讓該槽含銅量維持在低水準，一定條件下若添加物只進這個槽，添加劑打到補充槽與溢流到蝕刻槽間就會有時間差，可能導致製程不穩定。

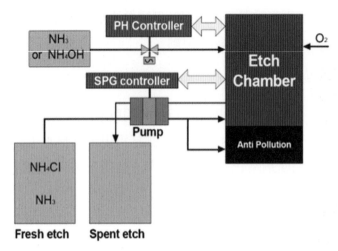

▲ 圖 9.14　鹼性蝕刻補充系統

　　這種狀態較常發生在使用頻率低的系統，抽風產生揮發造成補充槽液位下降。這時添加物必須重新填滿槽體才會溢流，藥水進入蝕刻槽時間延後而導致蝕刻力提升也延後。這時補充應該要部分跳過新鮮蝕刻槽，將部分補充液直接打入蝕刻槽。不過這會降低原始降低污染的設計效能，因為這個步驟銅含量會升高，較多的銅會帶入最後水洗。這種銅是與氨水形成複合物的結構，會讓廢水處理變得較麻煩。

　　另一個讓後段槽保持低銅濃度的原因，是若銅濃度偏高的液體浸潤電路板會繼續蝕銅，會讓製程變得更複雜。補充劑浸潤的後段槽，有時候會有非常高的 pH 值，因為較熱的蝕刻槽會讓氨氣逸出，這時氣體會被補充槽的噴流作業吸收，這樣會增加化學品攻擊水溶性光阻的機會，這方面的平衡與防制可以靠平衡蝕刻槽抽風來達成。

9.10 氯化銅蝕刻

　　氯化銅蝕刻設計成低成本且穩定的技術，用來生產蓋膜、蝕刻 (Print & Etch) 的線路製程。銅金屬先被一個銅離子氧化成為為兩個亞銅離子：

$$CuO + Cu^{2+} \rightarrow 2Cu^{1+}$$

　　Cu^{1+} 離子不溶於水，但可透過配位離子幫助產生溶解性，這些離子靠靜電吸引圍繞在 Cu^{1+} 原子周邊。氯離子 Cl^- 就是一個 Cu^{1+} 配位離子的範例，若配製溶液含有 Cu^{2+} 與 Cl^- 離子並溶解在含有氯化銅的水中，這種溶液就有蝕刻銅金屬的能力，因為 Cu^{1+} 離子可溶解在這種水溶液中，這樣反應就可做了。實際狀況是，Cu^{1+} 離子需要相對高濃度的 Cl^-，讓它們能溶解在水中。完整的蝕刻反應式如後：

$$CuCl_{2\{aq\}} + Cu_{\{s\}} \rightarrow 2CuCl_{\{aq\}}$$

9.10.1 再生作用

氯化銅蝕刻劑可利用添加氧化劑，將 Cu^{1+} 離子氧化回到 Cu^{2+}，再生成原始的離子狀態。普遍用於電路板業的氧化劑是雙氧水、次氯酸鈉、鹽酸、溶解氧等，酸性蝕刻利用溶氧再生的問題是速度慢，因為溶解在水中的氧氣相當有限。但氣體再生是可免費獲取，且不可能有添加過量的問題。靠氧氣再生的方程式是：

$$2H^+ + Cu^{1+} + O_{\{aq\}} \rightarrow Cu^{2+} + H_2O$$

可看到方程式有 H^+ 的消耗，因此有什麼方法可比用添加鹽酸更方便補充它？當溶液有過量鹽酸時，整體氯含量即保持平衡，且當它在生命週期中消耗其它四種成分時溶液也會隨之成長，這些包括：銅金屬、氧 (來自空氣)、鹽酸、水。整個再生反應方程式可寫成後續平衡關係：

$$2HCl_{\{aq\}} + 2CuCl_{\{aq\}} + O_{\{aq\}} \rightarrow 2CuCl_{2\{aq\}} + H_2O_{\{aq\}}$$

實際作業狀況下，Cu^{2+}、Cu^{1+} 濃度與自由酸都會影響蝕刻速度，尤其是 Cu^{1+} 離子對蝕刻速率影響最大。Cu^{1+} 溶解度與 Cu^{2+} 相比低得多，因為它直接在銅面產生，這是反應發生的位置會出現遮蔽蝕刻作用。因此 Cu^{1+} 離子必須儘快從銅面清除，才能產生最大蝕刻速度。要達到效果的有效方法，就是最大化 Cu^{1+} 溶解度，這樣它就可快速擴散到溶液中。要讓 Cu^{1+} 在銅面擴散速度增加，就應該維持大環境溶液內相對濃度在較低的水準。

9.10.2 操作參數

操作空氣再生的氯化銅蝕刻劑，比一般性蝕刻劑更需要關注操作參數，如：氯化鐵或過硫酸銨。若蝕刻槽的操作參數偏離過多，蝕刻速度會嚴重衰減或偏離。當蝕刻過慢，使用氯化銅的好處可能就不見了。要發揮氯化銅效率與成本效益，還是必須要使用再生系統。表 9.3 所示，為典型蝕刻槽建議操作參數。

▼ 表 9.3　建議的槽體操作參數

參數	Min	Max	說明
自由酸濃度 (M)	1.0	3.0	HCl 高，揮發增加，蝕刻速率增加
比重 (g/cm³)	1.22	1.38	範圍內蝕刻速率相對穩定
溫度	0	40	溫度高，HCl 揮發增加，蝕刻速率增加
板面積負荷 (L/cm²)	0.016	-	假設殘銅率 50%、雙面板、1oz 銅皮
最大亞銅濃度 (g/L)	-	5	水滴應該偏淡綠或橄欖綠，若出現棕色現象就表示可能亞銅偏高

9.11 以削銅提昇細線路製作能力

目前主流構裝載板產品線寬間距，仍然維持在 15/15μm 以上水準，而一般的 HDI 電路板則多數維持在 30/30μm 以上水準。有些研究做細線路製作能力研討，使用表面均勻蝕刻製程與較薄的乾膜，檢討這種製程技術可延伸的程度。當使用削銅製程將面銅厚度降到 3 ～ 5μm，就可用全板電鍍與全蝕刻製作細線路。

傳統線路電鍍製程，以底銅約 20μm 開始做線路電鍍，而線路表面電鍍一層錫作為蝕刻阻劑。這種厚底銅在蝕刻後產出的線路會較小，而線路電鍍後增加的電鍍錫層也會影響到鹼性蝕刻的蝕刻因子，另外若過度電鍍還會影響光阻剝除。因此要製作更細線路的電路板，傳統線路電鍍製程必須要做改善。

理論上良好控制的表面削銅蝕刻製程，可幫助 HDI 產品獲致細線製作能力。這種技術可選用 12 ～ 18μm 低稜線銅皮為基礎，利用削銅法將底銅厚度降低到 9μm 以下。這雖然會增加額外程序，但不必採購超薄銅皮還是可降低成本。此外也因為使用的銅皮與一般常用物料相當，並不需要改變壓板作業習慣。

9.12 內埋線路製作

有兩種基本方法可製作埋入線路，第一種方法包含幾個變數，包括在介電質上產生溝槽與孔，這可定義出線路與孔的尺寸。溝槽與孔可以靠壓印或以雷射切割產生。另外一個想法，則是以線路電鍍將線路製作在一片導電層上，之後再反壓到介電質內。到目前為止，沒有辦法確認究竟哪種方法最終會成為主流，或者所有這些方法最後都沒有發揮作用。不過這類技術目前已經有相關廠商嘗試使用，且投入了研發資源做應用研發。圖 9.15 所示，為內埋線路切片。

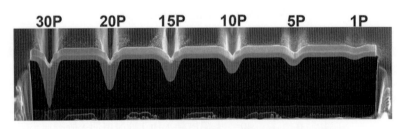

▲ 圖 9.15　雷射切割產生溝槽後電鍍填充的內埋線路

CHAPTER 10

HDI 板層間導通處理與銅電鍍

10.1 概述

電路板製作孔是為了傳送電訊及電能，建構順暢連通的電通路是必要程序。以往電路板連通都是以電鍍為主，利用電鍍銅形成線路層間通路。但由於成本、組裝、設計方便性等因素，各種不同導通做法、觀念、材料、製程及規格要求陸續被提出。雖然到目前為止提出的方法五花八門，但仍然脫離不了電鍍、填孔、凸塊三類連結法。

許多電路板設計、製作技術，都脫離不了核心板，通孔填膠平面電鍍做法也必須列入討論，這就是高密度電路板重要議題「層間導通技術」。而高密度組裝，涉及的銜接介面複雜度也提高，此時必須面對的金屬表面處理也朝多樣化發展，這些都將在本章內容中討論。

10.2 HDI 小孔結構製作與處理方法

發展 HDI 技術重大挑戰之一，是建立均勻的微、盲孔電鍍銅能力。當盲孔縱橫比接近 1.0 或更高，要讓孔壁析鍍到基本厚度更為困難，更不用說要成功做起始金屬化處理。其中重要挑戰是如何維持良好貫孔性 (Throwing Power)，同時也沒有出現表面過度電鍍厚度。

HDI 板為了要維持基本強度，多數都會搭配核心板 (Core) 設計，能提供支撐強度，並採用略厚材料製作產品。但因為密度需求，多數鑽孔孔徑又採用較小設計，會有高縱橫比 (High Aspect Ratio) 通孔出現，這種現象對電鍍是嚴苛的考驗。

多數貫通孔電鍍，縱橫比若大於 4 以上就是困難電鍍規格。多數高密度電子產品使用的電路板設計，因為厚度需求都較薄，若鑽孔徑不過小並不成問題。但若面對板厚略高如：1.4 mm 以上，通孔孔徑又設計成 250μm 以下，則恰好達到困難點就要小心。以 HDI 板大宗應用，這種厚度電路板很少見，但對 ASIC 用大型構裝載板，問題就較嚴苛。

10.3 銅電鍍

當電路板設計採用小孔、厚材料，電鍍重點是要能達到較高的貫孔能力，同時能提供良好整平性。為了讓高縱橫比孔能承受多次熱循環，孔內銅電鍍必須均勻且有良好物性。此外電鍍銅品質也與金屬化品質極相關，看法已如前述。不過電鍍製程必須做最佳化，降低可能發生的狗骨頭現象，電鍍銅金屬結構要能提供與承受撓曲、高溫等電路板需要的特性。狗骨頭的定義為，出現在通、盲孔口與孔內不均勻的銅厚度分布，盲孔典型現象如圖 10.1 所示。

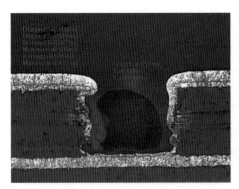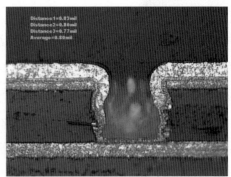

▲ 圖 10.1　狗骨頭電鍍的範例，表面有更多的銅且逐步縮減進入孔內

以上特性是孔電鍍信賴度重要關鍵，當孔內銅析鍍達到基本厚度以上才能確保品質穩定。拉長電鍍時間，可增加電鍍銅平均厚度，但若出現不均勻恐怕反而會讓問題加劇。這些問題，在業者用填孔技術時較不成問題，但填孔電鍍成本相對較高。

10.4 電鍍理論簡述

以直流電鍍製作電路板，是多年來最普遍的技術，而硫酸銅槽已經是普及的電鍍槽配方。要影響晶粒結構形成，業者會添加晶粒細緻劑、潤濕劑、光澤劑等配方，同時搭配基本電鍍混合物：水、硫酸銅、硫酸等。電鍍時銅離子分散在溶液中，作業中要維持銅離子

濃度在一定水準，銅金屬溶質必須補充。依據採用的陽極不同，電鍍電化學反應也不同，典型電化學反應式如圖 10.2 所示。

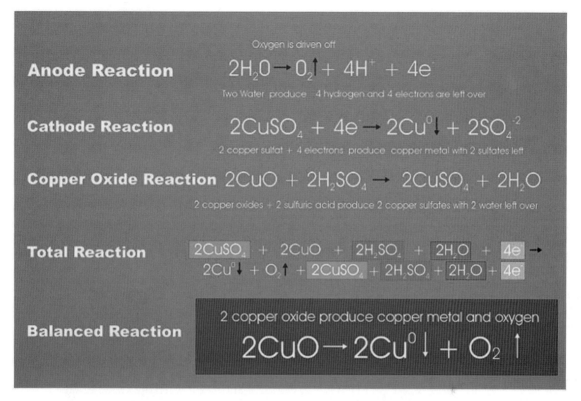

▲ 圖 10.2　電鍍銅槽中不同陽極的電化學反應整理

在溶解性陽極反應，可觀察到副反應，某些狀況銅陽極材料會被一層未知物質覆蓋。這層物質微溶於硫酸，同時會拘束電流產生，這時陽極就變得鈍化或者說是極化 (polarized)。當業者導入脈衝電鍍設備，極化現象被用來改善電鍍金屬的分布。這種電鍍方法，在極短時間內電路板會暫時成為陽極。

良好的電鍍，必須平衡板面攪拌與孔內液體移動，才能讓全板電鍍均勻性提昇並呈現優異電鍍貫孔能力。良好溶液的混合也相當重要，應該避免局部反應與不均勻現象。電鍍速率受到質量傳送限制，在陰極表面會出現一層臨界層，這會減緩表面析鍍。要獲得均勻的電鍍層，降低臨界層厚度相當重要。

通、盲孔電鍍均勻度仍持續受到挑戰，且因為電路板設計更趨複雜化而變得更困難。事情相當清楚，電鍍均勻度明顯受溶液化學組成影響，也會受到溶液攪拌條件影響。選擇電鍍銅方法應對高縱橫比孔，需要考慮電鍍製程的複雜設計與電鍍孔困難度。廠商已有幾個建議改善方向：

—　最佳化製程化學配方與槽體設計

—　降低陰極電流密度，延長電鍍時間

—　考慮使用脈衝電鍍

　　即便有最佳貫孔能力的電鍍製程，較高縱橫比還是可能超過傳統銅電鍍製程能力。有些公司嘗試用低於 10 ASF 電流密度電鍍盲孔，期待能改善整體電鍍分布與貫孔能力，不過電鍍時間延長是為了獲得必要厚度，這些努力仍不足以解決所有問題，直接電鍍處理的導電度不足、除膠渣 / 表面處理狀況不佳，都會導致孔內電鍍厚度偏低。

10.4.1 直流與脈衝電鍍

　　業者解決孔銅偏低的想法之一，是將傳統直流電鍍轉換成脈衝電鍍。脈衝電鍍電源供應會產生一個正向陰極電流，並間歇性出現短暫陽極電流，這個陽極反向電流脈衝時間相當短。至於陰極電流 (正向電流) 都會比陽極電流時間長得多，而反向瞬間電流又會比正向電流強度高。

　　脈衝電鍍會在槽體內出現阻斷、反向電流，這樣會週期性在陰陽極間產生極性變換。正向 (陰極) 電流受到干擾並反向轉換 (如：換成陽極) 短時間，陽極 (反向) 電流會產生一定量的離子漂離，這些添加物被吸引到高電流密度區且吸附在電路板面，吸附的添加物就成為絕緣體。它會遮蔽電流暫時防止正向電流在此析鍍銅，這個過程被用來影響電鍍的貫孔能力、分布、粗度及其它材料特性。這種修正過的電流，是由電源供應裝置調整輸送到電鍍槽。對業者而言，這種電源供應設備是不小的投資，製造商必須衡量設備投資與利益平衡。脈衝電鍍能改善電鍍分布與貫孔能力，與直流電鍍較可縮短實際電鍍時間。

10.4.2 盲孔電鍍

　　盲孔電鍍是難度較高的電鍍，盲孔結構屬於單邊開口，不論除膠渣、化學銅或直接電鍍，製程都有藥水置換困難的問題。因此液體潤濕 (Wetting)、損耗補充，都成為電鍍處理的困難處。業者公認的盲孔電鍍難度指標，原則上以縱橫比 0.5 為界線，高於 0.5 就被認定是難度加劇。

　　設定這種參考指標有其背景，傳統電路板製作仍然以吊車式垂直電鍍為主，因此先天機械設計限制了電鍍能力。吊車式垂直電鍍，主要機械結構仍以吊車、掛架、搖擺帶動機構為主體，因此槽內設計侷限了大陰陽極距離設計，而盲孔電鍍用空氣攪拌也沒有噴流機構理想。這種設備設計對單邊開口的盲孔，需要大量新鮮藥液補充銅離子，電鍍確實是一大問題。垂直電鍍設備機構，如圖 10.3 所示，是一個難有衝擊噴流設計的設備。

▲ 圖 10.3　一般傳統線路電鍍設備

　　某些手持產品用 HDI 板，為了簡化製程降低成本，會採用跳層孔設計。部份構裝載板，為了保持基本強度會希望維持基本板厚度 100μm。這兩種狀況若將孔徑設計成 90μm 以下，則電鍍需要面對的縱橫比都會超過 1.0 以上。圖 10.4 所示，為跳層孔的設計範例。

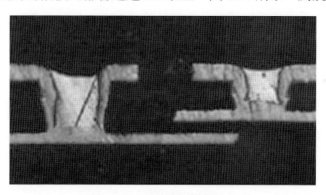

▲ 圖 10.4　HDI 路板跳層孔設計

　　HDI 板需要配置更多線路而必須用更小盲孔，但受限於絕緣材料厚度無法同步降低，業者將面對電鍍考驗。目前部分廠商還是嘗試做垂直電鍍設備改善，以應付無銅表面的金屬化與電鍍處理。

　　電鍍空氣攪拌會出現問題，包括：化學品氧化影響溶液組成、出現氣泡影響電阻、無法明顯提升電鍍速率。空氣攪拌貢獻最不明顯的是對電阻的影響，它大約只能提昇 25 ～ 30％ 電鍍能力，而成為明顯電力成本因素。噴流器 (Ejector) 是依據「凡氏管」原理設計，一份體積液體打入會因為壓力降而抽入四倍體積液體，使這種器件成為高效率的噴流系統，如圖 10.5 所示。

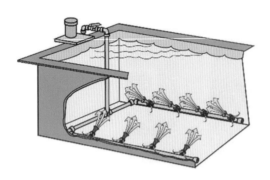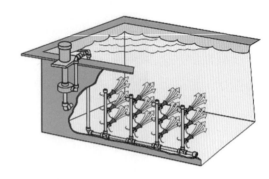

▲ 圖 10.5　以噴流器強化槽內攪拌的範例

　　當它完全浸泡在溶液中不會吸入空氣。噴流器攪拌克服了空氣攪拌缺點,可排除氣泡、起霧問題。此外噴流器也提供較均勻的電鍍液混合攪拌,可讓死角變少。它提供的攪拌流動較呈現層流狀態,而空氣攪拌則呈現紊流,紊流只能提升混合效果。要獲得高品質電鍍,較期待直接的介面攪拌且多在陰極擴散層上。這可幫助降低擴散層厚度,有效輸送添加劑與離子到陰極表面。

　　現在較多業者開始轉向垂直傳動式電鍍線 (VCP) 發展。這些設備主要變動,是針對電鍍死角盲孔做加強液體交換的結構設計,包括噴流改善、縮小距離、採用不溶性陽極、增加特殊夾具等,這些不同設計組合可強化盲孔電鍍效果,增強較深盲孔及薄內層板的電鍍能力。圖 10.6 所示,為典型垂直傳動電鍍線範例。

▲ 圖 10.6　典型垂直傳動電鍍線

10.4.3 兩種不同電鍍作業

a. 全板電鍍製程

全板電鍍是全銅厚度一次達成，之後利用影像轉移與全蝕刻製作線路。理想狀況以薄銅皮開始，讓蝕刻負擔降低並能更精準控制線路規格。某些廠商傾向用另一種技術，在全板電鍍後用影像轉移製作出圖形，之後電鍍錫作爲蝕刻阻隔，完成後做鹼性蝕刻。這種作法可降低大孔蓋乾膜破損風險，同時降低蝕刻線路高度也有助於提昇蝕刻因子。

b. 線路電鍍製程

線路電鍍之所以如此稱呼，是因爲只有電路板導線區與孔周邊會被電鍍到。板面只有薄化銅或銅皮加快速電鍍層，全板基礎銅厚度都相當薄。光阻在導通處理後製作，經過影像轉移只暴露出電鍍區。電鍍區的銅不會被蝕除，成爲成品一部份留在板上。銅層電鍍後，可選擇有或無電鍍錫，接著做線路蝕刻產生完整線路。一般外層銅電鍍約會將全板銅厚度提升到 36μm，構裝載板則可能需要達到 20 ～ 25μm，這樣較能保證最終產品符合期待厚度。不過筆者認爲，未來整體銅厚會因爲 HDI 細線路需求增加而降低，某些廠商已可接受孔銅最低 10μm 以上的水準。

10.4.4 填孔電鍍

填充電鍍通孔對者不是新需求，多年前終端使用者就開始要求部分或全部孔要以綠漆填滿，這種處理主要目的是避免焊錫單邊貫穿造成組裝問題，在電氣測試也可免除真空固定漏氣。讓孔內助焊劑殘留量降低，也是結構的目的。不過電路板設計複雜度提高，特別是局部填充被完整填孔電鍍、埋孔、全填孔結構取代，電路板製作難度當然會提高。一般而言要以電鍍完全填充盲孔是可能的，而採用導電性或不導電高分子油墨也可完全填充通、盲孔。圖 10.7 所示，爲完整電鍍填充的盲孔。

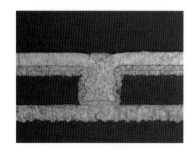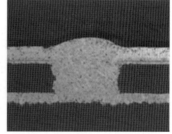

▲ 圖 10.7　銅填孔範例

填孔需求的關鍵原因為：

— 增加電路板的密度與頻率
— 最小化訊號延遲並避免可能的電子遷移影響
— 至做出平整的電路板表層並避免空泡殘存
— 提升構裝載板的 I/O 配置能力
— 避免介電質或導電物質填充可能產生的空泡與填充不全
— 避免金屬與樹脂間的膨脹係數差異問題
— 改善細線、堆疊孔、互連信賴度等

盲孔電鍍的幾種主要行為，會隨藥水配方與電鍍操作條件不同而不同，常見的幾種電鍍銅析出成長模式如下：

(1) 均勻成長型（Conformal） 孔內、板面銅成長速率一致，鍍久了會將盲孔填滿，但孔中心兩孔壁接合處可能會一條細縫或空泡產生
(2) 非均勻成長型（Anti-Conformal） 這在一般電鍍最常見，因添加劑抑制效果不佳，面銅及高電流密度區沈積速度高於其它區。面對高縱橫比盲孔，電鍍時間增加盲孔口會發生封口現象，孔內留空泡對產品品質有負面影響
(3) 爆發填孔型（Super-Filling） 利用特殊添加劑調控孔內、面銅成長速度，可使電鍍一面抑制面銅沈積，一面加速孔內沈積，有機會達到填孔效果

填孔電鍍技術探討從化工眼光來看，就是利用物理、化學方法將金屬離子傳送路徑改變，藉以改變金屬析出速率。一般常見的填孔電鍍控制因素主要集中在：(1) 電源供應模式 (2) 電流密度 (3) 電鍍陽極的型態 (4) 攪拌方式 (5) 電鍍槽液基本組成及電鍍添加劑等五項議題。

(1) 電源供應模式 (Power Supply)

電鍍藉電源供應器提供固定電流，供給電鍍銅所需能量，一般分為直流與脈衝兩型。直流型 (DC-Direct Current) 整流器便宜設計也簡單，廣為業界採用。利用直流電電鍍填孔，由於一次電流分佈限制，須靠電鍍液及添加劑調整來改變二次電流分佈，以達到填孔目的。

脈衝型 (Pulse Type Current) 整流器，操作模式可依其波形特性，再分脈衝及反脈衝兩種。它們都利用調整輸出波形，改變銅析出分佈狀況。填孔電鍍主要利用波形變化，增加盲孔底部析出速度。對孔口及面銅析出，施以反向電流來反咬減薄以達到填孔目的，基本概念已如前述。

對填孔電鍍而言波形決定至為重要，此時添加劑的影響會相對變小。要達成脈衝電鍍效果，電鍍設備要求必須嚴謹 (如：避免電感或集膚效應)。因為添加劑消耗量比直流電鍍大，槽液穩定性容易變差。脈衝整流器設置成本昂貴，目前業界仍以 DC 填孔電鍍為主。

(2)　電流密度 (Current Density)

電流密度愈高，外加驅動力 (driving force) 越大，同樣的電鍍厚度所需電鍍時間也愈少。填孔電鍍若操作電流密度過高，容易使電鍍銅結構鬆散，使添加劑效果無法發揮，不利填孔電鍍效果發揮。

(3)　電鍍陽極的型態 (Anode Type)

銅電鍍陽極形式，主要分為可溶性陽極 (Soluble Anode)、不溶性陽極 (Insoluble Anode) 兩類。傳統板廠商仍以使用磷銅球作陽極為主，主要功能在穩定析出銅離子補充陰極的流失。至於不溶性陽極，多數使用氧化銥鈦板或網作陽極，屬於惰性陽極系統，在電鍍時並不直接參與化學反應。基本電化學反應，如前述圖 10.2 所示。

使用不溶性陽極時，要有一套輔助銅離子添加系統才能順利運作電鍍作業。因為使用不溶性陽極電鍍時，會在陽極產生大量氧氣，加速添加劑消耗。因此這種操作狀態，要如何選用陽極、穩定控制添加劑濃度，成為使用系統的重要課題。

(4)　槽液攪拌方式 (Agitation)

電鍍藥液攪拌，可使電鍍擴散層 (Diffusion Layer) 銅離子濃度梯度保持在固定範圍。均勻的空氣攪拌，搭配適當搖擺與震盪及添加劑作用，可使填孔機制在電雙層 (Double Layer) 內持續穩定做。新式電鍍設備部分設計提供噴流攪拌機構已如前所述，此種不含空氣的攪拌，對槽液質量傳送是優於空氣攪拌的。

但過強的噴流攪拌，反而會破壞孔內原本已達平衡的填孔機制。因此對填孔電鍍而言，強調的是填孔需要「均勻」而非「強弱」的質傳效果，攪拌方式的選擇與設計攸關電鍍填孔能力表現。

(5) 電鍍槽液組成

　　銅離子是參與電鍍的金屬離子，銅金屬鹽類來源選擇性相當多，例如：硫酸銅、碳酸銅及氧化銅等都是可用的鹽類，在填孔電鍍中銅離子濃度控制扮演重要角色。由於盲孔內銅離子會快速沈積而產生大量消耗，因此使用高濃度銅離子溶液有利於填孔效果。不過最近的技術報告顯示，某些銅鹽因為製造過程會殘留微量的化學物質，對填孔藥水系統的表現有負面影響，因此業者要選用時應該要注意它與藥水的相容性。

　　硫酸在槽液中扮演的角色是增加導電度充當電解質之用，增加硫酸濃度可降低槽液電阻、增加電鍍效率。但若填孔電鍍過程中硫酸濃度增加，反而會降低銅離子擴散至盲孔孔底的能力，影響填孔之銅離子補充（氫離子 =15 倍銅離子的擴散速率）造成填孔性不良。多數人在填孔電鍍系統會使用低酸配方，以期獲得較好填孔效果。

　　氯離子的功能，主要是讓銅離子與金屬銅在電雙層間形成穩定轉換電子傳遞橋樑。電鍍程序中，氯離子在陽極可幫助均勻溶解咬蝕磷銅球，在陰極則與抑制劑協同作用讓銅離子穩定沈積。在填孔電鍍中，氯離子濃度控制並無特殊之處。

　　一般電鍍有三種主要添加劑，因分子結構及成份特性不同，在電鍍析出表現上提供不同功能，對析出電鍍層性質影響也會不同。

a. 抑制劑 (Carrier)：多數使用高分子聚醇類化合物，它能和氯離子起協同抑制銅沈積的作用，使高低電流區差異降低 (亦即增加極化電阻)，讓電鍍銅能均勻持續沈積。抑制劑同時可充當潤濕劑，降低介面表面張力 (降低接觸角)，讓鍍液更容易進入孔內增加質傳效果。在填孔電鍍中，抑制劑也扮演讓銅層均勻沈積的角色。

b. 光澤劑 (Brightener)：也稱為細晶劑，大多是含硫有機物。在電鍍中主要作用是幫助銅離子加速在陰極還原，同時形成新鍍銅晶核 (降低表面擴散沈積能量)，使銅層結構更加細緻。光澤劑在填孔電鍍中的另一角色是，若孔內有較多光澤劑分配率，可幫助盲孔內電鍍銅迅速沈積，這是爆發型填孔電鍍最主要添加劑。

c. 平整劑 (Leveler)：多為含氮有機物，主要功能是吸附在高電流密度區 (凸起區或轉角處)，使該處電鍍趨緩但不影響低電流密度區 (凹陷區) 電鍍，藉此整平鍍面，為電鍍必要添加物。填孔電鍍使用高銅低酸系統會使鍍面粗糙，研究發現藉加入平整劑可有效改善鍍面不良問題。

　　依據一份專業研究報告提出的概略填孔電鍍機構推理，其大略做模式及行為狀態，如表 10.1 所示。

▼ 表 10.1　添加劑於填孔電鍍時所扮演的角色

起始期 (Initial Step) 階段： 抑制劑： 分子量最大結構冗長擴散速率慢不易進入孔內，大部份分佈於板面。 光澤劑： 分子小原可均勻分佈於各處，但由於板面被大量抑制劑佔據，孔內光澤劑濃度會高於板面。 平整劑： 仍吸附於高電流密度區做整平鍍面動作。 此時各添加劑佔據個別吸附位置為爆發期前做準備。隨著盲孔大小 (深) 不同，此時所需時間也不同。	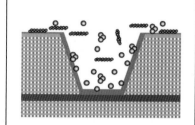
爆發期 (Explosion Step) 階段： 此時為填孔電鍍重要步驟，孔 / 面相對沈積率 1.83 暴增至 7.37，此時所有添加劑吸附已完成，孔內銅沈積速度遠高於板面，可達填孔目的。	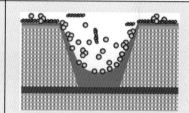
回復期 (Recover Step) 階段： 此時填孔接近完成，盲孔凹陷變小，抑制劑及平整劑開始去搶光澤劑沈積位置，使電鍍速度迅速降低，爆發填孔機制轉趨緩和，此時孔 / 面相對沈積率由 7.37 變為 3.33。	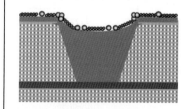
平衡期（Equilibrium Step）階段： 各添加劑之濃度分佈不受質傳等因素所影響，可達到一穩定之平衡狀態，此期間面銅與孔銅之成長速率趨近相等，稱之為平衡期。	

Carrier	Brightener	Leveler

對於填孔電鍍技術來說，可由研究成果獲致幾項結論：

(a) 高銅低酸配方，有利於填孔電鍍應用

(b) 非脈衝電鍍填孔對添加劑依賴性高，光澤劑、抑制劑能洽當搭配就能做出良好填孔。電鍍液加入平整劑，有助於獲得較平整鍍面

(c) 不溶性陽極會使添加劑耗用變大，但是若慎選陽極、控制好添加劑，填孔效果相當不錯

(d) 通、盲孔同時電鍍，通孔電鍍均勻能力會受到影響

要討論電路板電鍍填孔關鍵參數，需要理解酸銅槽使用狀態，包括：硫酸銅、硫酸、氯、有機添加劑 (其功能包括：光澤性、整平性、抑制性) 等。在做電路板電鍍時，要選用高貫孔能力的配方來改善小孔的貫孔性。為了要確實填充盲孔，製造商必須使用填孔性較高的藥水，表 10.2 所示為典型廠商提供的填孔電鍍建議配方與參數。

▼ 表 10.2　適合填孔電鍍的建議藥水配方參數

項目	範圍	消耗速率 (ml / 安培小時)
$CuSO_4 \cdot 5H_2O$	180 〜 220 g/L	
H_2SO_4	2 〜 4 %	
Cl⁻	50 〜 80 ppm	
整平劑	2 〜 5 ml/L	0.2 〜 0.3
晶粒細緻劑	2 〜 5 ml/L	0.15 〜 0.3
抑制劑	10 〜 20 ml/L	
電流密度	12 〜 24 ASF, DC	

藥水有良好電鍍填充性，不產生折鍍、過度凹陷等問題。這些高填充力藥水，無法同時符合高縱橫比通孔電鍍需求。要達到良好盲孔填充，有三個主要考慮項目：

1. 銅、硫酸比：在高縱橫比電鍍銅濃度一般低於 15g/L，硫酸配製為〜 225g/L，這種銅酸比大約達到 1：15。而填孔藥水常見的銅濃度都接近 50g/L，也就是比例維持在約 1：1。比例變動的影響，如圖 10.8 所示。

2. 正確控制有機添加：有機添加劑影響從底部向上填充的電鍍機制、晶粒細緻度、孔壁微觀平整性、板面電鍍銅平整性與表現等。若沒有期待高填孔能力，則應該朝高貫孔力電鍍配方調整，這樣應該可做出通、盲貫孔最佳表現。

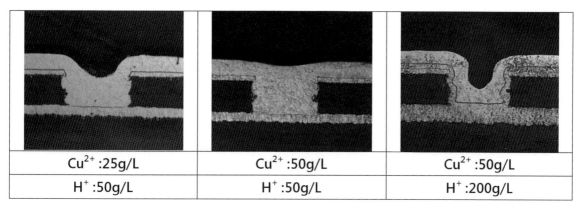

Cu²⁺ :25g/L	Cu²⁺ :50g/L	Cu²⁺ :50g/L
H⁺ :50g/L	H⁺ :50g/L	H⁺ :200g/L

▲ 圖 10.8　銅、酸比變動的影響

3. 攪拌系統：要有高盲孔填孔能力，必須有均勻混合的電解質，避免孔從底部填充起來時表面過度電鍍。工程師要做流速實驗，做填孔製程最佳化。

電鍍銅溶液可用空氣攪拌、噴流器、溶液循環噴流、陰極掛架攪拌等方式幫助電解質混合。攪拌的主要目的，是要避免溶液局部累積、分散反應產物、增加質量傳送提升電鍍速率、散掉電極 / 溶液介面熱。

10.4.5 電鍍製程最佳化提升表現

有幾個非化學因子會影響電鍍表現值得做進一步探討，它們是：電鍍槽設計、藥水過濾、陽極類型、孔型的影響、藥水維護與分析。電鍍槽設計必須保持應有對稱性，讓陰陽極間距離維持均衡。15 ～ 20 公分的距離，一般可得到不錯的貫孔能力。電路板掛架必須能承載足夠電流，這才能在電鍍中維持夠低電阻。電流電阻會劣化電鍍厚度分佈，對提升貫孔能力與電鍍分布有負面影響。

過濾是濕製程必須強調的項目，特別是當電鍍微小通、盲孔時。電鍍出現任何空泡或小片污染物導致遮蔽，都可能降低電鍍所能負載的電流。若電鍍錫當作蝕阻劑卻出現空泡，會因為空泡讓保護的線路被蝕刻藥水攻擊。它在鎳、金電鍍槽也是關鍵，若用碳粉做有機不純物吸附，顆粒就會與藥水混合，沒有完整去除也會出問題。一般碳粉吸附處理還算快速，但要從溶液中完整去除就沒那麼容易。

流量與流速只代表將溶液帶到過濾系統，或將新鮮液體輸送到特定位置與物體接觸，可參考槽體循環量判定。製程藥水有特定循環次數規定，這與槽體尺寸相關。如：200 公升 / 小時，對於 100 公升槽體就達到每小時翻槽兩次。槽體清潔度維護與設計污染物承載量有關，這方面可用濾袋、濾心等類濾材，以不同孔隙度達到期待清潔水準。某些需要應

對特別粒子的過濾，還可在濾材上塗裝特殊細緻過濾材料輔助過濾。一般業者較常用的過濾材料細緻度，從 1001μm 都有。

　　一般電鍍液平均翻槽量都在每小時一個槽體積 (turn) 以上，這對維持過濾效果較有利。常看到的建議流速，至少為每小時兩個槽體量。不過要得到極端清潔效果，每小時十倍槽體循環量可能是必要設計。需要留意的是，啟始流速不等於平均流速。換言之經過清潔與更換濾心後的啟始流速為 1,000 公升 / 小時，在流速降低到 200 公升 / 小時再次更換濾材，平均流速已接近 600 公升 / 小時，這與採用的濾材類型有關。

　　填孔電鍍對於設備設計敏感度高，因此在設置過程應該要小心。當使用溶解性陽極時，陽極溶解可能會導致添加劑的分解副反應。使用不溶性陽極，會有電解水反應產生大量氧氣，這會大量消耗有機添加劑，同時也會干擾陰極介面電鍍行為。

　　新近資料顯示，填孔電鍍品質在使用不溶性陽極下表現較好。當使用不溶性陽極，銅含量必須靠補充氧化銅調整。氧化銅添加到混合槽並做溶解，溶解的銅再依據需要送入電鍍槽。電鍍前的盲孔形狀，是完成填孔電鍍的關鍵因素。一般認為 V 形孔是較理想的孔形，當孔逐漸變得較像杯子狀態，填充狀態就可能需要做適度補償與調整。

　　如前所述填孔需要特別配方，這種配方並不適合一般高縱橫比貫孔電鍍。高填充力電鍍藥水需要採用高銅濃度與低酸含量，這些調整會對貫孔能力產生負面影響。不過當改善藥水攪拌與有機添加，它仍能保有一定貫孔能力。設計有盲、通孔的電路板，若不需要製作填孔，就只要利用標準高貫孔力電鍍做金屬化處理已如前述。

　　藥水維護與分析控制，是電鍍製程穩定的必要條件。電鍍藥水的嚴謹控制是電鍍技術無可避免的必要手段，而 Hull Cell 分析法雖然只是定性方法，但它可幫助工程師嚴謹控制酸銅與錫電鍍製程。典型的 Hull Cell 測試片作法，如圖 10.9 所示。

▲ 圖 10.9　Hull Cell 測試片

業者常用的電化學分析法還包括：CVS (Cyclic Voltametric Stripping)、CPVS(Cyclic Pulse Voltametric Stripping) 等，這些工具都可利用添加劑的電化學行為，監控添加劑的動態表現。

10.5 盲埋孔堆疊埋孔充填處理

如前所述，雖然業者已經有填孔電鍍能力，但是並非所有 HDI 板都可用這種設計做生產，因此面對厚核心板通孔製程，業者仍然必須保有埋孔充填的能力。對於需要高信賴度的 HDI 板，某些產品還是採用超過 0.4mm 厚度以上的基材做設計。而這類高密度設計，必須面對通孔堆疊盲孔的結構，就是 HDI 板常聽到的孔上孔 (Via On PTH) 結構。一般 HDI 板採用的設計，多數採用盲、埋孔分離設計。這種設計有兩個好處，其一是製作增層介電質材料，若膠量足夠就可直接填滿埋孔，不必考慮埋孔填膠問題。其二是不必在埋孔上方作銅導體電鍍，這可節省成本。製作程序愈簡單成本愈低良率愈高，這是不爭的事實。

前述跳層孔與盲孔結構，足以應付多數 HDI 板製作需求。但對於需要更高密度的結構，這種模式就無法滿足設計需求了。HDI 板設計較傾向於採用薄膠片已如前述，這種薄介電質材料沒有足夠膠量可直接填充埋孔，因此必須先將埋入通孔做填膠處理。填膠的過程必須平整紮實，否則會因為填充空洞過多或不平整問題，造成後續品質影響。目前這類製程在電子構裝板使用率較高，在一般 HDI 板的使用則以較厚埋孔電路板才有需要。圖 10.10 所示，為填膠後的電路板貫通孔切片狀況。

▲ 圖 10.10　通孔填膠後的電路板切片

　　填膠的貫通孔必須刷磨、除膠渣、化學銅、電鍍及線路製作，才能製作成有蓋通孔的結構。當面對高密度需求時，就可在其上方堆疊盲孔。典型的 Via on PTH 結構，如圖10.11 所示。

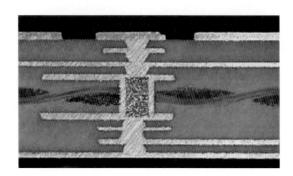

▲ 圖 10.11　　Via On PTH 的孔上孔結構

　　由於填孔程序多少都有可能會有殘存氣泡，因此氣泡的殘存量會直接影響連結的品質。氣泡允許殘存量，並沒有非常清楚的標準，只要信賴度不成問題，多數不會成為致命傷。但若氣泡恰好落在孔口區，會出現問題的機會就相對增加。圖 10.12 所示，就是典型的填膠品質瑕疵所造成的連結不良問題。

▲ 圖 10.12　　典型填膠品質瑕疵

　　由於孔口留下氣泡，刷磨後產生氣泡凹陷，電鍍後就留下深陷的洞。雷射加工時沒有清理乾淨，產生導通不良的問題。所以填膠技術對高密度構裝載板，尤其是要使用孔上孔結構的製造者，是重要技術問題。

　　填孔議題討論可將它簡化為兩個主要方向：其一是氣泡本身存在未被排除，這是氣體殘留內部產生的問題。其二是內部氣泡已經排出，但是後續又因揮發產生造成的問題。前者較好的處理是，在填膠烘烤前採取各種脫泡處理，將內部氣泡儘量排除避免殘留。準備油墨時在攪拌後先脫泡，在填膠時採用較不容易產生氣泡的方法填充都是可行辦法。特定

廠商設計出擠壓填充設備或眞空印刷設備，都是可嘗試使用的方法。圖 10.13 所示，爲歐洲設計的擠壓式作業填孔設備。

▲ 圖 10.13　擠壓式油墨填孔設備

另外一個課題就是如何防止脫泡後再產生氣泡的問題，這個部份涉及到使用的填充材料。油墨爲了操作特性及最終物化性，會加入不同劑量的填充劑、稀釋劑來調整油墨特性。但是這種做法，在填孔型油墨就會面臨考驗。多數稀釋劑有揮發性，填孔後揮發物開始汽化會在內部產生較多暫時氣泡。但問題在於油墨乾燥都是由表面先乾，之後才會逐步向內部硬化，因此氣泡會殘留在內部無法排除成爲空洞。圖 10.14 爲一般綠漆油墨填孔產生的氣泡。

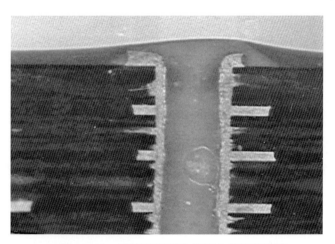

▲ 圖 10.14　綠漆油墨填孔所產生的氣泡現象

這類問題業者也提出兩種非常不同的解決做法，其一是廠商使用紫外線硬化法，用感光填孔油墨填孔並在填孔後將表面直接低溫感光硬化，之後才熱烘硬化。因爲揮發物無法在硬化樹脂中讓氣泡長大，所以不易產生表面氣泡問題。另一種做法則儘量採用無揮發物

油墨，同時將烘烤起始溫度降低，先作排除揮發物動作，當硬度達到某種程度時再開始做全硬化烘烤。這兩種做法各有優劣，但以降低殘存氣泡而言，不論前後者都應該使低揮發物油墨較有利。

當油墨硬化後開始做全面刷磨，由於填孔油墨較難填充到恰當量，因此多數都會填充至突出較多狀態，再做刷磨平整化。為了降低全面硬化後刷磨的困難，也有廠商採用兩段烘烤，在油墨硬化一半尚未過硬時先行刷磨，之後再做第二段烘烤提高聚合度。

10.6 盲孔堆疊結構

孔堆疊的極致可做全堆疊設計，它的目的就是為了提高連結密度已如前述。要做到孔堆疊結構，先決條件就是作到底層孔表面平整化，否則會有加工與信賴度風險。圖 10.15 所示，為好的盲孔堆疊狀態。

▲ 圖 10.15　良好堆疊的盲孔結構

但是當層孔填充不足，可能在上方做雷射加工時，因為銅面不平整而導致雷射反射路徑偏折，這會損傷孔壁導致盲孔品質問題。圖 10.16 所示，為底孔填充不良導致的堆疊孔問題。由圖中可看到，當底層孔平整度不足，導致雷射加工產生亂射影響孔形與電鍍品質。

採用導電膏做填充壓合或利用凸塊壓合的技術，沒有這類填平與否的問題，在壓合後孔面或連結面是一片平坦。但問題在於若是填充導電膏，如何能夠讓填充效果好，特別是需要特殊盲孔填充做法。例如：ALIVH 技術，印刷過程就利用抽真空輔助來加強填充效果，但是盲孔填孔要如何做好填充，就各家自有一套不同技巧，一般人無法真正深刻了解。

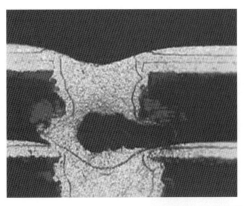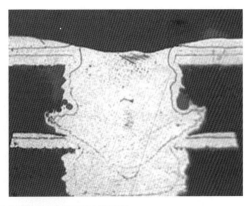

▲ 圖 10.16　典型盲孔填充不良導致雷射加工的問題

10.7 孔墊結合的趨勢

傳統表面貼裝接點沒有將焊接點直接與孔結構合一，主要因素是結合後焊錫會直接流入通孔內，這樣無法控制焊錫量而產生連結問題。這種銲錫流入孔類的問題，被稱為孔吞錫 (Solder Swallowing) 現象，實務上可用油墨填孔、刷磨、蓋孔電鍍處理，就可在通孔上直接焊接元件。

隨著高密度時代來臨，所有載板空間都錙銖必較，若能二者合一可爭取更多零配件配置空間。但是要如何讓焊錫穩定安置在銅墊 (Pad) 上，又不產生吞錫或其它信賴度問題，就成為 HDI 板技術的重要議題。襯墊上的微孔設計讓 HDI 板有機會直接焊接，因為它可容納的銲錫量相對小。即便如此，假設接點焊錫體積小或產生的氣泡大，還是可能讓接點信賴度發生問題。圖 10.17 所示，為一般盲孔焊接產生的氣泡現象。

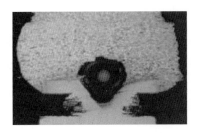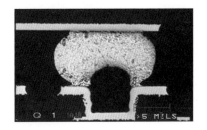

▲ 圖 10.17　盲孔上直接組裝範例

盲孔上直接組裝已經成為高密度連結的趨勢，若盲孔填充達到一定水準，組裝時錫膏或焊錫就不容易產生組裝氣泡問題。這方面在凸塊、導電膏填充的 HDI 板並不成為問題，但對大多數使用電鍍的產品就較棘手。這也是為何製作 HDI 板的業者，不斷被要求要提昇填孔電鍍能力的根本原因之一。

電鍍填孔若較平整，不但錫膏印刷容易，重融 (Re-flow) 後也可降低氣泡及焊接不良缺點。圖 10.18 所示，為填孔率超過百分之七十的盲孔，做元件組裝的情況。

▲ 圖 10.18　電鍍填孔對於焊接品質的影響

因為所剩凹陷較小，容易將殘泡排除達成良好焊接。業者為了維持焊接穩定，會設定焊接盲孔面的凹陷程度，但這與孔徑有直接關係，孔徑大可接受的凹陷較大 (與曲率有關)。據筆者所知，目前業者通用規定，焊接希望能夠控制凹陷小於 5 ～ 15μm，直徑愈小凹陷程度要求愈嚴。但是若期待用在打線連接，則某些廠商希望完全平整或者微平凹，多數填孔電鍍特性都能做到不平整微凸，因此可行的辦法只好用刷磨整平處理。到目前為止，筆者沒聽過有任何一家廠商可做到剛好填平。

金屬表面處理

11.1 簡述

　　電路板金屬表面處理與組裝連結有關，處理面是電路板與元件間連結的地方。理想狀態下，組裝工程師若能收到裸銅板做組裝，就沒有平整度、產品密度、清潔度等問題，但這種理想狀態並不存在。組裝製程焊接能力必須面對銅氧化挑戰，而組裝業所使用的助焊劑活性並不足以克服這些問題。組裝工程師與設計者必須選擇適當表面處理，且這種處理必須符合產品需求。必須留意的是，目前全球環保意識抬頭，讓各種表面處理需要付出的成本都明顯提高。

　　早期電路板以錫鉛電鍍作為蝕刻抗蝕劑，線路蝕刻完成後將這些錫鉛回流焊再覆蓋止焊漆就成為可焊接面，這種方法延續多年。搭配端子電鍍鎳金處理，建構了早期元件組裝的環境樣貌。

　　當業界導入 SMT 技術，迫使電路板設計由簡單的錫鉛回流焊面轉向符合 SMT 組裝需求的表面處理。而新設計需要新方法，BGA、打線襯墊、壓熱適配、壓接，都無法完全用傳統噴錫、電鍍鎳金技術來應對。環境顧忌又導致需要專注於無鉛製造，這也使業者必須從傳統噴錫轉變成無鉛噴錫，有一系列金屬表面處理技術推出，來應對綠色製造的世代，典型金屬表面處理類型如後：

— 電鍍鎳金
— 有機保焊膜 (OSP)
— 化鎳 / 浸金 (ENIG)

—　化鎳 / 厚金 (ENTG)

—　化鎳 / 化鈀 / 浸金 (ENEPIG)

—　浸銀 / 電鍍鎳銀

—　浸錫 / 噴錫

　　每種表面處理都應對著不同的連結方案，可參考表 11.1。只有 ENEPIG 幾乎可應對所有不同的組裝需求，它常被認定為泛用金屬處理。後續內容，對部份金屬處理視為傳統製程不做探討。

▼ 表 11.1　電路板金屬表面處理適用性參考表

金屬處理	可用規格範圍	打線	覆晶	LGA	SMT
電鍍鎳金 (軟金)	Ni = 3 ～ 15μm / Au = 0.5 ～ 1.0μm	○	×	○	○
有機保焊膜 (OSP)	0.2 ～ 0.4μm	×	○	×	○
化鎳浸金 (ENIG)	Ni = 3 ～ 15μm /Au = 0.03 ～ 0.12μm	×	○	○	○
化鎳厚金 (ENAG)	Ni = 3 ～ 15μm /Au = 0.03 ～ 0.12μm	○	○	○	○
銲錫處理	Eutectic / SAC305	×	○	○	○
電鍍鎳銀	Ni = 5 ～ 10μm / Ag = 1 ～ 3μm	○	○	○	○
浸錫	Min / 0.8μm	×	○	×	○
ENEPIG	Ni = 5 ～ 10μm / Pd = 0.05 ～ 0.15μm Au = 0.05 ～ 0.15μm	○	○	○	○

11.2 有機保焊膜 (OSP-Organic Solderability Preservative)

理論：

　　有機保焊膜是一種有機處理層，可保存銅面新鮮度避免氧化發生，直到做焊接才被焊錫破壞。兩種主要的保護膜都屬於含氮有機化合物，Benzotriazoles 是其中一種，另外一種則是 Imidazoles，兩種配方都可與裸露銅面產生錯合物。因為它們有銅選擇性，所以基材與止焊漆都不會產生吸附。

　　Benzotriazoles 會形成單分子層，並保護銅面直到高熱組裝，保護膜在回流焊高熱環境會揮發。Imidazoles 會形成較厚的膜，同時應該可經過多次高熱還能存活。供應商還為

了不同的應用與耐氧化性，製作出不同的配方來提升表面處理的分子密度。某些產品需要通過多次的焊接處理，此時對於耐溫性的要求就較嚴苛，必須採用特殊配方來處理表面。其典型製程：

製程步驟	溫度℃	時間 /min*
清潔劑	35 ～ 60	4 ～ 6
微蝕	25 ～ 35	2 ～ 4
預浸	30 ～ 35	1 ～ 3
OSP	50 ～ 60	1 ～ 2

* 對於水平傳動設備，浸泡時間必須縮短，這方面應該與供應商討論

產品：

OSP 具有薄膜有機化合物特性，benzotriazoles 銅面膜厚度會低到 100 埃，而用 imidazole 類產品則可將厚度拉到 4,000 埃這麼高。保護膜透光且不易辨識，以目視檢查較困難。

組裝：

有機保護膜經過錫膏印刷會被助焊劑溶解，這讓表面活性銅暴露出來，焊錫與銅形成介金屬。Imidazoles 經過一兩次回流焊，需要用更強的助焊劑做焊接。使用 OSP 組裝者，應該非常熟悉這類助焊劑的需求。

限制：

這類 OSP 最大限制是難以檢查，Benzotriazole 有機層是非導電性又非常薄的膜，不會對電氣測試產生干擾。部分 imidazoles 厚度偏高會影響電氣測試。多數廠商使用較厚的處理層，會在處理前就做電氣測試。

11.3 化鎳浸金 (ENIG)

理論：

一般 ENIG 處理是在銅面上製作一層約 3 ～ 6μm 厚的化學鎳，接著析鍍一層薄浸金 (約 0.08 ～ 0.12μm)。鎳金屬是銅擴散遮蔽層，同時也是焊接作用發生面。浸金功能性，是要防止鎳金屬氧化或者在儲存中鈍化。

其典型製程：

製程步驟	溫度°C	時間 /min*
清潔劑	35 ～ 60	4 ～ 6
微蝕	25 ～ 35	2 ～ 4
催化	RT	1 ～ 3
化學鎳	82 ～ 88	18 ～ 25
浸金	82 ～ 88	6 ～ 12

* 這個製程的浸泡時間較長，以水平製程設計較不切實際。

應用：

　　ENIG 可提供平整的表面，它可用於焊接、打線，也適合用在切換開關的襯墊表面。它具有優異的焊接潤濕性，金在焊錫熔融過程中完全融入焊錫，留下新鮮的鎳層形成鍵結點。小量金明顯融入焊錫，不會造成接點脆化問題，鎳也會與焊錫產生介金屬。

　　ENIG 與鋁、金打線製程都相容，不過要用在打金線時操作寬容度小並不建議使用。打金線需要較厚的金，這方面 ENIG 技術較不適合。這種表面處理的鋁打線表現良好，鋁線最終會與底下的鎳層產生鍵結。

　　ENIG 是理想的軟性接觸襯墊表面處理，這種接觸面是如：電話、呼叫器等需要頻繁切換開關的產品所需要的金屬表面特性。其鎳硬度與厚度，都使得這類處理適合前述應用。

限制：製程相對複雜且需要良好的製程控制

　　化學鎳槽一般會在 82 ～ 88℃ 間操作，且浸泡時間都會超過 15 分鐘以上，此時止焊漆相容性會受到考驗。當鎳鹽析鍍出時，需要持續補充。要獲致期待析鍍厚度與型態，需要搭配良好製程控制。

　　至於金槽也操作在類似高溫，一般會以 8 ～ 10 分鐘浸泡時間析鍍出適當厚度。過長的浸泡時間或者操作參數偏離供應商建議，可能會導致底層鎳受到腐蝕。若腐蝕過度，會干擾到鎳面功能性。

11.4 化學鎳 / 化學鈀 / 浸金 (ENEPIG)

理論：

　　這種金屬處理組合，是以一層化學鎳約 3 ~ 6μm 析鍍在銅面，之後在表面析鍍另一層化學鈀，厚度約為 0.1 ~ 0.5μm，最終在表面製作浸金，厚度約 0.02 ~ 0.1μm。化學鈀層可防止任何浸金導致的腐蝕可能性，同時產生了一層理想的可打金線表面。金層罩住了鈀，同時確保它含有催化的活性。

其典型製程：

製程步驟	溫度°C	時間 /min*
清潔	35 ~ 60	4 ~ 6
微蝕	25 ~ 35	2 ~ 4
催化	RT	1 ~ 3
化學鎳	82 ~ 88	18 ~ 25
催化	RT	1 ~ 3
化學鈀	50 ~ 60	8 ~ 20
浸金	82 ~ 88	6 ~ 12

應用：

　　ENEPIG 可產生平整表面，且是一種泛用型表面處理。它的功能性類似於 ENIG，這種厚度的化學鈀使金屬面適合打金線。在焊接中鈀與金最終都會融入焊錫中並形成鎳 / 錫介金屬。在打線過程中鋁和金線都與鈀面做鍵結，且其表面硬度也適合用於接觸式切換開關。

限制：

　　這種表面處理的主要限制是，會有額外的鈀處理成本，且會在工廠內增加製程步驟與管控。

11.5 浸銀

理論：

　　一般浸銀可製作層薄 (0.1 ～ 0.4μm) 鍍層，產生出緻密的有機銀層。有機物封閉了表面，可延長儲存時間。能提供平整、方便焊接的表面，可用高產出水平傳動設備生產，表面也可用鋁、金打線。

典型製程：

製程步驟	溫度°C	時間 /min*
清潔	35 ～ 60	4 ～ 6
微蝕	25 ～ 35	2 ～ 4
預浸	RT	0.5 ～ 1
浸銀	35 ～ 45	1 ～ 2

＊ 若要用水平設備，浸泡得時間應該要縮短，可與供應商討論

應用：

　　浸銀是一種適合焊接的表面，在組裝中銀會完全融入焊錫，並讓銅介金屬產生在接點上。它可提供優於噴錫的表面平整度，同時也是一種無鉛處理。不同於一般 OSP 的地方是，這種處理可做檢驗，且經過三次回流焊還可保持一定水準的可焊接性，在電器測試方面也問題不大，目前浸銀在切換開關方面的應用仍然有待商榷。

限制：

　　銀的應用業者最大顧忌還是離子擴散問題，因為銀鹽類較容易形成水溶性鹽類，在水氣與偏壓存在下會產生風險。浸銀搭配有機物，可讓這種影響降得較低。此外浸銀無法獨立存在於組裝後環境，在打線、組裝後銀面最好密封隔絕外在環境。

11.6 浸錫

理論：

　　浸錫之所以能夠用在表面處理，是因為兩個主要問題得到改善，也就是晶粒尺寸與銅 / 錫介金屬的問題。析鍍經過工程改良，成為細緻晶粒、無孔隙的析鍍層。可行的析鍍

的厚度大約為 1.0μm，以確保處理面沒有銅，有一種新等級的浸錫製程可完全做到這個水準。

典型製程：

製程步驟	溫度°C	時間 /min*
清潔	35 ～ 60	4 ～ 6
微蝕	25 ～ 35	2 ～ 4
預浸	25 ～ 30	1 ～ 2
浸錫	60 ～ 70	6 ～ 12

* 若要用水平設備，浸泡時間應該要縮減，可與供應商討論

應用：

浸錫是可焊接表面處理，且可形成標準的銅／錫介金屬接點。錫可提供緻密、均勻且讓孔壁具有潤滑性的析鍍層，這種特性讓它成為背板產品的表面處理選擇，相當適合用在壓入適配的組裝應用。

限制：

配製槽液需要用到硫脲，這在特定地區會因為環保因素而禁止使用。在電路板工廠，反應槽內主要副產品是硫脲銅。業者應該要取得使用許可，且必須要控制硫脲銅副產品與廢棄物的處理。

這種表面處理有其壽命限制 (低於一年)，因為銅／錫介金屬會持續成長，直到它觸及表面並讓產品變得失去焊接性，這個過程若讓產品面對高溫、高濕會被加速。

11.7 選擇性化學鎳 - 浸金

理論：

不同於 ENIG 的全面析鍍，部分應用如：行動電話會採用選擇性化鎳浸金，而另外一個搭配的處理則是 OSP。行動電話傳統的金屬處理曾經是化鎳浸金，主要是考慮它有優異的導電性且接點有耐刮特性，這讓化鎳浸金在行動電話市場使用了許多年。

不過太多金屬層出現在接點會讓它弱化，同時會降低元件的信賴度。若讀者聽說過行動電話在掉落測試中產生故障，就意味著電話因為接點斷裂而失去了功能，因此業者嘗試採用選擇性化鎳浸金表面處理。

　　為了執行選擇性製程，需要搭配可承受化鎳浸金製程的特殊光阻。最終再以 OSP 膜製作在暴露銅面與孔內，這個製程必須要與鎳金面有相容性，因此必須符合特定需求：

— 需要維持可焊接性，同時可讓焊接元件接點有好的強度
— 不能讓鎳面衰減損傷
— 不能夠沈積在金面上

應用：

　　要應對選擇性鎳金需求，應該非常類似前述化鎳浸金與 OSP，不過需要有幾個關鍵修正。修正部分是鎳金屬磷含量，這樣可有較高耐蝕性。浸金也會做修正，讓析鍍層可較緊密、低孔隙，能夠在製程中將鎳層保護得更好。額外的步驟則是，需要做第二次影像轉移來保護襯墊與孔。

限制：

　　選擇性化鎳浸金製程，需要多製程步驟與特殊配方光阻。額外製程步驟 (如：二次光阻壓合、曝光、顯影、最終剝除)，會讓人感到有些麻煩。不過選擇使用與無鉛相容的 OSP，明顯有利於降低成本與接點強度。

11.8 噴錫 (Hot Air Leveling)

　　雖然這種製程已經在多數電路板廠消失，但還有少數公司提供這種技術服務，原因包括：客戶需求、軍用與航太應用等。業者還是認定，焊錫對焊錫的可焊接性應該是最好的，且目前已經有業者提供無鉛噴錫的設備，如圖 11.1 所示。無鉛技術使用的合金類型包括：Sn-0.3%Ag-0.7%Cu、Sn-3%Ag-0.5%Cu、Sn-0.7Cu + Ni。

　　最新的版本包括利用鎳金屬來提升安定性的無鉛合金，轉換成無鉛版本的噴錫技術，主要考慮點還是放在合金的熔點，可參考表 11.2。

▲ 圖 11.1 垂直噴離設備
(來源：www.pentageal.de)

▼ 表 11.2　合金特性整理

合金	熔點	製程溫度	溫度差異範圍
63/37 Sn/Pb	183℃	250℃	67℃
Sn-0.7Cu+Ni	227℃	265℃	38℃

11.9　微焊錫凸塊製作

　　另一個重要 HDI 板金屬表面處理是微凸塊製作，技術主要用在構裝載板，尤其是覆晶載板應用。特別密的元件如：TAB 組裝位置，也有些業者會做精密焊錫印刷，提供適量的焊錫以備後續組裝之用。以往表面貼裝技術，主要做法是將錫膏印刷到電路板結合區，再經過裝元件、回流焊程序連結元件。但當元件接腳距離愈來愈接近，對於印刷精準度與焊錫供應量穩定度就愈來愈難以控制。以往以印錫膏直接安裝元件，已無法滿足精密連結。因此就有所謂微連結技術 (Micro JointTechnology) 產生，這類技術相當重要的手段之一是利用微凸塊連結。

　　微凸塊連結十分多樣化，如：異向導電膜 (ACF-Anisotropic Conductive Film) 就是微凸塊應用範例。一般而言，微凸塊連結概分焊錫與非焊錫兩類想法。因為焊錫類微凸塊在回流焊時，可因為融熔焊錫表面張力而具有自我對位能力，有利於較高密度的焊接操作。

　　晶片構裝半導體凸塊處理，有許多不同製作方法，並不屬於我們討論的範圍。但在電路板端，目前則有些較為人注意的凸塊或微連結點製作技術。普遍用於電路板處理的方法，仍以錫膏精密印刷為主，不過日本古河電工與協力商共同開發的超級錫鉛，則是另一個頗為知名的技術。另外日本昭和電工則有一種製作技術稱為 Super Juffit，是採用粉體噴塗法做小區域焊錫製作，這些都是較知名的微凸塊製作方案。當然也有人嘗試如電鍍、噴塗 (Solder Jet)、點塗 (Dispense) 等方法，但是以目前的細密度需求以及實用性而言，印刷法仍然是最主要的凸塊製作方法。圖 11.2 所示，為印刷技術所作的凸塊狀態。

　　為降低凸塊空泡，同時能降低凸塊體積偏差，也有部分廠商發展微球 (Micro Ball) 的植球技術。圖 11.3 所示，為典型的微球植球技術示意。

▲ 圖 11.2　印刷錫膏所做的凸塊

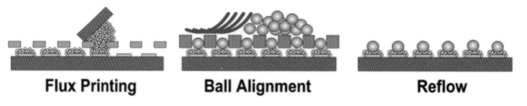

▲ 圖 11.3　微球植求技術示意

11.10 ⋮⋮⋮ 微銅柱凸塊製作

　　當接點密度愈來愈高時，覆晶載板的焊接必然會面對兩個主要的問題：晶片離板距離不足、凸塊製作不易且易產生短路，而更深一步討論還涉及到離板距離過小信賴度不理想、底部填膠不易的困境。

　　業者因此在半導體端已經開始採用銅柱凸塊的結構做接點製作，銅的概念也涉及載板的製作可能性，這些方面已經有不少業者做嘗試，相信不久的未來應該也會成為 HDI 載板的重要表面處理技術。圖 11.4 所示，為典型的銅柱凸塊外觀。

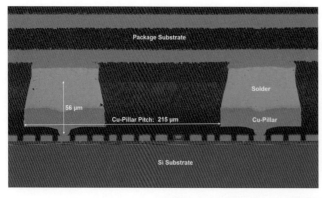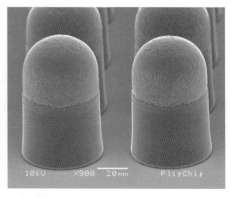

▲ 圖 11.4　典型的 HDI 載板與晶片銅柱凸塊

CHAPTER 12

HDI 電測與檢驗

12.1 簡述

　　生產 HDI 板必然有故障比率，而下階段是要進入高單價晶片、元件組裝程序，因此出貨前做適當的最終測試與檢查，可降低潛在缺點輸出比例。多數電路板不過是一片複雜、量線路串接產品，它主要提供元件搭載與連接電氣功能。因此最終測試，主要就是執行電氣測試。

12.2 電氣測試的驅動力

　　有幾個因素主導著電氣測試的變化：

— 大量 BGA/CSP/DCA 技術導入電子產業→增加互連密度→測試點密度與數量增加

— 細小外觀→較小間距能力的測試系統與較緩和接觸 (或非接觸) 的測試需求

— 較小量、高混合生產→治具低使用次數衝擊與需要更彈性的測試系統

— 內埋被動元件→需要新的測試功能與專用系統

　　元件週邊接點變成陣列接點趨勢，90 年代中期典型複雜的 HDI 板會面對 300-I/O 與 16mil 間距 32×32 mm 周邊引腳的 QFP 大型構裝，又或者是 400-I/O 與 50mil 間距的 25×25mm BGA 陣列構裝。

　　業者早已生產更複雜的 HDI 產品，如：IC 構裝載板，特別是 FC-BGA 或 FC-CSP 載板。數千到上萬引腳產品都有案例，引腳間距在晶片端已可看到 130μm 以下陣列設計出

現，這與當初 HDI 發展初期的狀態不可同日而語。尤其某些業者，期待能夠降低晶片的製作成本，而希望能夠維持周邊接點連接，免除重新佈線層 (RDL) 的製作，因此採用了線路上焊接 (BOT-Bond On Trace) 的結構。典型線路結構，如圖 12.1 所示。此時所面對的測試點間距，最密處可能達到 30μm 以下的水準。

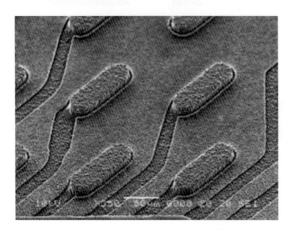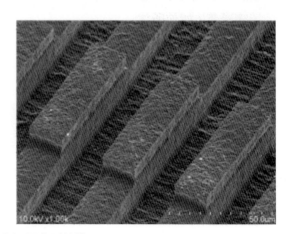

▲ 圖 12.1　BOT 的板面典型結構

12.3 測試成本的考量

測試成本可分為兩個部分：

— NRE 成本 (數據處理與治具製作)

— 操作成本 (設備投資、人工、保險、分攤等等)

當電路板的複雜度倍增，測試點數量必然提升，測試治具成本快速增加勢所必然。組裝產業幾乎一面倒的將傳統周邊引腳構裝轉換成陣列式構裝 (典型為 BGA)，且相當高比例打線構裝也轉換成覆晶互連，需要測試點的增加就呈現非線性成長，這使測試治具密度需求暴增。

產品生命週期明顯縮短，以前手機產品平均更新速度約為兩年，現在半年換機大有人在。結果因為產品更新快，導致單一治具可分攤的電路板測試量降低，花費在單一電路板測試治具費用也快速增加。此外因為電路板密度與複雜度提升，探針、端子成本也隨之變高。這種種趨勢，都嚴重影響到測試成本狀態。

另外一個影響測試成本因素，在單一測試機可產出的量降低，而根本原因是較複雜的測試治具接觸穩定度較差。某案例接點從 20,000 成長到 40,000，只要有一個接點出現接

觸不良或故障，這個測試就成了不確定結果，此時重測乃必要步驟而導致產出明顯降低。某些業者因此乾脆採用小區域測試，接觸問題得以解決，但測試次數變多一樣降低產出。

高引腳數量的測試設備其投資成本必然會提高，因為測試機需要的測試通路必須增加以面對高密度需求。整體而言，治具成本暴增且成長加速，但是更大的挑戰卻是電路板單價持續滑落 (如前所述)。

12.4 電氣測試究竟發現了什麼？

電氣測試的目標，是要檢查複雜的線路狀況，要確認電路板沒有出現任何短路、斷路、漏電的事情。這些要近接所有端點 (網絡終點) 做測試，而這些點則是後續組裝元件會連接的點。若引腳呈現高密度與細小外型，如：覆晶區域，它們的測試就會較複雜。

一旦電路板在測試中以可靠方法順利近接，電氣測試就可透過測量與軟體比對找出問題點，通過測試的電路板就被認定為良好。不良的測量未必會損傷電路板功能，但是有些狀況下還是會發生。不少電路板設計與應用，讓最終產品故障問題難以察覺，尤其有些故障要到組裝完畢才能看到。

單一電氣測試的投入，無法確保能夠找出所有缺陷，而要找出所有缺陷也會過度主觀。目前電氣測試系統無法偵測出所有與孔圈、層間對位有關的問題，且這類缺點未必會影響測試系統偵測互連完整性結果。目前可用標準測試設備測得知的一般性故障問題，還是以三種類型：短路、斷路、漏電為主。

a. 斷路

一個斷路，就是在網絡中出現不連續或未連結的現象，因此網絡被分割成兩或多個功能不良的迴路。斷路產生可能有多種模式，包括過度蝕刻、電鍍不足、污染、曝光不足、對位不良等。測試斷路的流程，被稱為連續性測試。依據不同應用，客戶會要求設定各種不同的標準，從數百歐姆到一歐姆為基準都有可能。

需要提醒的是，10 歐姆門檻標準未必就等於真的以這個歐姆數來卡關檢查。線路電阻時常遠低於一歐姆，而測試端子接觸點的電阻的範圍從幾歐姆到超過十歐姆都有可能。只有採用四線式卡爾文 (4-wire) 測試法，將卡關標準門檻設定為低於 100 歐姆才有意義。這種方式，可避免接觸電阻所產生的干擾。當線路電阻低於一歐姆，四線式測量法僅會提供低於一歐姆的卡關值。圖 12.2 所示，為四線式測試法接線。

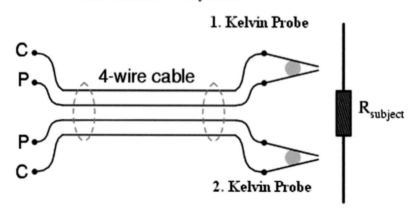

▲ 圖 12.2　四線式測試接線 (資料來源：ATG)

b. 短路

　　短路是一種在兩條、多條線路或獨立區之間產生的錯誤連結，在設計中這些區域是不應該相互連接的。短路可能來自於各種因素，包括過度曝光、蝕刻不全、成型引起、噴錫引起等。當然還有許多其它來源會產生短路，但是這些來源多數都較適合在電路板製作領域討論。明顯短路缺點其電阻最大都只有幾歐姆，而短路測試過程被稱為絕緣性驗證。依據應用與最終客戶不同，會設定不同測試允收門檻。

c. 漏電

　　漏電應該算是短路的一種，可認定為具有較高電阻的短路，一般定義為兩導體間局部性連結。這類短路電阻水準，會介於允收門檻電阻與期待絕緣性水準間。較常見的漏電問題常來自於離子污染及濕氣，且兩者間有相當高的相關性才在特定條件下呈現導電特徵。離子污染可能發生在許多電路板製作過程 (內層、壓合、電鍍、綠漆或手動作業)，主因是電路板製作常採用金屬鹽類做電鍍及濕製程處理所致。金屬鹽類幾乎都會導電，因此製作過程中會在表面延展出薄膜。

　　這些污染性物質未必會直接產生短路，而常呈現為高電阻特性，當處於高濕度環境時高電阻就會降低，最後產生困擾的短路問題。電路板材料天性就會吸收濕氣，使用中若出現漏電通路，金屬遷移現象就會出現在兩導體間，最終產生嚴重的短路問題。因此在電路板用於產品前，找出潛在的漏電通路是相當重要的事情。

　　測試漏電程序被稱為高絕緣性測試，依據應用與使用者不同會設定不同的驗證門檻，常見的水準從 10 歐姆到超過 100 歐姆以上都有。能夠達到 1 G-ohm 或者更高當然是一種

期待，不過在生產測試過程中很少能夠執行如此高電阻的測試。

電氣測試的價值不僅限於偵測故障板，搭配缺點統計分析，電氣測試可幫助生產製程最佳化。當觀察到特定重複缺點，應該可將問題歸為與製程相關。

12.5 何時有電氣測試需求？

什麼產品需要測試？取樣比例為何？何時需要測試？若所面對的電路板相當關鍵 (軍用、航太、汽車元件、載板產品)，則需要做 100% 測試，理論上不能過份顧慮成本。

一般主流與消費性產品市場，都會接受有一定數額的出貨電路板故障率。一般判定是否要做測試的標準，是以整體測試成本低於不測試或報廢產品成本為參考點，這可在後續的不同階段做判定：

— 裸板
— 組裝
— 實際產品

電氣測試的附加價值相當簡單，它可節省金錢。首先它可在工廠內節省金錢，測試可提供品質回饋，幫助製程改善、增加良率、降低報廢。測試也可在組裝上節省金錢，只要防止元件安裝到故障板上就可省下可觀金錢。

選擇測試的相對策略，可依據幾個變數做：

— 電路板的生產成本
— 電路板的測試成本 (包括修補)
— 製程良率
— 客戶需求 (電路板整體關鍵性、最終組裝產品成本、安裝元件成本)

應該留意的是，正確測試策略不應該由電路板廠單方決定，而應該由雙方或三方共同討論決定。

12.6 電氣測試的前三大考慮因素

一個電氣測試系統，要評估其性能一般會關注三個變數：

1. 小間隔 (Fine Pitch) 與局部密度能力：它的端子要能近接高密度襯墊，特別是陣列構裝 / 覆晶連結襯墊

2. 低成本特性：

   a. 高產出 (測試點數量與單位時間產出)

   b. 低 NRE/ 操作成本

   c. 低設備投資

   d. 快速設定與彈性使用

3. 沒有探針印痕

迴路清單、數據轉換對於測試也相當重要，這種需求多數新測試設備都會列入標準功能，只是速度與方便性應該要列入考慮。此外愈來愈多的主被動元件埋入 HDI 電路板，可能需要專用測試設備來應對需求，特別是電容、電感，對於特性阻抗的測試也一樣。

12.6.1 細間隔與局部性高密度能力

測試間隔，就是測試點中心到中心的距離。最先進的 IC 構裝載板，陣列間隔會低於 150µm，某些特殊應用的設計還嘗試使用低於 100µm 的間隔做設計，並且宣稱很快就可能放量生產。

測試密度就是單位面積內需要測試的點數量，含有覆晶陣列設計的高密度載板，有非常高的密度而難以用一般的針床治具做測試。例如：1.27mm 間隔的 BGA 會出現局部密度每平方英吋 400 點的需求，這已經相當於高密度泛用針床密度。一個 0.15mm 間隔的覆晶構裝區域，會出現局部密度每平方英吋近 30,000 點的需求，這已經是高密度針床 75 倍的密度，無法再使用傳統的格點針盤測試。

12.6.2 成本特性

簡單的測試成本考量項目如下：

— 產出

— 工程費用 NRE(Non-Recurring Engineering)

— 操作成本

— 設備費用

— 快速設定能力

產出：

設備生產力從設備投資角度來看，同一片電路板比較更快完成測試、有較低測試成本都可當作指標。最佳評估指標，可用設備每秒可測試平均點數為基準。如：電路板有 1,000

測試點，總測試時間為 10 秒 (包括短、斷路與漏電)，則設備產出就是 100TP/s。產出標準容易混淆，因為使用不同測試參數、方法，產出變化不小，因此在沒有更好指標下，以單位時間可產出測試點數是較客觀的方法。

工程成本：

NRE 成本與治具 / 工具成本有關 (如：專用治具 / 固定治具 / 針床)。假設生產一片價格低於 NT2,000 的電路板，一套治具可用來測試一百萬片電路板，其治具費用為 NT20,000 或許可接受 (每片電路板分攤的測試成本為 NT0.02)，但是若用來測試 100 片電路板即不能接受 (每片電路板的測試成本為 NT200)。

操作成本：

操作成本是廠商最熟悉的部分，可包括更換探針 / 端子、啟動設備、維護等。操作成本應該含公用設備成本，如：電能、空氣等。

設備投資成本：

設備投資成本是在採購一套設備時需要支付的錢，較高的設備投資，就會有較高的單位時間攤銷，這可依據設備折舊的年限來分攤的 (一般是五或六年)。

快速設定能力：

多數測試設備在啟動或更換批號前需要一點設定時，這時候會有設備停滯時間而必須分攤成本。設定時間應該愈短愈好，一般應該要在幾分鐘內完成。

所有前述成本，加上實際發生的周邊、人員、保險等成本，就是產品需要負擔的測試成本。在測試策略考量時，應該要確認什麼是電路板測試成本的底線。其實用每千點作計算成本還是會較精準，因此有業者建議以 NT/1,000TP 為評估基準，而不是以每片板測試成本為基準。

12.6.3 沒有襯墊損傷

圖 12.3 所示，為測試襯墊上的探針衝擊，到目前為止沒有任何接觸式測試技術可免除測試痕跡，因此只要痕跡尺寸不大於測試區面積的 10%，業者被迫接受這種狀態。不過當測試襯墊尺寸縮小，但是痕跡尺寸卻無法成比例降低，總有一天痕跡可能會超出襯墊面積 50%，這恐怕就無法被接受了。

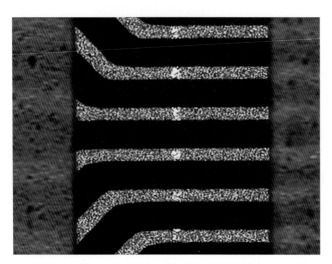

▲ 圖 12.3　在測試襯墊上的探針痕跡

12.7 HDI 板的電氣測試需求

思考前述三大電氣測試參數，目前較重要的應用檢討如後：

手持設備母板 (Cell phone 等)	典型構裝載板 (FC-BGA、FC-CSP 等)
最小間隔：< 0.25mm 陣列 未來市場：可分區測試應用載板資源	最小間隔：< 135μm 陣列 特殊周邊接點：< 50μm 未來市場：可能出現 < 100μm 設計

要描繪一台理想 HDI 板電氣測試設備，它應該具有以下特性：

1. 有 50 ～ 100μm 間隔測試能力 (周邊或陣列)，可符合 IC 載板應用

2. 沒有襯墊損傷 (非接觸或非常軟性接觸，仍然可穿透氧化層)

3. 可做低於 10 K-ohms 持續測試，超過 10 M-ohms 絕緣 / 漏電測試

4. 低整體成本

可能有的想法包括：

a. 無治具測試技術用於小 / 中量生產 (低於 200,000 片板)，依據設備價格與操作成本，要有高於 100 ～ 300 TP/s 的產出

b. 若需要產出超過 800 ～ 1200 TP/s，可用大量生產的治具，設備價格、操作成本與治具成本都應該合理

12.8 ⠿ HDI 產業的幾種可用方案

1. 為了容易回收治具費用只做大量生產，不過電路板產業無法控制需求量，只有市場控制需求量，且實際趨勢是單批量降低了
2. 說服客戶支付增加的測試成本，這樣作想法簡單但實行困難
3. 嘗試加速發展低治具成本技術，以理想的無治具快速測試技術取代，讓它們可確實大量 (超過 100 TP/s) 生產，且有細緻間隔測試能力

　　如同影像轉移技術，除非是非常大量的生產成本可分攤，否則工具 / 治具在下一代設備上都應該做數位化，排除直接治具成本。

12.9 ⠿ 電氣測試技術綜觀

12.9.1 針床 (Bed-of-Nails) 測試機

　　針床電氣測試機 (泛用型格點或是專用治具) 特性：

1. 一個電子元件 (有幾百個電子接點的板子)
2. 一個機械元件 (幾噸的壓機)
3. 一套軟體配件 (準備治具並以測試機驅動)
4. 一個治具元件 (針床或專治具) 包括 1,000 ～超過 20,000 測試點

　　每片新的電路板設計都需要新的測試治具，有兩種不同測試機針床治具系統如後：

— 泛用式格點測試機：治具是利用斜插探針製作
— 佈線或專用治具：製作成本高且費時，但是較快且可靠，設計不需要遵守泛用治具的格點結構

　　從測試點的觀點來看，泛用格點與專用測試機非常相近。它們都是利用模組式的電子功能做點測試，可讀取相關導線電氣特性值 (電流、電壓)，驗證給定測試點的連接狀況。兩者間的差異，主要在於探針配置在治具針床上的方法不同，但它們都是以物理性機械接觸來達成測試電路板的目的。

12.9.2 泛用型測試機

　　泛用格點或斜插探針治具測試系統，都是依據固定格點距離做點測試，一般點間隔配置是以 2.54 ～ 1.27 mm 陣列為主。它們需要使用斜插探針製作治具，如圖 12.4 所示。製作這種治具的成本從兩萬台幣到、十幾萬台幣不等，主要使用者集中在歐美國家。

▲ 圖 12.4　泛用格點針床測試治具

優勢：

1. 治具成本相對低 (與專用治具相比)
2. 應對測試機標準產出：介於 500 與 1,000 TP/s，隨複雜度而不同

缺點：

— 泛用等級治具用於量產，工業水準下若要保持合理產出格點距離限制在 0.4/0.3mm
— 實務密度能力限制在 0.5 mm BGA 格點或者相當距離
— 與專用治具比較，用於大量生產較不可靠
— 用於先進載板測試，其產出偏低 (< 500 TP/s)

　　因為結構限制與信賴度問題，多年前就已經有四密度測試機出現在市場上，搭配了 1.27 mm 格點陣列測試點。十多年前，電路板普遍兩面加起來的總測試點數落在 16,000 ～ 32,000，面對 HDI 類產品數量高於 128,000 是常見的事。圖 12.5 所示，為不同等級格點密度。

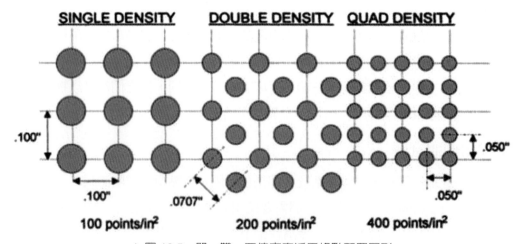

▲ 圖 12.5　單、雙、四倍密度泛用格點配置圖形

12.9.3 專用治具測試機

專用針床治具，接觸格點被測試機的電子連接器介面取代，好處是需要製作的點數可能較少，因為點數量與板密度有關，而不是看電路板尺寸。圖 12.6 所示，為專用型測試治具。

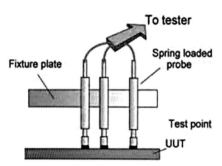

▲ 圖 12.6　專用型治具

泛用與專用測試機的最大差異在於，專用測試機的測試點未必配置在陣列格點上，而是透過外部治具連接到專用治具上，治具是以探針與彈簧等機構所構成。這類治具較貴，但是在大量生產時會較可靠且有較高的產出。在亞洲與日本有大量廠商使用，因為多數都是大量製造廠商。

12.9.4 彎曲探針 (Buckling Beam) 治具

對於最複雜的 HDI 應用，IBM 在 1970 年代後期發展出來一種稱為 buckling beam 的治具技術，如圖 12.7 所示)。

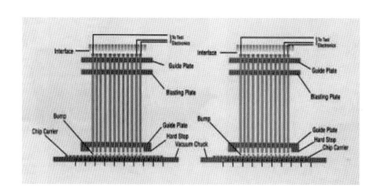

▲ 圖 12.7　Buckling Beam 測試原理

它是由治具與微型線材所製作,被重點廠商使用。這些線材可利用幾片導正材料引導,最終達到細緻間隔 (fine pitch) 針點配置。

這種治具當探針上承受負荷線材就會彎曲,彎曲產生了一種彈簧行為,但是彈力與線材移動量沒有固定關係。彈簧受壓產生力,壓縮量乘以彈性係數等於壓力。這種治具多數的力來自於治具拘束線材,當線材移動所產生的反作用力。這個因子對治具行為相當重要,與接觸下壓、接觸阻力、刮印痕跡嚴重性都有關係。

設計拘束線束治具時,刮傷行為是先天特性必須被考慮,需要適度控制探針削刮程度。理論上這種技術可達到的接觸間隔,可小到約 150μm 或者再小一點。接觸力是線材直徑的函數,因此若有高接觸力需求,常見業者使用 125μm 直徑的探針。若允許較低的接觸力 (10 ～ 12g),可考慮使用直徑 75μm 或者更細的線材。

優勢:

— 小間隔 (Fine Pitch) 測試可達 150μm 或者再小一點

— 可靠性高→高產出 (受限於 HDI 板可用測試點數,一般為 800 TP/s)

缺點:

— 高治具成本

— 只能應對小尺寸電路板

12.9.5 飛針測試機

飛針測試系統如圖 12.8 所示,也被稱為移動式端子 (moving probe) 系統 (也有 X-Y 端子的別稱),是一種半序列式平行測試的機械。由於同時接觸板面的點數少,相對於針床式測試機當然速度偏低。目前這類設備的發展,以增加探針數與偵測速度為主要發展重點。

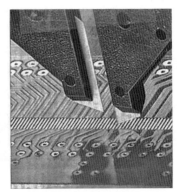

▲ 圖 12.8　飛針測試系統 (資料來源:ATG)

飛針測試機的主要用途還是偏重樣品測試，主要優勢是不需要使用治具。動態端子 (至少單邊要有兩點) 在 (X,Y) 座標上移動，並做成對測試點驗證。如第一個端子設定輸入電壓，另外一個端子就做電流偵測，如此系統就可測量迴路中的電阻。

飛針用在測試斷路相當有效率 (在 HDI 板可達到 40 TP/s 以上) 因為它正比於連結密度。而它用在測試短路就較慢，因為絕緣電阻必須要測試所有迴路間的兩兩關係。可利 CAD 數據統計，排除不必要迴路測試，這方面可依據兩線路距離與可能短路與否的邏輯來決定。

當電路板有幾千點需要測試可能要用幾分鐘測試。也有其它方法可使用如：區域測量、放電、電容量、相差等。擷取這些替代測量方法的優勢，找出獨立迴路而不需要逐步測試單一迴路，這樣可節約大量的時間。使用飛針測試機，需要用較多的時間完成相同區域測試，因此它們多數用在測試樣品與小量產。但 HDI 板有時候只能用飛針測試機測試，因為它們複雜度太高 (整合細間距與高密度)。飛針測試系統的特性如後：

— 小間隔 (Fine Pitch) 能力優於斜插探針治具，150μm 或者更小都可測試，目前特殊機種宣稱測試密度可達 50μm 以下
— 沒有治具需求
— 測試時間每片板從幾分鐘到超過一個小時，依據需測試點數而定

相當多飛針測試機是使用電容量測試法，或者是類似的方式，這樣可讓測試速度大幅提昇，不過這種方法無法真的實際測試線路電阻，並非沒有漏測風險，但是對高測試點數板相當有效率。

優勢：
— 對小間隔 (Fine Pitch) 板非常有效，一般機種間格極限約在 100 ～ 150 μm 間
— 不需要治具

缺點：
— 低產出 (應對複雜 HDI 產品如：IC 構裝載板，典型速度為 5 ～ 10 TP/s)
— 先進機種可控制下壓力道，儘管比針床測試法損傷機會低，但是仍然有襯墊損傷風險

飛針設備相當適合小量、中高度混合生產的環境使用，如：HDI 樣品、先進 HDI 載板、小量高度混合的生產狀態，都是可考慮選用這類設備的場合。

12.9.6 混合測試技術

混成探針組合，主要針對測試小 / 中量的 IC 構裝載板。如：FC-BGA/FC-CSP。它們整合了兩個技術：

— 專用的針床 / 治具技術，用來連接 BGA-IC 構裝載板的襯墊端 (一般是幾百接腳，1.27 mm 間隔)，既不複雜也不貴

— 飛針 (一對) 用來近接覆晶面，典型爲 180 μm 間隔 /5,000 TP

對於相同的應用，混成探針產出可達到 25 ～ 30 TP/s，飛針可達到 5 ～ 10 TP/s，而針床可達到 800 TP/s，當然這些數據會因爲飛針設備的探針數量增加而提高。

優勢：

— 可有效的做小量特殊設計，如：IC 構裝載板
— 比飛針產出高，因此整體成本低

缺點：

— 主要針對 IC 構裝載板測試

— 仍然需要針床應對底面，這樣會變得較複雜 (對於 FC-CSP 應用間隔會達到 0.3 mm)，外部 I/O 會愈多

12.9.7 感應器測試技術

感應器技術主要是針對 P-BGA 測試等 IC 構裝載板討論，它整合了兩種技術：

— 專用針床 / 治具技術，用來近接 IC 構裝載板 BGA 襯墊面 (一般是幾百接腳，1.27 mm 間隔)，既不複雜也不貴

— 電容偶極，以非接觸方式近接鍵結面

以電容感應器感應底面針床輸入的交替訊號，若感應到鍵結襯墊上的訊號，就表示該處沒有出現斷路。絕緣性可用針床在底面做測試，因爲這種載板有特殊的設計 (兩個測試點迴路，其一在鍵結襯墊面，一個在 BGA 襯墊面)。典型結構如圖 12.9 所示。

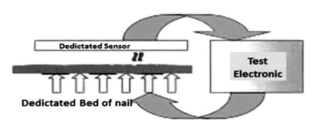

▲圖 12.9 典型的感應式測試技術

優勢：

— 細緻的周邊引腳測試 (可下達 80 μm 以下)

— 快速

缺點：

— 並不適合陣列測試點—與覆晶設計不相容

— 中等的治具成本

當 PBGA 逐漸被 FC-BGA/FC-CSP 技術取代，感應器技術也逐漸被放棄。

12.9.8 發展中的測試技術 - 電子槍 (E-Beam) 測試機

測試、檢視對多晶片構裝板及混成板十分重要，它可降低產品風險、增加產品信賴度。目前大型晶片構裝板，密度已經超越傳統測試技術能力。載板接線密度大幅提升，使用傳統測試技術可能需要數小時之久。

業者嘗試導入電子束載板測試技術 (Electron Beam Substrate Tester)，它具有電子束測試能力，使用者可在合理的成本下有效測試高密度載板。圖 12.10 所示，為典型的電子束載板測試機範例。

▲圖 12.10 典型電子束載板測試機範例 (Prismark Report)

短斷路測試機可歸類為兩種型式：機械端子接觸式及電子束端子測試 (非接觸式)。機械測試法會在測試中損傷接點表面，有時也會在接觸過程中產生摩擦造成污染，表面污染會對模組產生不良影響。此外機械式端子無法做外觀尺寸低於 25μm 以下的接點測試，同時用機械接觸測試也會速度緩慢。

電子束測試技術在高階多晶片模組短斷路測試上，已經呈現出相當高的可信度。這個技術類似傳統探針測試法，涵蓋利用測試端與測試點對位程序，完成對位即可做迴路測試。

電子束測試端提供迴路應有偏壓，同一個測試端可提供迴路偏壓也可偵測其它迴路電壓，這樣可測試迴路內斷路現象或是迴路間短路現象。

與傳統探針端子不同，低能量電子束是一個非接觸端點，完全不會在測試中產生端點、線路損傷，因此也可作為擔心損傷產品的測試工具。電子束測試點可在數微秒內轉換位置，但機械式探針必須要一千至數千微秒時間才能完成轉換。

電子束測試的優勢，是可用在任何電路板內的金屬導線狀態驗證。載板修補可以靠 EBST 數據來發現與執行，部分內層板或半成品可在途中做修補，或在製程中報廢降低後續製作成本。對於新設計，數據可用來驗證設計的繞線結果，可避免不必要的失誤。

對於電子束測試的原理，簡單做一探討如後：

電子束測試基本作業模式，可經由兩個不同程序執行，第一個是利用電壓對比法，第二個則是用切換格點偏壓法。電壓對比及切換格點偏壓測試法，都使用第二接點放電產生結果。

a. 對比電壓測試法

業者做載板測試發展時先用電壓對比法，這個方法成功用在特定應用，且已經擁有豐富數據資料。它首先在迴路充電狀況下測量電壓，被充電迴路會呈現短路狀態。之後迴路會充電到預定電壓，至於其它節點則利用電壓偵測導通狀況，若沒有電壓存在代表迴路呈

現斷路狀態，這種程序可不斷在各個迴路中重複。測試前及作業中，靜電荷必須從載板中去除以免發生誤測現象，可用除靜電裝置均勻去除載板上的電荷。

b. 測試點電壓切換測試法

這是一個由 Alcedo 提出的專利方法，如圖 12.11 所示。

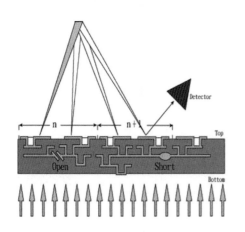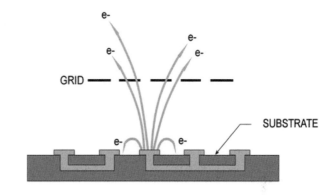

▲ 圖 12.11　切換節點電壓測試法示意

後續的描述，是用於切換節點電壓測試法的作業程序：

步驟 1.

將測試區分割為 2″×2″ 區塊，因為電子束一次只能覆蓋這個大小區域。利用電子束掃描這些區域，必須要正對測試點位置。作業必須考慮對位偏差，包含放置位置、移動檯面、材料漲縮等偏差因素。

步驟 2.

電子束撞擊一個接點，此選定接點保持在正向電壓狀態，一般典型值為 +10 volts。

單點電氣狀態轉換速度，主要決定於迴路電容量大小。任何具有短斷路的電路迴路，電容值都會與正常迴路狀態不同，因此測試時可檢出短斷路的問題。

　　測試 HDI 載板並不容易，需要許多專家與知識的支援。正在發展的新技術，期待能整合更高的性能表現且具有低成本優勢。非接觸式測試技術，據筆者所知幾年前曾經有可用設備出現在市場上，可惜因為財務問題又從市場消失。產業的進步，仍然對這類技術的發展有所期待，需要測試技術專家再努力。

CHAPTER 13

品質、允收與信賴度挑戰

13.1 概述

品質與可靠度對於產品的意義是非常不同，品質所代表的是經濟效益 (Economic Value)、安全 (Safety)、信賴度 (Reliability)、穩定度 (Stability)、操作性 (Operating Condition)、性能 (Performance)、可維護性 (Maintainability) 等等事項的綜合體。

但對於產品信賴度而言，它只是某個時段內產品產生故障的機率，因此信賴度可說是一個評估產品在生命週期中功能穩定的指標。一般性的信賴度議題，可討論的內容包括故障率、信賴度測試等等，對於電路板產品的相關議題就是本章的討論重點。

13.2 品質與信賴度的指標

對於品質與信賴度計量方法有所不同，採用的抽樣概念也不相同。品質指標主要是以數量為重點，因此採取的是統計模式缺點品的比例。以每百萬個產品中有幾個缺點品 (DPPM - Defect Part Per Million) 作為計算基準，是最常見被採用的計算模式。

信賴度指標著重在產品使用時間的久暫，作法上主要有兩種：

1. 少量樣品做長時間測試
2. 多量樣品做短時間測試。

13.3 ⠿ 信賴度的描述

信賴度計算基準，會以簡單信賴度方程式表達如下：

$$R(t) = 1 - F(t)$$

其中 F(t) 表達的意思就是故障率，故障率函數包括四種主要故障類型分別是：瞬間故障率 (Instance Failure Rate, IFR)、平均故障率 (Average Failure Rate, AFR)、平均故障發生時間 (Mean Time To Fail, MTTF)、平均故障時間間距 (Mean Time Between Fail, MTBF)，其中以第四項較特殊，指的是可自行復歸或修復的故障狀況，例如：當機。這種數據在許多的電子產品數據資料中會呈現出來，例如：印表機、硬式磁碟機等等都有。

　　一般產品最常出現的信賴度問題現象，是一種所謂的可靠度浴缸曲線 (Bathtub Curve)，其一般性圖形如圖 13.1 所示。

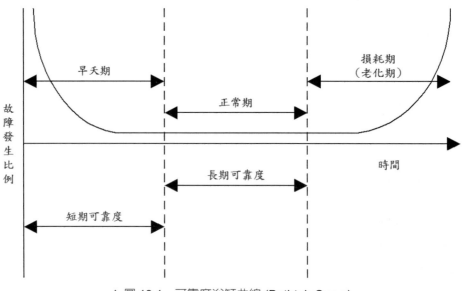

▲ 圖 13.1　可靠度浴缸曲線 (Bathtub Curve)

　　利用燒機測試 (Burn In) 過程，製作者可將產品以較嚴格的方法將早夭期產品剔除。至於燒機測試的條件，要如何設定早夭期與正常期之間的界限，這部分必須在事前作審慎評估。

　　近年來電子產品的生命週期及汰換率都與早期有明顯差異，許多測試規格是早期美國軍方規格或通信系統產品規格，是否要遵循同樣標準或者下修都必須謹慎行事。因為這關係到產品的開發速度、製作成本，當然更重要的是市場的競爭力。

13.4 信賴度的測試

信賴度測試是模擬實際產品使用狀況的測試，但卻不允許測試與使用時間相同，因此加速測試就是信賴度測試的基本模式。即便是加速測試，項目仍然可分為短期信賴度測試 (Short Term Reliability Tests) 與長期信賴度測試 (Long Term Reliability Tests) 兩類。

信賴度測試功能在於：發現潛在機械性故障、評估故障發生頻率、確認故障模式，此外要確認這種模式在生命週期中操作不會發生等。

加速型信賴度測試 (Acceleration Reliability Testing) 有重要假設：(1) 故障模式不因為應力模式改變而改變 (2) 應力改變相當於壓縮使用壽命，這種應力變化可源自於壓力、溫度、溼度的變化。

電路板信賴度測試要求水準，除了可遵循 IPC 測試標準外，最好還是與客戶確認實際共同期待的規格或遵循方式。對電子構裝用載板而言，會比電路板要求更多、更嚴的測試項目，典型測試項目如後所示：

(1) 蒸氣鍋測試 (Pressure Cook Test, PCT)
(2) 溫度循環測試 (Temp. Cycle Test, TCT)
(3) 熱衝擊測試 (Thermo Shock Test, TST)
(4) 溫濕度偏移測試 (Temp. Humidity Bias Test, THBT)
(5) 高加速應力測試 (High Accelerated Stress Test, HAST)
(6) 高溫儲存壽命測試 (High Temp. Storage Life Test, HSLT)

不論是 HDI 板或電子構裝載板，因為使用歷史較短且設計結構與傳統電路板概念有出入，因此許多測試規格仍然在不斷修正與調整中。不過經過測試的電路板或是載板，都不會允許出現短路、斷路、斷裂、功能變異等現象。

部分 HDI 板製程開發過程，會做對盲孔連結信賴度測試。典型做法是在電路板邊緣或是廢料區做測試孔設計，將許多盲孔與通孔連結在一起，在製作完成後測試動態的電阻變化。一般的測試都希望無論是熱循環或是應力測試，其測試的電阻值偏移度都能保持在最小的水準。常見的正常偏移量，都可保持在 3% 以內。圖 13.2 所示，為一般常見的盲孔信賴度測試連孔設計方法。

圖右所示為 MRTV-2 測試樣本，是由 IPC-ITRI 用來做各種微孔信賴度測試計畫的標準設計。

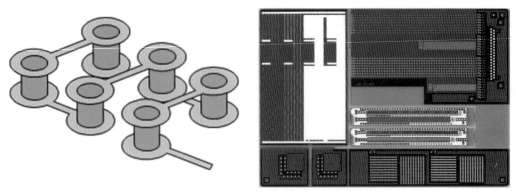

▲ 圖 13.2　常見的盲孔信賴度測試連孔設計

13.5　HDI 板的信賴度表現

目前 HDI 板的故障現象大多數與線路型短、斷路缺點有關，常見到的如微孔斷裂以及樹脂層損壞等，都是較常見的問題。以微孔斷裂現象來看，多數缺點仍然以孔底金屬與電鍍金屬間的介面問題最多，典型的現象如圖 13.3 所示。

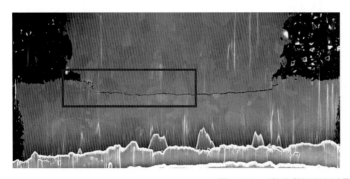
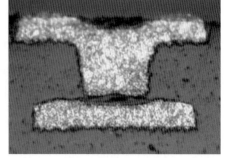

▲ 圖 13.3　微孔斷裂的缺點現象

這類信賴度問題會出現電阻逐步偏移，因此短斷路測試不一定能完全篩檢出缺點。由於信賴度測試如：HAST 會施予基板加速應力，因此若微孔介面結合不良或是有介面瑕疵，很容易產生這類電阻偏移問題。

另一個電路板較重要信賴度缺點，就是銅金屬離子遷移問題。由於電路板的接點密度提高及孔徑縮小，導體金屬距離相對拉近，絕緣層也輕薄化。這種結構所帶來的信賴度困擾是，兩相鄰金屬間很容易產生金屬離子遷移，尤其是在信賴度測試中提高濕度時更會加速離子遷移速度。圖 13.4 所示，為電路板經過信賴度測試後發生金屬擴散現象的狀態。

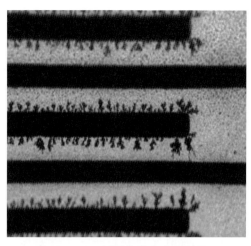

▲ 圖 13.4　兩金屬導體間金屬擴散現象

這種缺點發生的原因，是因爲樹脂在信賴度測試過程中被金屬離子貫穿。樹脂材料有一定的絕緣強度，若絕緣強度被打破則絕緣材料兩端金屬就會因爲離子遷移而貫穿短路。多數貫穿短路的樹脂層，有兩個基本的造成原因，其一是樹脂兩側驅動電壓較高超出樹脂材料負荷，其二是樹脂本身厚度或性質不足以隔絕這種操作條件。

13.6　HDI 板成品檢查

HDI 板製作完成後必須做最終品質檢查，這對於看慣傳統電路板的人而言會有點吃力。除了例行檢查項目如：短斷路測試、外觀檢查、尺寸檢查、機械及組裝特性檢查外，對特殊組裝位置客戶也會要求作不同檢驗。

HDI 板組裝變異多，特定組裝可能會有不同檢查要求，最明顯的範例就是金屬表面處理。時常在同一片 HDI 板表面有兩種以上的處理，例如：同時有 OSP 區提供焊錫，又有打線組裝需求，而同時還可能要求按鍵表面處理。同時出現三種不同表面處理要求，機會並不是太大，但是面對兩種處理同時出現卻已經是陣列接點的常態。客戶可能會訂出不同檢查標準，此時品質檢查就會麻煩多了。

電路板最終目視檢驗，一直是電路板製造最沉重的負擔，但是由於經驗累積以及光學檢驗設備的搭配，目前對於金屬表面缺點已經有改善方案。但可惜的是，在止焊漆區域到目前為止仍然沒有完全取代人力的良好方案，因此這個部分有待業者努力。

13.7 標準與參考規範

　　微孔尺寸小讓 HDI 產品允收規格難以定義，多數 HDI 品質與允收需求仍然由 OEM 公司定義。IPC 發行了 IPC-6016 規範，是 IPC-6011 的一部份，內容討論有關一般性認證與性能表現 (6010 系列)。這些規範只涵蓋有關 HDI 板增層部分而不是核心板，核心板部分仍然以原有 IPC 規範律定。

　　IPC-6016 的特色是包含了 HDI 板的描述，這是其它 IPC 文件尚未涵蓋的部分，是一般性電路板認證與性能表現規範。HDI 層的允收特性，被整理在五個產品類型：晶片載體、手持設備、高性能表現產品、嚴苛環境應用、可攜式產品，細節內容整理成十二個章節。筆者不嘗試佔用篇幅將細節翻譯貼入，有意了解的讀者請自行參閱。

13.8 品質管制

13.8.1 雷射鑽孔品質

　　微孔雷鑽品質，可呈現出微孔的先天故障模式。圖 13.5 所示為七種主要雷射微孔品質特性，必須搭配品質特性規格、測量方法、樣本數量與上下限控制。

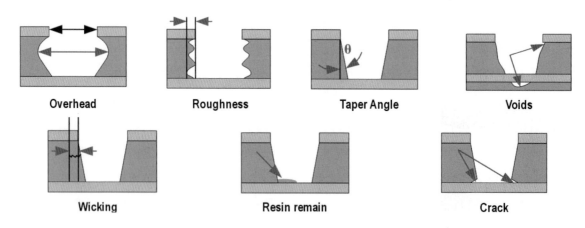

| Overhead | Roughness | Taper Angle | Voids |

| Wicking | Resin remain | Crack |

▲ 圖 13.5　雷射微孔主要品質特性，依特性規範、測量方法、樣本尺寸與極限控制

13.8.2 微孔處理品質

　　微孔幾乎不可能以目視檢驗，而用切片檢驗也極困難，這方面的品質需要較間接做製程正確性驗證。正確微孔品質狀態，如圖 13.6 所示。

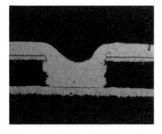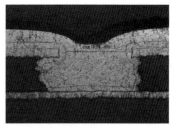

▲ 圖 13.6　良好微孔切片顯示電鍍均勻度、無空洞、跳鍍等問題

典型微孔缺點，可參考圖 13.7 切片，可將業者建議的測試樣本連片 (coupons) 做在板邊當品質監控依據。業者常用類似 IPC-9151 測試樣本做驗證，以統計手法測量一串孔連結電阻變化，並做高速熱循環測試 (HAST)。微孔生產品質規定，每百萬微孔不出現超過 50 個缺點，在測試片測試鍊結孔 (Daisy Chain)，卡爾文電阻測試標準差不能超過 5%。

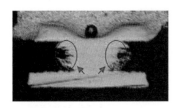

▲ 圖 13.7　剝退性微孔缺點切片

一些組裝案例會面對微孔設計在襯墊內的困擾，OEM 工廠的技術報告顯示，若用微孔與孔在墊內設計，要用較細錫顆粒錫膏，在裸板金屬表面處理則傾向用 OSP、HASL 與浸銀，某些廠商會強調須提供微孔襯墊平整外表。業者最期待的還是微孔電鍍填滿，可讓組裝問題降低且有更多銅可承載電流與傳熱。圖 13.8 所示，為幾種微孔填滿結構的切片。

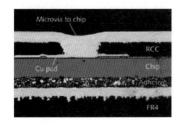

▲ 圖 13.8　微孔經鑽孔、電鍍、填孔呈現的微凹平面、樹脂填充蓋孔電鍍面、堆疊孔

13.8.3 良率

統計方法是目前工業界最常使用的品質分析工具，電路板批次良率不完全遵循常態分布，平均值與標準差的計算必須以不同方式處理。以常態分布、標準差評估良率，會超過 100% 或低於 0%，這顯然是不不合理的推估。首次通過檢驗的良率 (First pass yield)，是業

者最關心的品質特性之一，業者應該要選用適當的統計模型做分析研究來改善製程。一般新投入 HDI 板生產或者導入新產品業者，都可能會面對初期的學習曲線問題，此時應該要針對不同的良率表現做改善，以期縮短學習曲線。

電路板技術中化學製程總是難以控制，未控制因子會跑進製程，因此要考慮相關的變動因子提升製程控制能力。控制的第一個連結因子就是人員，需要訂定高標準目標：

— 降低變異
— 增加首次通過品質需求的良率
— 降低修補與重工
— 改善品質與信賴度
— 改善技能

搭配各種輔助製程控制工具與方法，也是工作人員該嘗試的：

— 柏拉圖
— 要因分析圖
— 變異數分析法
— 實驗設計法
— 製程最佳化
— 品質管制圖
— 製程能力指標 (Cp, Cpk)
— 六個標準差

目前市面上可用的統計軟體繁多，可選擇適合的類型搭配製程管制。當獲得製程各段數據，可幫助業者解讀其中意義與結果。當面對問題，可嘗試分析現有代表性數據，或者取樣讀取數據做分析。利用統計工具分析，多數都能有效找到問題。

現有的統計軟體，幾乎都能依據需要提供各種分析圖形，某些軟體還可從網路上免費下載使用，業者可依需要尋找適當方案。

13.8.4 實驗設計

實驗設計或 DOE 是一種有效的 HDI 板良率改善工具，這種實驗手法可控制多種不同可控制因子，並觀察到許多交互作用與其間差異。一般工程師可用的典型實驗方法包括：

— 嘗試錯誤法
— 一次一個單一因子實驗法
— 多因子設計法

實驗設計 (DOE) 是全面有效的工具，比嘗試錯誤的方法一次只能考慮一個因子，解決問題的能力要大得多。有關 DOE 軟體種類繁多，可從網路免費下載部分可用版本，而較專業軟體價格不低。

13.9 :: HDI 的製作能力認證

這是個複雜問題，因為 HDI 設計準則可變動因子太多，要了解廠商是否有能力製作產品，必須要先關心既有設計。最佳判斷方式，就是直接做廠商製作能力測試。

可裡用刻意設計的測試樣本 (test vehicle)，內部搭配各種需要的設計準則結構來驗證廠商的製作能力。這些結構可做參數與特性分析，利用搭配的測試連片 (coupon) 做特性尺寸驗證。IPC 有提供標準建議測試結構，各家廠商也有自己發展出來的特定堆疊結構，可考驗不同製程的能力與產品結構電氣性能，作為回饋製程能力的參考資訊。

13.9.1 認證連片 (Coupon)

要做廠商製作能力分析的最佳方式，就是將諸多需要搭配的參數設計到電路板連片上，之後利用切片、非破壞分析等手法對連片做分析，針對關鍵特性、品質要件等做製程能力蒐集。

利用這些製程提供的信賴度評估、最終產品評估、製程內評估、製程參數寬容度評估等資料，可較徹底的了解供應商整體能力。

13.9.2 供應商認證

選擇 HDI 製造商相當有挑戰性，IPC-9151 是可用來判定電路板製造商 HDI 能力的規範之一，它提供了所謂的 PCQR2 標準板來做考驗，該設計有 2、4、6、10、12、18、24、36 層結構，搭配高、低密度設計準則，有五種厚度 (對電路板與背板)，且是以大板面的全板尺寸 18″×24″ 配置各種線路與間距、孔結構來設計，其中包含盲、埋孔結構在內。是一種評估各廠商 HDI 類板製作能力與良率水準的理想方法之一，圖 13.9 所示為代表性的十四層含背鑽 (Back drill) 的測試板設計。

筆者不想耗費篇幅列入個別層數設計內容，其線路圖形設計及樣本相關報告都可在 www.pcbquality.com 處下載，不少美商慣用這種結構測試廠商能力，特別是系統板製造商。

　　筆者也曾經在系統板商工作，經歷過這種測試驗證過程，儘管遵照標準製作與測試電路板相當方便，不過初期認證相當辛苦，蒐集數據也相當有限難以得到穩定結論。要擴大樣本規模，實驗成本會大幅提高且未必能符合工廠實際規劃產品方向。提出評估的客戶，常會提高驗證等級宣稱可得到較高安全係數，但也因此必須付出不成比例驗證努力。

　　筆者其實較傾向於建議採用實際產品結構做驗證，同時擴大取樣數據量並延續到生產初期一段時間，這樣較能夠讓技術能力穩定下來。且累積這些製程影響與設計經驗，會對提升最終產品的首次通過良率 (First Pass Yield) 有所幫助。

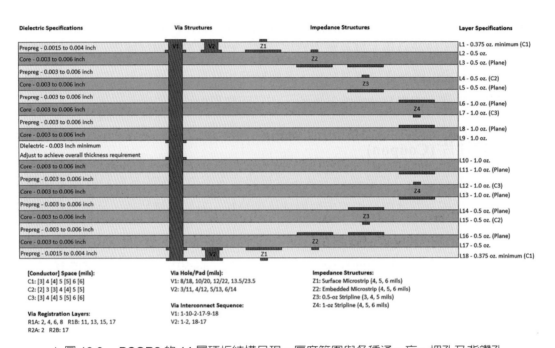

▲ 圖 13.9　PCQR2 的 14 層硬板結構呈現：厚度範圍與各種通、盲、埋孔及背鑽孔

CHAPTER 14

內埋元件技術

14.1 簡述

內埋被動元件 (EP) 與一般表面貼裝元件相比，能提供更多的性能優勢。不過為了性能表現需求，設計嘗試採用內埋被動元件技術，採用適當電阻值、電容值範圍的元件，有利於達成產品目標尺寸及性能表現。本章將介紹典型用於製作內埋元件的材料與製造技術，也透過案例呈現成本、性能表現與尺寸考量的變化，同時會指出何時、如何使用這種新的技術。

要討論內埋元件技術，應該先留意相關規範。IPC-2316 是討論有關電路板內埋被動元件設計準則的規範，於 2007 年三月公布，該文件有八個部分：(1) 目標，(2) 適用的文件，(3) 簡介，(4) 內埋電阻，(5) 內埋電容，(6) 電感，(7) 參考資料，(8)IPC 發行與內埋元件相關的文章。

電子領域最大類元件之一是散裝被動元件，它比主動元件出現得早且已經用有長遠的使用歷史，不論以通孔引腳插入或貼裝在電路板面上都有。元件密度增讓電路板表面空間產生競爭，因此新技術嘗試採用內埋技術內埋元件到電路板內。

最早出現這種想法是 1970 年代，電晶體剛用於軍事與航太產品時。這些電阻是以線路蝕刻法製作在片狀電阻材料上，之後將它們以標準多層板製程與其它線路做連接。在 1980 年代初期，交錯式電源、接地層間加入介電質層以降低電源供應雜訊，而在 1990 年代開始部分取代了去耦合電容，蝕刻銅線圈取代電感則從 1960 年代就已經開始使用。目前組裝技術有能力配置非常小的散裝被動元件到板內，這讓電路板可順利內埋這些元

件。目前這類表面貼裝元件包括主動元件如：電晶體、IC，類似 GE 原始發展的內埋 IC-MCM 技術。

14.2 ::: 內埋元件載板

半導體技術地圖顯示閘極尺寸會持續縮小，可攜式消費性產品需要提供更多的功能。這兩種趨勢會增加電路板密度，同時縮小產品的尺寸及重量。結果就會出現全整合載板概念，需要提供所有必要的功能性，包括如：電池、天線、太陽電池充電、光訊號輸入、感應器、整合冷卻機構、軟性連結、主動元件 IC、電晶體、電感、電容與電阻。

當然這種想法是一個理想，某些結構已經可製作，但是還有一些仍待證實是否能夠順利實現，當所有想法都時現實整合產品應該已經進入了微機電系統 (MEMS) 世代。

過去因為元件尺寸大，無法直接埋入解決高元件密度與高頻電性表現問題。但是這些年來較小 SMT 元件的發展，讓元件埋入多層板內層的組裝變得可行。某些重要因素在決定採用內埋元件技術前必須考慮，如：散裝元件在板面或內部組裝對成本的影響？需要使用電路板多層結構製作元件與否？在單層打件與利用電路板技術製作元件成本應該相近，但是散裝元件在相同尺寸下可製作出不同電氣特性值結構，若用埋入材料直接製作元件，可能需要多層次結構而增加成本。

新而較小的 SMT 元件已經被導入，如圖 14.1 所示。這些是 01005(0.4 x 0.2 x 0.2 mm) 元件，可被貼裝在多層板表面或內部。它們小到足以在內層線路間安裝，並在壓板過程中被樹脂材料填充。

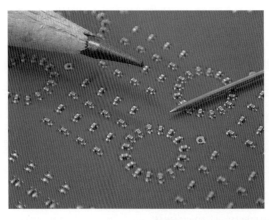 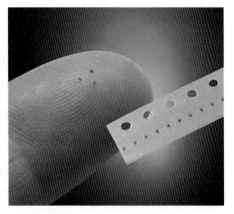

▲ 圖 14.1　較小的 01005-SMT 元件

　　新趨勢也允許散裝元件堆疊，這對於堆疊 IC 晶片相當普遍且使用三維打線。但散裝元件包含 3-D 堆疊，需要搭配特殊的焊接製程。

14.3 內埋元件技術的檢討

　　將元件埋入電路板有幾個優勢：

— 可降低板面積：元件移到板內可節省表面積做出較小電路板，降低尺寸可讓生產板容納更多產品片數

— 增加功能性並提高密度：將更多元件納入板內，可獲得額外功能與密度

— 改善性能表現：內埋元件有較短的互連長度 (較低電感) 與較小尾端 (較小電感)，可支援較高速度與產生較低雜訊

— 排除焊接點：內埋元件可免除 SMT 焊接點，潛在改善組裝信賴度，特別是對高溫無鉛焊錫

— 改善整體組裝成本：系統成本是關鍵，電路板材料成本可能略高，但因製程測試材料採購較少、組裝成本低而得到平衡，且還可用較小的電路板尺寸

　　片狀材料內埋元件缺點：

— 品質會受到影響：實務上要符合公差會較困難

— 修整的內埋電阻，製作緩慢且昂貴

— 設計需要加入元件尺寸考慮會較麻煩

— 特定技術無法複製散裝元件規格，特別是電容 (>100 nF/cm2)

— 片狀介電質材料只能提供有限規格範圍

— 樣品價格相當高

— 不論是一個或一千個片狀電阻成本都一樣

— 測試工具昂貴

— 在板內的元件無法做重工

— 絲網印刷元件需要額外的設備投資

　　電性設計分析工具可幫助決定哪種元件可埋入，但是未必會幫助計算成本。要固定內埋元件的成本，必須考慮材料選擇、製造與測試、電路板設計的內埋元件數量。這是一個抉擇，需要面對散裝元件、組裝的成本變化。片狀材料的設計，可埋入的元件愈多，值得選擇的優勢就愈大，這並不包含尺寸的縮小考慮。

14.4 被動元件材料與製程

內埋被動元件材料，被做成大片電阻材料、絲網印刷導電膏、加成析鍍薄膜、電容用塗裝介電質、可形成電容材料如：噴塗材料等。

14.4.1 電阻

不論直接製作或是埋入的電阻，與銅相比的導電能力都相當低，主要功能是限制通路上的電流量。電阻的組成，較常見的是採用包括：金屬氧化物、碳顆粒、小導電顆粒等，以有機高分子材料分散處理。電阻值單位是 ohms(Ω)，內埋電阻材料則依據單位面積的 ohms 數 (Ω / cm^2) 表達。表 14.1 所示，為五種主要內埋電阻技術類型。

▼ 表 14.1　埋入電阻的技術形式

製程類型	技術類型
圖形製作 (片狀材料)	薄膜蝕刻 (NiCr、NiP、NiCrAlSi、Pt)
網版或鋼版印刷	有機厚膜技術、陶瓷厚膜技術
電鍍	選擇性析鍍
噴墨	選擇性製作
影像轉移	感光高分子材料

實際可用電阻值範圍，如表 14.2 所示。市面上已經有多個區段的電阻值材料可採用，中間的三種技術：厚膜印刷技術 (PTF)、陶瓷厚膜技術 (CTF)、加成式電鍍，屬於加成形式的技術，可透過修整與混合製作調整特性值。

▼ 表 14.2　內埋電阻可製作範圍

單位面積電阻 (Ω/cm^2)	10	100	250	1K	10K	100K	1M
圖形製作 (NiCr、NiP)	×	×	×				
圖形製作 (NiCrAlSi)				×			
圖形製作 (Pt)		×	×	×	×		
絲網鋼版印刷 (厚膜)	×	×	×	×	×	×	×
絲網鋼版印刷 (陶瓷)	×	×	×	×	×	×	×
電鍍 (NiP)	×	×	×				
噴墨	×	×	×	×			
影像轉移散裝元件	×	×	×	×			

14.4.2 電阻製程

　　薄膜內埋電阻製程如圖 14.2 所示，包含一系列的步驟：

1.　銅箔基材，塗裝光阻、曝光、顯影定義電阻端子區塊

2.　以氯化銅蝕刻液蝕刻銅皮

3.　剝除光阻．

4.　以底片定義出電阻位置，並以光阻曝光、顯影將電阻區暴露出來

5.　選擇性以鹼性蝕刻液清除在電阻區上的銅

6.　剝除光阻

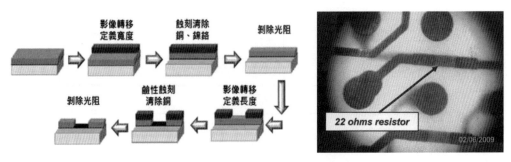

▲ 圖 14.2　片狀薄膜內埋電阻製程

　　目前業者較常用的製程，仍然以絲網印刷、雷射修整的內埋電阻技術為主。圖 14.3 所示，為典型的電阻油墨印刷電阻。會普遍使用的原因，當然是因為製作成本較低，但是受限於材料安定性在電路板完成後還是容易受環境因素影響產生電阻值變異。

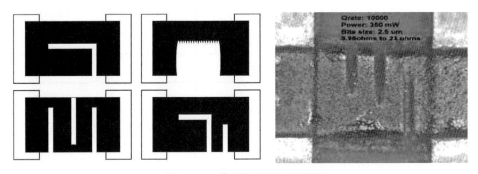

▲ 圖 14.3　典型印刷型內埋電阻

14.4.3 電容

電容需要有大範圍特性值，它可以是傳統散裝或是整片電容材料 (電源、接地層間介電質儲能)，用來配置各種電容量。依據法拉第定律，電容量反比於導體平行面間距離，正比於材料介電質常數。除了提供快速切換元件的儲能外，分配電容量也可耦合電源與接地，提供較低的電源供應阻抗。電源匯流排上的雜訊，也可用這種方式降低。各種內埋電容的技術，如表 14.3 所示。

▼ 表 14.3　埋入電容技術形式

製程類型	技術類型
影像轉移蝕刻 (片狀材料)	銅箔基材搭配各種高介電常數絕緣材料
網版或鋼版印刷	有機厚膜技術、陶瓷厚膜技術
噴墨	選擇性製作
影像轉移	感光性高分子材料
薄膜濺鍍	發展中

表 14.4 整理了各種主要技術的可用電容量，可用於個別埋入電容或者是大量配置的電容製作。

▼ 表 14.4　常見主要內埋電容技術資料

技術類型	介電質常數	厚度 (μm)	每平方公分電容量
FR-4 基材	4.4	50	78pF
	10	12	700pF
填充型環氧樹脂 (填充物)	15	16	850pF
	30	16	1700pF
PI 基材	3.2	12.5	250pF
PI 基材 (填充物)	10	25	350pF
專利填充物基材	22	8	3000pF
高分子厚膜	35	12	3000pF
陶瓷厚膜	35、1500 ～ 2000	25	23nF、93nF

　　埋入電容類似埋入電阻製程，業者以高分子材料形成埋入電容材料，板廠購買現成電容專用片狀銅箔基材製作內埋電容。板廠要以液態介電質材料印刷或壓合，要精準控制最終厚度相當困難，因此以採購專用銅箔基材製作特性值較準確。也有廠商嘗試以影像轉移方式製作電容，不過這種觀念耗用的材料與適用性都有待評估。

　　筆者與同僚也曾嘗試採用不同的概念製作內埋電容並獲得專利，概念來自於一般傳統電容的堆疊結構，逆轉方向後配置在基材面上可充分利用無用的空間製作電容，相容性相當高且電感也相對較低，應用範例如圖 14.4 所示。可惜的是與一般介電質材料面對相同問題，材料介電質常數偏低導致可獲得電容受限。

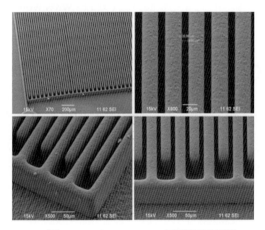

▲ 圖 14.4　Comb type 內埋電容結構

　　目前由於散裝電容薄型化的技術逐漸成熟，因此直接做一般 SMT 組裝的內埋技術可能性逐步提高，已經有元件廠商可提供厚度約 150μm 厚度的電容供這種設計應用。圖 14.5 所示，為實際使用 150μm 電容製作產品的案例。

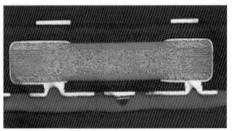

▲ 圖 14.5　內埋電容製作範例

用於內埋電容用途的元件，其電極必須做厚銅處理，以搭配雷射鑽孔最小銅金屬厚度與電鍍的需求。圖 14.6 所示，為典型內埋電容斷面外觀。

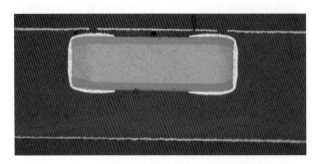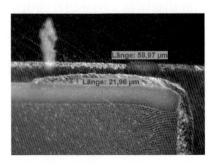

▲ 圖 14.6　典型內埋電容斷面外觀 (來源：www.we-online.com)

14.5 主動 IC 元件製造

製造內埋主動元件，是在 1995 年左右開始發展作為軍事用途，IC 與被動元件都經過配置，之後才做元件的互連電路製作。雷射鑽孔互連 IC 晶片與元件，同時與表面電路構成網絡，這種技術後來即稱為 HDI。高分子半導體射頻認證 (RFID) 標籤，就是使用 HDI 的範例之一。

14.5.1 內埋主動元件

3-D 內埋結構快速發展為下一階段的高密度互連技術，不但能改善功能性同時可維持緊密輕巧的外形，這類技術發展將成為立體構裝外形的主要目標。技術不僅能改善密度，同時因為可降低雜訊而能提升電性表現，這讓電源分配變得較穩定。

這種結構讓產品設計變得複雜，除非採用恰當的輔助工具處理複雜程序，否則錯誤與故障機率風險會增加。儘管這類技術從 1990 年代初期就已經存在，但是這幾年才開始見到較明確的發展。到目前為止這類工具完備性仍然有限，設計依賴人工的比例還是相當高。

14.5.2 典型的應用

圖 14.7 所示，為 3D 構裝的類型，當然搭配內埋元件結構可讓互連密度再提昇。

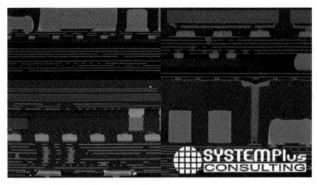

▲ 圖 14.7　堆疊是 3D 構裝的起步，進一步發展則是整合內埋元件結構

14.6 知名 3D 內埋主動元件的發展

目前業者採用的 3D 內埋主動元件有兩種主要類型：晶片堆疊與構裝堆疊。晶片堆疊包含在系統晶片 (SoC) 類內，可搭配或不搭配矽晶片通孔 (TSV) 結構，也可歸類為系統在構裝內 (SiP)，構裝堆疊則是構裝在構裝上 (PoP) 的結構。內埋式主動元件技術是一個正在成長的應用，較知名的六種變形整理如後：

— 重新佈線的晶片構裝 (Redistributed ChipPackage, RCP)–Freescale
— 無凸塊加成層 (Bumpless Buildup Layer, BBUL)–Intel
— 內埋晶片 (Embedded Chip, ECP)–Fraunhofer IZM
— 整合式模組加成 (Integrated Module Buildup, IMB)–Imbera
— 內埋晶片加成 (Embedded Chip Buildup, ECBU)–GE
— OCCAM 製程 (OCCAM Process)–Verdant Electronic

系統業者會嘗試發展這些技術，是因為電路板小型化速度慢且整體電性表現也不盡理想。利用 TSV 技術貼裝記憶晶片到處理器上，要增加 1,000 倍速度是可能的，還可降低 100 倍耗電量。傳統 2D 結構可達到每平方公分 100 I/O 的密度，而打線、覆晶堆疊構裝可提高到每平方公分 1,000 I/O。至於各種 3D 高密度直接連接的架構，可提供約每平方公分 10,000 ～ 100,000 I/O 的可能性。極端狀況全 3D 整合，可提供每平方公分一百萬 I/O 的可能性。

目前低密度通孔板僅能提供約每平方公分 20 I/O 的能力，即便是高密度 HDI 也只能提供每平方公分 105 I/O 的能力，這就是為何相關製程會被提出。對於直接 HDI 連結的元件不會有焊接空間需求，可支援高達每平方公分數千 I/O 的連結需求。

內埋晶片將裸晶安置在互連結構下方或內部，這些互連結構用來串接晶片與構裝或載體 I/O。這種作法可在單晶、晶片級、BGA 載體、多晶片 SIP、3D 堆疊等結構中看到。

14.6.1 重新佈線的晶片構裝 (RCP)– Freescale

RCP 是一種晶片直接連結技術，不用載板且元件被構裝製作或整合在組裝周邊，又或者晶片使用半導體製程而不是標準電路板製程。這可提供較高的密度，同時降低構裝佔用面積與對焊接、打線的需求。它使用感光 PI 介電質來成孔，而不是以雷射鑽孔製作，如圖 14.8 所示。

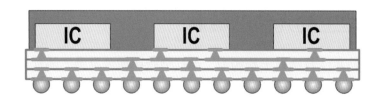 

▲ 圖 14.8　Freescale-RCP™ 結構斷面與產品 (右圖資料來源：sm.semi.org.cn)

14.6.2 無凸塊加成層 (BBUL)–Intel

某些內埋晶片發展以灌膠將晶片包入載體，以液態高分子材料在晶片面上製作介電質層，同時透過高分子與晶片襯墊相通，可用感光材料或雷射切削成孔。接著表面孔要做金屬化與線路製作來形成第一層互連層，這個步驟同時利用了直接金屬化連結到晶片襯墊，額外的互連層可以靠重複這個步驟完成。Intel 的無凸塊增層 (BBUL) 內埋晶片技術，目標放在高階的微處理器應用，如圖 14.9 所示。這種結構確實以提昇效能，但較可惜的是製作成本也相對較高。

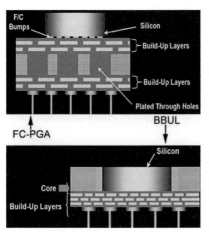

▲ 圖 14.9　BBUL 結構斷面變化與產品 (右圖資料來源：www.yesky.com)

14.6.3 內埋晶片 (ECP)–Fraunhofer IZM

搭配晶片研磨的內埋晶片結構，磨薄的晶片放置在載板上，並在其上開始建構加成的互連結構，如圖 14.10 所示。

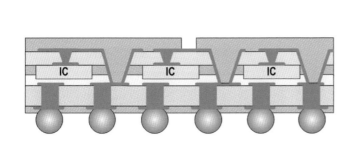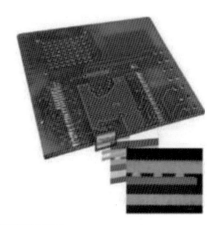

▲ 圖 14.10　ECP 結構斷面與相關技術產品 (右圖資料來源：www.ats.net)

14.6.4 整合式模組加成 (IMB)–Imbera

依據在赫爾辛基大學所發展的內埋 3-D 技術製作，IMB 將削薄的晶片配置到電路板事先製作的凹槽中，經過晶片與其它元件密封後，做微孔的成孔處理連結晶片襯墊與元件，如圖 14.11 所示。

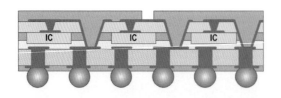
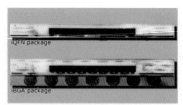

▲ 圖 14.11　IMB 結構斷面與產品 (右圖資料來源：www.i-micronews.com)

14.6.5 內埋晶片加成 (ECBU)–GE

　　另外一種內埋晶片的發展是由 GE 中央研究所主導，用於多晶片的應用。ECBU 已經用在晶片級構裝與 BGA 載體應用，都搭配了內埋被動元件技術，如圖 14.12 所示。

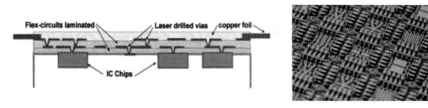

▲ 圖 14.12　ECBU 結構斷面與產品

14.6.6 OCCAM 製程 – Verdant Electronic

　　OCCAM 製程如圖 14.13 所示，是一種先配置元件而不是晶片優先的技術。直接連結的板結構先製作在元件上，免除了焊接與 SMT 襯墊的位置。結果可獲致非常高的密度，互連複雜度也降低了，焊接點的信賴不是問題，成本也較低。

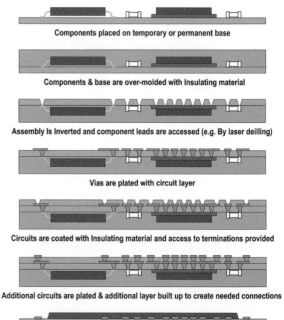

▲ 圖 14.13　OCCAM 製程 (來源：www.epdtonthenet.net)

14.7 內埋技術性能表現與運用

14.7.1 電源供應雜訊

內埋電阻、電容的電性表現幾乎與一般散裝 SMT 元件相當，雖然電容可用在各類應用，但是電能分配 (Distributed) 的電容，與去耦合 (decoupling) 電容工作形式相當不同。若採用盲孔與內埋元件連接，性能表現會優於通孔連接，因爲盲孔有較低的電感。

14.7.2 電源供應阻抗

任何內埋電容材料，當不是以個別電容方式使用，可作爲儲存能量用途，同時可發揮電源供應網絡去耦合功能。銅面電力輸送可利用電源 / 接地結構，以適當孔連接到指定平面即可，最終這些電容量可降低電源分配網絡 (Power Distri bution Network) 的高頻阻抗。

14.7.3 設計與運用

內埋被動元件不是新結構，它是 1970 年代就存在的技術，不過因爲諸多原因過去都用在軍事航太。現在的市場將這種少量應用轉變成大量生產，以符合低成本電子產品需求，目前用量雖還有限但是已經在逐漸成長。

內埋元件板設計會較複雜，因此也有較高的故障風險。過去傳統設計，所有內埋元件都靠手工加入或專門程式輔助。不過目前較新的設計軟體，已經可支援這些設計功能。這類技術最大的衝擊是在電路板設計階段，要成功應用內埋元件，設計必須要及早介入。

表面貼裝元件安裝並不難，但還是建議及早介入的原因在於需要考慮製造商的能力，並需要律定設計準則。一旦設計遵照這些準則，要再轉換供應商就會發生困難，因此選用電路板商成爲首要步驟。

線路設計也會衝擊到內埋元件設計，例如：線路設計中元件絕對特性值未必關鍵，較關鍵的是元件與線路間的關係。內埋被動元件不經修整可能會有約 15 ～ 20％公差，但多數設計會有較高的精準度期待。不過若兩個電阻被用在電壓或電流分割應用，兩者間的比例關係會比它們實際元件特性數值要關鍵得多。

同一片電路板上，某些內埋元件材料與製程可將比例關係處理到 3 ～ 10％以內，因爲所有元件是經過同一製程製造的。兩者間的相關性差異相當重要，若設計者隨意採用公司提供的標準被動元件數據水準，可能會導致過度設計與不必要的浪費。設計者應該要考量實際元件期待值，同時也要在符合實際需求下律定必要的相對公差。

這類電路板製造、測試方式，也會衝擊到如何做內埋元件設計，例如：若電阻要做雷射修整，則在內埋元件設計就要考慮幾個因子，首先其元件端子就必須要先決定。對小量生產應用，採用飛針測試是不錯的選擇。而大量生產，採用固定式探針幾乎永遠都是優先選擇。

14.7.4 製程參數

如前所述必須及早選擇電路板商，有內埋元件經驗的製造商會較容易合作，且可提供需要的製程參數，是較好的選擇。有許多可能需要的參數會來自於製造商，若他們不能支援這方面的訊息，所謂內埋元件經驗恐怕就不完整。期待的製程參數，會與所使用元件類型有關。對於厚膜電阻與加成薄膜製程能力的參數包括：

— 印刷 / 電鍍厚度
— 襯墊尺寸：單邊延伸、最小襯墊寬度、重疊
— 保護層增大尺寸
— 最小電阻本體寬度 *
— 未修整公差
— 修整因子 (為修整所需設計電阻值必須要的保留百分比)
— 修整後電阻維持的最小寬度
— 個別材料的電阻值
— 各種電阻的長寬尺寸與電阻值關係

* 一般設計者會期待有不同的寬度來應對不同的公差需求，愈大的電阻對於變動的承受力愈好。此外若需要雷射修整，電阻需要夠大才能修整。

對於所有加成製程，襯墊參數會對公差產生深遠影響。當電阻材料是在分開製程製作，就會有對位偏差的問題，這與襯墊參數如何設定有關，這個偏差可能源自於襯墊與電阻材料的接觸面積差異。

圖 14.14 所示，為襯墊設定方式的範例，可允許有一點對位偏差而不會影響到接觸面積，下邊是增加的尺寸。可明顯看到，左偏右或上偏下的狀態都不會衝擊到材料的重疊性。對於薄膜減除技術，因為採用不同的製程而會有其它需求。

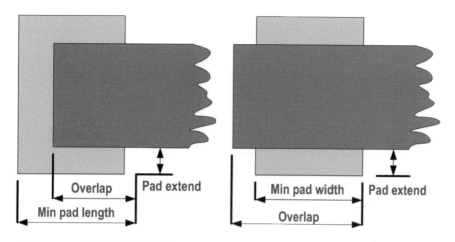

▲ 圖 14.14　內埋元件襯墊端點須大於元件，重疊面積應該等於最大製造對位公差

薄膜電阻的參數包括：

— 襯墊尺寸：邊緣延伸、最小的襯墊寬度與重疊

— 加大電阻底片定義區塊

— 最小電阻本體寬度 *

— 未修整的公差能力

— 修整因子 (為修整所需設計電阻值必須要的保留百分比)

— 整修後保持的最低電阻寬度

* 期待有不同的寬度以應對不同公差需求。愈大的電阻受到變異衝擊就愈小，若需要雷射修整，電阻必須要夠大才能做修整。

　　厚、薄膜兩種技術都力求製作小電阻，但是它會衝擊到對公差的敏感度。愈小的電阻，其製造允許公差衝擊就愈大。對薄膜減除製程，過大的電阻尺寸源自於底片設計。個別製程步驟的底片對位，都會在銅蝕刻的時候轉變成底部薄膜材料外形而影響電阻準確度。若底片與線路重疊，線路就會成為電阻而可能導致故障發生。同樣的若底片在製造中沒有與電阻位置對正，殘留的銅有可能讓電阻接近零。對位偏差會在片間產生變化，可能的風險是某些電路板測試 OK，但是實際狀況導體邊緣接近零，而可能導致長期信賴度問題。電阻曝光，側向尺寸應該要略大於圖性，但是不應該引起鄰近線路短路，如圖 14.15 所示，底片加大的程度要搭配可能最大偏離水準。

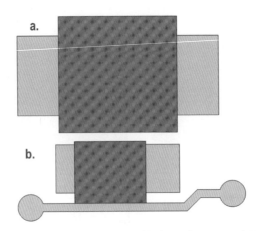

▲ 圖 14.15　元件底片在圖形側向必須大於線路 (a) 但是不可大到引起導體短路 (b)

14.7.5 管理製程數據

製程參數會深遠影響產出電阻尺寸，必須小心掌握、驗證、管理這些數據，這些數據會成為產品設計基礎資料。關注製程參數後，下一步要蒐集使用內埋元件材料數據。許多不同材料必須搭配使用，相同材料未必能用在不同設計。因此需要準備多種材料，才能評估哪種材料與製程相容。板廠不會對所有材料都有經驗，新產品導入必須搭配特性選擇。

厚、薄膜電阻參數不同，例如：薄膜材料電阻是以材料單位面積的歐姆數為基準，並不在乎電阻尺寸。對於厚膜材料，有幾個參數加起來會影響面積的歐姆數，這些變數都成為電阻寬度與長度的函數。一個 100 歐姆的薄膜材料會直接輸入 100 作為電阻值，然而對厚膜材料就需要一個對照表來應對不同最終電阻長度與寬度。

另一個關鍵參數是電源，典型內埋元件尺寸，大約可承受 100 mW，對設計而言不夠精準。需要從材料商處取得必要電阻數據，並將可承受功率列入考慮。厚膜電阻一般有固定功率數 mW/mm^2，薄膜材料會再複雜一點。製造商要做較廣泛測試，同時繪製出可承受功率曲線。設計者可用這個曲線，決定給定尺寸電阻可承受功率。為了要服務設計者，材料商會公布線性規劃方程式，可用來計算電阻功率。一旦製造與材料參數可輸入與確認，數據很少明顯變化，可收存這些數據在資料庫中。

當所有參數都設定完成，下一步要做設計規劃計算。細節不需要 100％完成，最低要求是要有所有電阻值與它們的特性，如：數值、公差、耗電率等都備齊。知道這些特性可做如：要避免修整電阻，可用無法達到的公差篩選所有電阻。對每個可用材料，也可計算各種電阻值假想尺寸，同時與想要合理尺寸做比較。長寬比例稱為縱橫比，當有了基礎認知再推估可能出現的電阻值與外觀尺寸，可較有效設計這類產品。

先進構裝與系統構裝

15.1 簡述

以打線、覆晶製作晶片構裝，這是半導體構裝的基礎。傳統晶片構裝已經逐漸發展到 3D 晶片堆疊與多元件系統構裝 (SiP)。目前的趨勢朝向較高等級的 3D 整合，這需要面對許多挑戰，包括：設計工具、工作方法與個別設計者的困境。

先進構裝是當初晶片構裝設計轉換使用電路板材料隨意使用的詞彙，但是目前幾乎這類技術都已經使用電路板了，這是增加功能性 / 面積比採取的有效方法。

MCM、Hybrid、SiP、SoP 都是常見構裝稱謂，半導體先進構裝全球有無窮盡的稱謂。縮寫或略稱最常被用來呈現特定產品技術或產品意義，這裡先針對這些一般性縮寫或簡稱做討論，嘗試讓讀者瞭解其實際意義。其實這些名稱有時候只有議題變化，但談到實際產品或技術差異卻相當模糊。筆者只能嘗試整理認定的重點，並針對內容做陳述解說。

15.2 構裝名稱整理

15.2.1 多晶片模組 (MCM)

多晶片模組 (MCM) 是一種構裝型式，在單構裝內將多晶片整合在一起。MCM 在 1970 年代開始發展，有周邊類型使用這種載板技術製作：

- MCM-L：L 表示 Laminate 基材，MCM-L 使用傳統的基材電路板為載板
- MCM-C：C 表示 Ceramic 陶瓷，MCM-C 使用一片陶瓷載板如：低溫共燒陶瓷 (LTCC)
- MCM-D：D 表示 Deposited，載板線路是以金屬析鍍法製作，在真空中做濺鍍形成薄膜，這意味著高成本、高繞線密度

某些 MCM 含有被動元件，同時混合了類比與數位功能，MCM 與 SiP 間的界線其實有點模糊，晶片連結可用打線或覆晶技術。

15.2.2 混成構裝 (Hybrid)

Hybrid 這個名稱初期有幾個不同的名字，1950 年代美國國家標準局所推動的計畫 "Project Tinkertoy"，想要發展高密度線路組裝，在單一陶瓷載板上有多個電晶體、被動元件。這個技術昂貴，但有些在 1960 年代中重新進入電腦量產，使用陶瓷混成技術發展固態邏輯技術 (SLT) 模組，用於 IBM 的 360 電腦系統，如圖 15.1 所示。

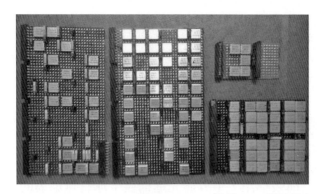

▲ 圖 15.1　SLT 模組 (0.5 英吋見方) 用於 IBM 的 360 系統

SLT 技術仍然被用在高能量模組、高溫電阻、RF 模組等應用。它有許多次級類型載板技術，如：低溫共燒陶瓷、高溫共燒陶瓷等。製造過程中採用帶狀材料，經過一次成孔、凹槽製作、導通，之後整個結構堆疊成三明治形成均勻載板。杜邦的 Green Tape 就是普遍使用的材料，可用來製作 LTCC。HTCC 是在約 1,500℃ 下燒結，而 LTCC 大約在 875℃ 下燒結。在較高的溫度下，HTCC 導體必須要以鎢或鉬製作，這些都不是理想的導體。在較低溫的 LTCC 方面，導體材料可以是金或銀，這些是好很多的導體。燒結過程中材料會產生收縮，這個收縮相當明顯，因此製造用的底片與工具都必須要做收縮補償。圖 15.2 所示，為典型的陶瓷載板製程。筆者猜測，ALIVH 的觀念就是來自於陶瓷載板製程。

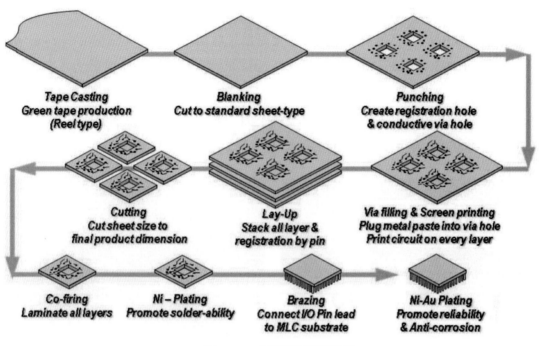

▲ 圖 15.2　典型陶瓷載板製程

15.2.3 系統構裝 (SiP)

　　系統構裝是晶片單一構裝，包含多於一片晶片並搭配被動元件。部分人士認定這些被動元件必須是傳統散裝元件，不過也有人認為採用整合性內埋被動元件也應該屬於這種 SiP 技術。IC 元件合併不同技術相當普遍，如：數位訊號處理、RF 微波擴大器、射頻線路等。

　　在系統晶片 (SoC) 上，單一大型多重技術的晶片被構裝成為完整系統。SiP 的優勢是，慣用的 ASIC 可搭配標準元件如：記憶晶片，這樣可成為非常彈性的系統。整體設計時間與成本都可降低，但有時一味降低成本也可能會導致功能或密度降低。具有前述特性，產品設計過程會因為建區塊分工而風險低，且過程相對也較簡單。

15.2.4 系統在構裝上 (SoP)

　　系統在構裝上的原始想法來自於喬治亞技術學院的 Dr. Rau R. Tummala。SoP 是一種構裝或者一個模組，具有多於單一晶片結構並搭配薄膜內埋被動元件。某些人會認定 SoP 等同於 SiP，因為它們有一定元件是相同的。不過真實的 SoP，載板是使用增層有機載板技術，類似於用在 IC 產業的產品，且 SiP 可使用塑膠基材製作的載板。實際上 Dr. Tummala 認為，SiP 是一種 SoP 的延伸。

15.2.5 構裝在構裝上 (PoP)

PoP 是一種 BGA 構裝堆疊的技術，主要是爲了增加功能性與面積利用率。PoP 構裝本身可以是一個 SoC、SoP、SiP 或者任何其它類型的構裝技術。

它採用基本的 BGA 構裝，在其底面會有球接腳，而也會有 BGA 襯墊在上方，如圖 15.3 所示，另一個 BGA 可被焊接在這個元件上面。堆疊可有兩到六個元件高，或者還可更多，最普通的 PoP 應用僅有兩個元件堆疊。

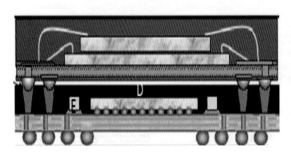

▲ 圖 15.3　以 PoP 技術製作的構裝堆疊

15.2.6 矽晶片通孔 (TSV-Through Silicon Via)

TSV 是一種晶片堆疊、互連技術，而連結的通路是透過晶片內的通孔。它類似於 PoP 但直接採用裸晶片，多種生產 TSV 的相關技術已經被開發出來。圖 15.4 所示，爲典型 TSV 技術製作的導通結構。

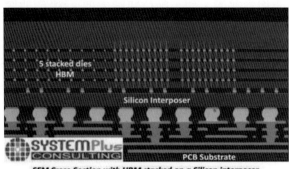

▲ 圖 15.4　利用 TSV 技術導通的結構

15.2.7 晶圓級構裝 (WLP)

晶圓級構裝 (WLP) 是單晶片搭配 BGA 凸塊直接配置在晶圓表面產出構裝，且尺寸幾乎相當於晶片一樣的尺寸。晶圓級構裝有時候被稱爲「晶圓級 - 晶片規模構裝 (WL-

CSP)」，一般狀況其凸塊是在切割成單一晶片前 (從晶圓上分離出來) 就已經完成製作，因此被命名為「晶圓級」。

15.2.8 晶片規模構裝 (CSP)

晶片規模構裝 (CSP) 在 IPC 規範的 J-STD-012 中有規定，其定義為單晶片構裝且最終的最大構裝尺寸不大於裸晶片面積的 1.2 倍。

15.2.9 覆晶

覆晶是一種晶片連接到載板的方法，不同於一般打線連接，覆晶使用凸塊格點模式，類似於一般的 BGA 外部接點結構。連結方法可採用回流焊接點、熱波鍵結 (thermosonic bond) 或者異向性導電膠 (ACF) 等技術，其中異向性導電膠是一種環境友善的連接技術。

15.2.10 控制塌陷晶片連結 (C4)

控制塌陷晶片連結 (C4) 是一種 IBM 所發展出來的覆晶連接技術，覆晶凸塊是以焊錫製作。當它們融化會產生塌陷，而形狀受融化金屬表面張力決定，因此用控制塌陷這個詞彙來稱呼。

15.2.11 重分配層 (RDL)

晶片引腳位置會呈現較高密度間隔，之後需要靠調整與偏離來搭配實際構裝線路的格點 (grid)，之後覆晶凸塊就製作在上面，因此需要晶片與凸塊位置間的搭配。這個連結機構製作在晶片表面的金屬層，因為它重新配置了接點、引腳的位置，被稱為重分配層。

15.3 3D 構裝

3D 構裝的一般性概念，簡單的說就是意味著元件組裝是在垂直方向上做 (典型的方式是靠堆疊裸晶)，一個 MCM、SiP、SoP 都可用 3D 構裝法。

在襯墊有限的設計中 I/O 數量受晶片尺寸限制，當所有 I/O 位置都配置完成，環狀 I/O 內部面積比晶片大就會浪費晶片面積。面積浪費會造成設計成本上揚，因此常使用各種技術提升晶片面積利用率。

而當接點集中配置在晶片周邊區域，設計就沒有充分利用晶片面積。若晶片配置 I/O 後仍有間隙，一般會以特殊補充區塊填入，一般環狀 I/O 間隙會讓電源與接地環斷開。

當晶片要連接到構裝，且構裝也要進一步銜接到電路板，此時應該要整合晶片 I/O、電源 / 接地系統與構裝引腳設計，讓整體系統性能表現最佳化。某些小 I/O 案例可用手動處理，這在目前的環境仍然普遍。也可利用較大的試算表系統執行，或者用自製軟體、專有程式處理。不過當面對數百或數千組互連時，手動處理做最佳化就非常不切實際。

而更重要的是要能做晶片設計變更，在晶片 I/O 系統配置與佈線送出製作前，檢討個別 I/O 驅動強度是必要的。在晶片設計中，I/O 區塊需要安置、電源 / 接地系統也需要佈局。要在接近完成的晶片設計上進形變更成本會相當可觀，因此及早處理與保留彈性會相當重要。總和這些設計挑戰，需要用電腦輔助設計系統幫助工作，這被稱為晶片、構裝、電路板共同設計，市場上有軟體的應用單元與副屬配件可用。

15.3.1 3D 整合

從長遠看產品空間不會增加，要增加功能 / 面積密度只有兩條路：

— 降低 ASIC 特性尺寸以適應在相同晶片尺寸下做設計
— 使用 3D 堆疊來產生 Z 軸線路

晶片堆疊

堆疊晶片理論上相當簡單，只要將晶片堆在一起並做黏合即可，不過實務上會有一點困難。不論使用打線或其它晶片連接類型，作業中都必須能夠做個別晶片近接與連結。此外也需要面對幾個晶片間的熱影響，特別是在空間相當擁擠的環境。甚至個別晶片的熱點區也要考慮，以避免發生熱區重疊問題。有時可能需要用到熱分析工具，以確保堆疊能夠進入一個較安全的結構。

中介板 (Interposer) 設計

中介板是放在兩堆疊晶片間，可以是一片固體金屬、塑膠、佈線載板或者其它物件，用來對應上下晶片的連結。當面對一個小間隔 (Fine Pitch) 元件需要連接到較低密度的電路板接點時，就會利用這種類型的技術執行。中介板可作為散熱用途，或者用來讓上方晶片有足夠空間做打線，而最終可提供上方晶片足夠機械強度來支撐打線。

構裝堆疊構裝 (PoP)

PoP 有兩個或更多完成構裝元件被堆疊，焊接留在上表面襯墊可允許工程師進一步堆疊元件。PoP 受到注意的原因是它增加了功能 / 面積密度，同時可提供較大的彈性。例如：使用一個訊號元件，搭配下方的各種記憶體構裝，而上方也可簡單規劃其它記憶體或額外用途。

　　PoP 快速普及，特別是在行動電話手機應用與消費性電子產品，因為它具有設計彈性與高功能面積比。這使業者可不遵循 JEDEC 標準引腳配置製作特殊元件，也可能做 PoP 組裝。

熱的顧忌

　　當更緊密主動元件整合在一起，會面對熱集中問題，若不將熱排出，線路與元件會過熱。直接堆疊晶片在其它晶片上，最終會產出最均勻的矽晶片結構，而總散熱需求等於個別晶片需求總和，其它堆疊法如：PoP 也面對類似問題。除非用心面對，熱的問題可能會導致設計故障。因此評估熱影響是構裝設計的必要過程，必須找出最佳堆疊結構來做設計。

　　面對大型晶片處理散熱能力相當重要，一般不只是透過晶片表面散熱而是整個晶片構裝，散熱也與晶片運作狀態相關，有時候還與軟體有關。低階晶片優先使用的散熱技術包括：改善晶片到載板的導熱性、增加電路板內金屬含量幫助散熱，高階晶片會貼一片散熱片。要幫助平衡多晶片間的溫度，時常會在晶片間配置導熱中介板。為了瞭解熱影響細節，必須建立 3D 熱分析工具並測量之。

訊號整合的顧忌

　　堆疊晶片也會有交談雜訊風險，其中一個晶片訊號出現在另一晶片上方。若兩晶片都在同一公司設計，問題應該可列入規劃，晶片可轉向、調整空間或做線路重分配，就可維持良好的訊號整合性。若不是這種狀況，製造商無法將可能風險納入，雜訊風險就必須要個別考慮。

15.4　HDI 板組裝

　　從電路板的角度看 HDI 技術，純粹是一種提高密度的電路板形式技術而已。但是電路板的重要功能就是承載與連接，理解構裝採用的組裝技術也是必要的功課。

15.4.1 打線連結

　　打線是一種利用細緻金屬線材，連結一片晶片接腳到另外一片晶片或載板的連結技術。典型的線材是非常純的金，且時常歸類為 4N 線材。一般直徑變化為 15 ～ 250μm，線材會鍵結到晶片與載板的引腳襯墊上。有不同的技術被用來產生引腳鍵結，或者說是打線連結。

在熱壓鍵結技術方面，鍵結面被加熱到 300℃ 以上，之後線材受高壓朝鍵結面壓下，壓力可高達 10,000 lbs/sq in。若以壓向鍵結面的壓力推算，這意味著每條線大約受到 25g 的力。熱壓鍵結，一般只用在楔形打線應用。

在超音波鍵結方面，線材與晶片會相互摩擦在金屬表面產生粗糙度，這樣介面間就會密貼並產生相互擴散而鍵結。相互摩擦的能量是以超音波震盪產生，超音波鍵結可在室溫下做。

熱波鍵結是非常普遍的方法，熱能量與超音波能量同時用來產生鍵結。製程會先做預熱到約 150℃，鍵結表面必須清潔無污染，有時還會搭配幾個製程來清潔要鍵結的面。

打線間距可非常窄，因為先進構裝與系統構裝能力都快速變動，要即時探討目前主流與尖端技術相當困難。實際量產間隔，仍然遵循 ITRS 技術地圖間隔需求，業者認定目前可行最小間隔約 35μm。

線嘴在打線機上用來移動線材並產生鍵結，有許多形狀與尺寸可用。載板設計時必須留意線嘴移動問題，同時要注意尺寸避免線嘴干擾周邊物件，一條線鍵結大約要用 200～600 毫秒。有幾種類型的鍵結依據特徵命名，球形鍵結 (ball bond) 是以熔解打線材料尖端形成微小球體而得名，形成的球體接著就鍵結到晶片或載板上，如圖 15.5 所示。

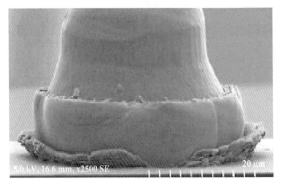

▲ 圖 15.5　典型球體鍵結細節

球體形成常利用高壓電極製作，線材尖端受電極電弧作用而熔解成球，這個球被稱為無氣體球 (FAB- Free Air Ball)。相對端總以楔形鍵結 (wedge bond) 完成，因此典型打金線鍵結以球體始而以楔形鍵結終，這就被業者稱為球體 - 楔形鍵結 (ball to wedge bond)。

楔形打線技術沒有球體形成步驟，而是採用特殊工具產生楔形外觀的鍵結，如圖 15.6 所示。

▲ 圖 15.6　楔形打線細節

　　這種鍵結法與球形打線相比，都有較低的迴圈外觀。它也可在打線兩端都採用楔形結構點鍵結，因此這種鍵結技術稱爲楔形對楔形鍵結 (wedge to wedge bond)。

　　對於高瓦數與 RF 類產品，有可能必須使用帶狀 (ribbon) 線材來做打線。它的優勢是可承載較高的電流，並具有較低的電感，較低的迴圈高度。圖 15.7 所示，爲典型帶狀打線範例。

▲ 圖 15.7　典型帶狀打線

　　拉高鍵結位置的技術，是一種爲了降低打線迴線弧度而提高打線位置的技術。其實大家對針點 (stitch) 鍵結看法不同，有些人認定它是拉高位置的鍵結，另外一些人則認爲它是跳躍式鍵結。其實針點鍵結的模式是從單點開始，之後序列式到達一個以上的目標點，但是在中間並不切斷線材。圖 15.8 所示，爲拉高位置鍵結。

▲ 圖 15.8　反向打線鍵結在晶片上具有超低高度，這種拉高鍵結的方式，讓增加高度
的晶片仍然能夠在離晶片邊緣較近的位置產生鍵結

　　會用拉高位置鍵結的原因，是為了要讓打線迴圈能夠壓到極低弧線水準。它首先在接
點位置製作楔形或球鍵結點，之後切斷線材在相對端點製作一個新鍵結，再回到事先製作
楔形或球接點的位置做鍵結。這樣可建構一個離晶片表面非常近的迴圈，並產生非常低的
連線結構，打線成本會因為耗用時間增加而提高。典型結構，如圖 15.9 所示。

 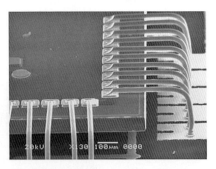

▲ 圖 15.9　位置拉高的低迴圈打線細節

　　兩晶片間做連接，可打線到載板上透過載板繞線連接，也可直接做打線連結。以短打
線直接連接會有優異的電性表現，同時可節省載板空間，因此是較建議使用的方法。設計
工具需要辨認直接晶片連結，同時必須有效提升訊號整合。分析訊號與電源整合的工具，
必須能支援這類互連技術。配置量沒有任何規則限制，只要空間足夠且鍵結位置足以容納
打線頭就可執行多線連接。

　　有些晶片互連需要較高的電流量，這可能是單線無法提供的能力。此時特別以不同線
材打線成本偏高，替代方式是增加多條線材連結，以平行方式配置在相同襯墊上，這對電
源與接地連結相當普通。多重打線的另外一個好處是，平行代表較低的整體電感 (三條平
行的電感，等於相同單一電感值的三分之一)，這是接地與電源連結期待發生的狀態。

　　若需要做特殊元件鍵結，也可將打線用在許多不同用途。若設計打線，增加一點打線不會增加太多費用，此時就可利用這種想法做組裝整合。打線可彈性做點對點處理，也可用來做跳線跨接另外一個訊號線路。

15.4.2 覆晶連結與線路佈局

　　覆晶不是新技術，IBM 在 1960 年代初期就申請了 C4 製程專利。SLT 模組用於 360 系統大電腦，當時就使用了 C4 技術。覆晶技術的散熱與電氣特性優異，但因諸多原因打線仍是普遍鍵結技術。目前推動覆晶技術的因素源自於高引腳數元件，同時也面對了超高速的數位技術。

　　以覆晶技術將晶片貼裝到載板上稱為覆晶鍵結，有幾個典型方法為業者所用。其中一種方法類似於 BGA 回流焊焊接，錫合金的錫膏塗裝到介面上並以回流焊爐做加熱融接。當錫合金融化，其表面張力會讓晶片做自我對正，讓晶片凸塊與載板襯墊順利接合。

　　另一個有趣的技術已經相當普及，就是用異向性導電膠或膜。它是一種以環氧樹脂為基礎的膜，只有在 Z- 軸會導電。這種膜可貼在表面，並不需要讓凸塊間產生接觸，但是仍然可以靠晶片凸塊與載板襯墊所提供的 Z- 軸壓力連結。

　　打線仍然是最普遍的連結方法，它便宜、快速、大家熟悉，但是當輸出入接點 / 電源 / 接地倒接腳數量大增時，就不可能將這些點都配置在晶片的環狀周邊。另一個使用覆晶技術的動力則是訊號性能表現的問題，打線會有一些寄生雜訊貢獻，雖然這也存在於覆晶互連，但是後者的程度卻小得多，因此它可支援較快速的數位輸出。當訊號性能表現需求高或 I/O 與電源 / 接地連結非常高，理所當然的會採用覆晶鍵結技術。實際狀況會與幾個因素有關，而 I/O 位置尺寸是其中最重要的因子。

　　晶片上的每一個電源 / 接地與 I/O 介面位置，都需要連結到覆晶凸塊上。只要有一個訊號位置，就需要有一個 I/O 的緩衝帶，凸塊一般配置成標準或階梯狀態的方陣線路。有時候它們完全聚集，但是時常會看到個別凸塊配置在外，而有時候又會看到凸塊通路偏離。線路未必都需要規則化，但為了特定目的確實會期待有佈線的規則習慣。

　　訊號需要做佈線，I/O 空間可有不同結構，如：當 I/O 配置在晶片周邊如同打線襯墊位置，而面對覆晶就會選擇用平面陣列配置，這時 I/O 被配置在晶片核心位置。兩種作法都需要有金屬佈線，從晶片核心功能處到達襯墊位置，或以線路從 I/O 位置連接到覆晶凸塊處。這些繞線稱為重分配層 (RDL)，是晶片上的額外金屬層，因此需要遵守晶片設計準則。

　　當一個大的 BGA 配置在電路板上，設計者需要做拆解以提供所有訊號佈線，讓它們儘可能在很少層數下串出 BGA 區域。其中一種方法較合理，就是做個別的電源、訊號層

整合。在構裝方面則問題恰恰相反，因為它的挑戰是朝內串入 "Break-In" 的佈線。

對單晶片構裝，挑戰是要將所有晶片接點引導向外串出，最終要能夠連結到構裝的引腳。不論晶片是打線或覆晶，也不論構裝 BGA 板或其它類型，基本目標都是一致的。小型 BGA 覆晶構裝，要讓線路串出就必須用夠窄的線路與小微孔，這與電路板上 BGA 要佈線串出的想法一樣，只是構裝載板要用更小的尺寸設計。如同在電路板一樣，載板阻抗線路與匯流排訊號要保持在一起，而電源／接地也需要特別注意。以較窄的線路做整個構裝佈線會有良率與成本顧忌，因此一般狀況下一旦通過晶片串出線路的瓶頸區，線路寬度與間隙設計都會加寬。

當一片晶片要做打線，鍵結襯墊都會配置成有利於打線的位置，以提升打線良率並降低繞線難度。這樣就發展出扇形向外或直譯為「扇出 (fan-out)」佈線設計模式，佈線的時候必須要避開高密度襯墊分布的區域，如圖 15.10 所示。

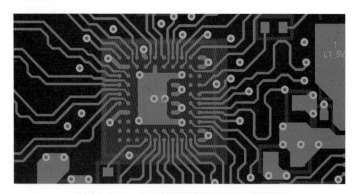

▲ 圖 15.10　高引腳陣列向外串出的佈線

當近距離檢驗高密度多晶片構裝，會看到每個晶片會面對不同的穿越與切入挑戰。設計的時候必須要決定出每個晶片的互連策略，一旦穿越與扇出方式都被採用，這類構裝就可用前述方式佈線。典型載板線路串出佈局狀態，如圖 15.11 所示。

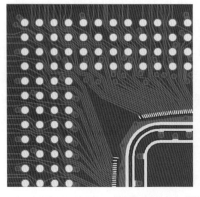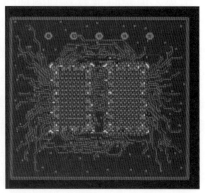

▲ 圖 15.11　打線晶片的串出佈線

參考文獻

1. 印刷電路板概論－養成篇 / 林定皓 2008；台灣電路板協會

2. 電路板電氣測試與 AOI 檢驗技術簡介 / 林定皓 2008；台灣電路板協會

3. 電路板機械機加工技術 / 林定皓 2007；台灣電路板協會

4. 電路板影像轉移技術 / 林定皓 2007；台灣電路板協會

5. The HDI Handbook; Happy Holden (2006).

6. 高密度印刷電路板技術 / 林定皓 2015；台灣電路板協會

7. 電路板基礎製程簡介－入門篇 / 林定皓 2012；台灣電路板協會

8. 台灣電路板協會電鍍填孔技術之探討 / 藍國興、葉成鏡 電路板會刊十九期

9. 高密度細線路的製作 / 林定皓 電路板會刊十八期；台灣電路板協會

10. Happy Holden. Micro-Via Printed Wiring Boards. The Challenge of the Next Generation of Substrate and Packages, Future Circuits International, vol.1 (1997)

11. Flip Chip Technologies / John H. Lau 1995；McGraw Hill

12. Low cost flip chip technologies / John H. Lau 2000；McGraw Hill

13. Microvias for low cost high density interconnections /John H. Lau；S.W. Ricky Lee 2001；McGraw Hill

14. HDI Technology Apply on Organic Flip Chip Substrate/ 林定皓；TPCA Forum Proceedings(2000)

15. Micro Drilling Technology/Takeshi Yamaguchi；TPCA Forum Proceedings (2000)

16. Resin Coated Copper Foils For Build Up PCB/Eric Chang；TPCA Forum Proceedings. (2000)

17. CO_2 Laser Drilling in Laser Drillable E-Glass Material/Paul C. W. Lee；TPCA Forum Proceedings.(2001)

18. Application of Acid Copper Plating Solution for Via Filling/Hideki Hagiwara；TPCA Forum Proceedings.(2000)

19. Micro-Via Filling by Acid Copper Plating/ 竇維平；TPCA Forum Proceedings. (2002)

20. New Generation of CO2 Laser Drilling/Ohannes Schuchart；TPCA Forum Proceedings. (2002)

21. Printed Circuit Assembly Design/Leonard Marks、James Caterina

22. Printed Circuits Handbook(Fifth Edition)/Clyde F. Coombs, Jr.；McGraw-Hill

23. Status of Microvia Technologies in Japan/ Dr. Hayao Nakahara (2003)

24. Enbedded Passives：The Next Revolution / Richard Snogren；PC-FAB(Nov/ 2002)

25. Dry Film Photoresist Processing Technology / Karl Dietz；Electrochemical Publications (2001)

26. Tech Talk 系列 / Karl Dietz ; Circuittree

27. Hole Plugging Technology for High Density and Conventional Through Hole Multilayer PWBs / Michael Carano ; Board Authority from Cirtuitree (Sep/2001)

28. JPCA Roadmap Call for Increased Test Development Efforts / Steve Gold；Board Authority from Circuitree (Mar/1999)

29. HDI Design / Mike Fitts；Board Authority from Circuitree (Jun/1999)

30. US EPA Design for the Environment – Pb Free Surface Finishes, IPC Expo 2000 Proceedings

31. A.Bandyopadhyay, S.Sen, "A Study of Intermetallic Compound Formation in a Copper-tin Bimetallic Couple", Journal of Applied Physics, April, 1990

32. P.Bratin, S.Hayward, "Surface Evaluation of the Immersion Tin Coatings Using Sequential Electrochemical Reduction Analysis."

33. G.Wenger, R.Furrow, "Immersion Silver Surface Finish：Usage Requirement Test Results & Production Experience", AESF SurFin Proceedings June 2000

34. J.Reed, "Risk Assessment of PCB Alternative Finishes", PC Fabrication July, 2000

35. D.Hillman, "An Investigation of the Effects of Printed Wiring Board Surface Finish and Conformal Coating for BGA Assembly", APEX 2000 Proceedings

36. B.Houghton, "Alternative Metallic PWB Finishes; An Update on the ITRI/ October Project", IPC Expo Proceedings March 1998

國家圖書館出版品預行編目資料

高密度電路板技術與應用 / 林定皓編著. -- 初版.
-- 新北市：全華圖書, 2018.07
面；　公分
ISBN 978-986-463-875-8(平裝)

1.印刷電路

448.62　　　　　　　　　　　　107010131

高密度電路板技術與應用

作者 / 林定皓

發行人 / 陳本源

執行編輯 / 張繼元

出版者 / 全華圖書股份有限公司

郵政帳號 / 0100836-1 號

印刷者 / 宏懋打字印刷股份有限公司

圖書編號 / 06375

初版二刷 / 2019 年 11 月

定價 / 新台幣 490 元

ISBN / 978-986-463-875-8(平裝)

全華圖書 / www.chwa.com.tw

全華網路書店 Open Tech / www.opentech.com.tw

若您對書籍內容、排版印刷有任何問題，歡迎來信指導 book@chwa.com.tw

臺北總公司(北區營業處)
地址：23671 新北市土城區忠義路 21 號
電話：(02) 2262-5666
傳真：(02) 6637-3695、6637-3696

中區營業處
地址：40256 臺中市南區樹義一巷 26 號
電話：(04) 2261-8485
傳真：(04) 3600-9806

南區營業處
地址：80769 高雄市三民區應安街 12 號
電話：(07) 381-1377
傳真：(07) 862-5562

歡迎加入 全華會員

● 會員獨享

會員享購書折扣、紅利積點、生日禮金、不定期優惠活動…等。

● 如何加入會員

填妥讀者回函卡直接傳真 (02) 2262-0900 或寄回，將由專人協助登入會員資料，待收到 E-MAIL 通知後即可成為會員。

如何購買

1. 網路購書

全華網路書店「http://www.opentech.com.tw」，加入會員購書更便利，並享有紅利積點回饋等各式優惠。

2. 全華門市、全省書局

歡迎至全華門市（新北市土城區忠義路 21 號）或全省各大書局、連鎖書店選購。

3. 來電訂購

(1) 訂購專線：(02) 2262-5666 轉 321-324
(2) 傳真專線：(02) 6637-3696
(3) 郵局劃撥（帳號：0100836-1　戶名：全華圖書股份有限公司）
※ 購書未滿一千元者，酌收運費 70 元。

OpenTech.com.tw 全華網路書店

全華網路書店 www.opentech.com.tw
E-mail: service@chwa.com.tw

※ 本會員制如有變更則以最新修訂制度為準，造成不便請見諒。

讀者回函卡

填寫日期：　　　／　　　／

姓名：　　　　　　　　　　　生日：西元　　　年　　　月　　　日　性別：□男　□女

電話：（　　）　　　　　　　傳真：（　　）　　　　　　　手機：

e-mail：（必填）

註：數字零，請用 Φ 表示，數字 1 與英文 L 請另註明並書寫端正，謝謝。

通訊處：□□□□□

學歷：□博士　□碩士　□大學　□專科　□高中・職

職業：□工程師　□教師　□學生　□軍・公　□其他

學校／公司：　　　　　　　　　　　　　科系／部門：

・需求書類：

□A. 電子　□B. 電機　□C. 計算機工程　□D. 資訊　□E. 機械　□F. 汽車　□I. 工管　□J. 土木

□K. 化工　□L. 設計　□M. 商管　□N. 日文　□O. 美容　□P. 休閒　□Q. 餐飲　□B. 其他

・本次購買圖書為：　　　　　　　　　　　　　　　　　書號：

・您對本書的評價：

封面設計：□非常滿意　□滿意　□尚可　□需改善，請說明

內容表達：□非常滿意　□滿意　□尚可　□需改善，請說明

版面編排：□非常滿意　□滿意　□尚可　□需改善，請說明

印刷品質：□非常滿意　□滿意　□尚可　□需改善，請說明

書籍定價：□非常滿意　□滿意　□尚可　□需改善，請說明

整體評價：請說明

・您在何處購買本書？

□書局　□網路書店　□書展　□團購　□其他

・您購買本書的原因？（可複選）

□個人需要　□公司採購　□親友推薦　□老師指定之課本　□其他

・您希望全華以何種方式提供出版訊息及特惠活動？

□電子報　□DM　□廣告（媒體名稱）

・您是否上過全華網路書店？（www.opentech.com.tw）

□是　□否　您的建議

・您希望全華出版那方面書籍？

・您希望全華加強那些服務？

～感謝您提供寶貴意見，全華將秉持服務的熱忱，出版更多好書，以饗讀者。

全華網路書店 http://www.opentech.com.tw　　客服信箱 service@chwa.com.tw

2011.03 修訂

親愛的讀者：

感謝您對全華圖書的支持與愛護，雖然我們很慎重的處理每一本書，但恐仍有疏漏之處，若您發現本書有任何錯誤，請填寫於勘誤表內寄回，我們將於再版時修正，您的批評與指教是我們進步的原動力，謝謝！

全華圖書　敬上

勘　誤　表

書　號		書　名	作　者
頁　數	行　數	錯誤或不當之詞句	建議修改之詞句

我有話要說： （其它之批評與建議，如封面、編排、內容、印刷品質等・・・）